普通高等教育电气信息类规划教材

计算机控制技术

主编 廖道争 施保华

机械工业出版社

本书较为系统地讲述了计算机控制系统的基本概念、基础理论、分析设计与工程实现方法，有针对性地介绍了利用计算机控制系统实施先进的控制策略，以及自动化领域的研究热点和发展趋势。主要内容包括：计算机控制系统的基本概念、组成、分类及发展趋势；计算机控制系统数学描述与分析；计算机控制系统硬件技术；计算机数字程序控制技术；常规控制策略及数字控制器的程序实现；先进控制策略；计算机控制系统的设计与实现；计算机网络控制系统等。为了便于教学和自学，各章配有习题。全书内容丰富，理论、设计与实践相结合。内容讲述深入浅出、条理清楚。

本书适合高等院校自动化、电气工程及自动化、计算机应用和机电一体化等专业本科生作为教材使用，也可供有关技术人员参考和自学。

本书提供电子课件，需要的教师可登录 www.cmpedu.com 免费注册、审核通过后下载，或联系编辑索取（QQ：241151483，电话：010-88379753）。

图书在版编目(CIP)数据

计算机控制技术 / 廖道争，施保华主编．—北京：机械工业出版社，2016.1（2022.1重印）
普通高等教育电气信息类规划教材
ISBN 978-7-111-52636-0

Ⅰ．①计⋯　Ⅱ．①廖⋯ ②施⋯　Ⅲ．①计算机控制-高等学校-教材
Ⅳ．①TP273

中国版本图书馆 CIP 数据核字（2016）第 001609 号

机械工业出版社(北京市百万庄大街22号　邮政编码100037)
策划编辑：李馨馨　　责任编辑：李馨馨
责任校对：张艳霞　　责任印制：张　博
涿州市般润文化传播有限公司印刷
2022年1月第1版·第5次印刷
184mm×260mm·13.5印张·329千字
标准书号：ISBN 978-7-111-52636-0
定价：34.00元

凡购本书，如有缺页、倒页、脱页，由本社发行部调换

电话服务	网络服务
服务咨询热线：(010)88379833	机 工 官 网：www.cmpbook.com
读者购书热线：(010)88379649	机 工 官 博：weibo.com/cmp1952
	教育服务网：www.cmpedu.com
封面无防伪标均为盗版	金 书 网：www.golden-book.com

前 言

微型计算机和控制技术的有机结合推动了计算机控制理论和控制技术的飞速发展。计算机控制技术的应用领域非常广泛，不但是国防、航空航天等高精尖应用中必不可少的组成部分，而且在现代工业、农业、交通运输、医学等领域发挥着越来越重要的作用。

计算机控制系统在工业生产过程中的应用越来越广泛，这就要求有关工程技术人员必须掌握计算机控制系统分析和设计的理论基础、控制策略、数据通信、硬件和软件等多方面的技术，以满足实际工业生产过程的技术需要。许多高等院校都对有关专业本科生或研究生开设了"计算机控制技术"或"计算机控制系统"课程，以适应形式发展的需要。本书是作者在多年来讲授该门课程和从事工业自动化研究工作的基础上，参考了国内外大量的文献和著作，按教材形式进行编著而成。

本书系统地讲述了计算机控制系统的分析方法和设计实现方法。全书共分8章。第1章绪论，介绍了计算机控制系统的基本概念、组成、分类、发展概况和发展趋势；第2章计算机控制系统的数学描述与分析，内容包括信号的采样和恢复、Z变换、离散控制系统的数学描述及稳定性分析；第3章计算机控制系统的硬件技术，包括控制用主机、输入输出接口技术，计算机控制系统的总线技术介绍；第4章计算机数字程序控制技术，包含数字程序控制技术、步进电动机控制技术和交流伺服电动机概述；第5章常规控制策略，包含连续控制律的离散化方法，以及数字PID控制、最少拍设计、大林算法、史密斯预估器等数字控制器的直接设计方法，讨论了数字控制器的程序实现问题；第6章先进控制策略，主要讨论了模糊控制、神经网络控制以及其他控制策略；第7章计算机控制系统的设计与实现，讨论了计算机控制系统的设计原则与步骤、系统设计实例，以及计算机控制系统抗干扰技术，包括硬件抗干扰技术、软件抗干扰技术；第8章计算机网络控制系统，主要内容为分布式控制系统、现场总线控制系统、工业以太网控制系统。

计算机控制技术是信息类本科专业重要的专业课，在当今计算机控制技术飞速发展的形势下，掌握扎实的计算机控制基础理论和专业知识具有重要意义。通过本课程的学习，能够使读者掌握计算机控制系统的基本原理、掌握计算机控制系统的分析和设计方法，了解计算机控制系统的基本构成，具有研究和设计计算机控制系统、解决实际工程问题的初步能力。

本书由廖道争、施保华主编。本书第3章、第4章、第6章、第7章由施保华编写，第3、7章部分内容由梁会军编写，第4、6章部分内容由黄雄峰编写，第1章、第2章、第5章、第8章由廖道争编写，第2、5章部分内容由游文霞编写，第8章部分内容由孙坚编写。本书还参考了所列参考文献中的部分内容，在此向作者表示由衷的感谢！

本书主要适合高等院校的自动化、电气工程自动化、计算机应用和机电一体化等专业作为教材使用，也可供有关技术人员参考和自学。

由于作者能力和水平有限，书中难免存在不妥或错误之处，诚请读者批评指正。

编著者
2015年7月

目 录

前言
第1章 绪论 ··· 1
1.1 计算机控制系统的基本概念 ··· 1
1.2 计算机控制系统的组成 ··· 2
1.2.1 计算机控制系统的硬件组成 ··· 2
1.2.2 计算机控制系统的软件组成 ··· 3
1.2.3 计算机控制系统的特点 ··· 4
1.2.4 计算机控制系统的可靠性要求 ·· 5
1.3 计算机控制系统的分类 ··· 5
1.3.1 数据采集处理系统 ·· 5
1.3.2 直接数字控制系统 ·· 6
1.3.3 计算机监督控制系统 ··· 6
1.3.4 集散控制系统 ·· 7
1.3.5 现场总线控制系统 ·· 8
1.3.6 计算机集成制造系统 ··· 9
1.4 计算机控制系统的发展 ··· 9
1.4.1 计算机控制技术的发展概况 ··· 10
1.4.2 计算机控制系统的发展趋势 ··· 10
思考题与习题 ··· 12
第2章 计算机控制系统数学描述与分析 ·· 13
2.1 信号的采样与恢复 ··· 13
2.1.1 连续信号的采样和量化 ··· 13
2.1.2 信号的恢复与采样保持器 ·· 16
2.2 Z变换 ·· 18
2.2.1 Z变换的定义 ·· 18
2.2.2 Z变换的求法 ·· 18
2.2.3 Z变换的基本定理 ·· 21
2.2.4 Z反变换 ··· 23
2.3 离散控制系统的数学描述 ·· 25
2.3.1 差分方程及其求解 ·· 25
2.3.2 脉冲传递函数 ·· 27
2.4 离散控制系统稳定性分析 ·· 31
2.4.1 S平面到Z平面的变换 ·· 32

  2.4.2　离散控制系统的稳定性条件 ·· 33
  2.4.3　离散系统稳定性判定方法 ·· 34
 2.5　计算机控制系统的过渡过程分析 ·· 36
 2.6　离散控制系统的稳态误差分析 ·· 38
  思考题与习题 ·· 40

第3章　计算机控制系统的硬件技术 ·· 42
 3.1　主机 ··· 42
  3.1.1　工业控制计算机 ·· 42
  3.1.2　可编程序控制器 ·· 43
  3.1.3　单片机与嵌入式控制器 ·· 44
 3.2　数字量输入输出接口 ·· 45
  3.2.1　数字量输入接口 ·· 45
  3.2.2　数字量输出接口 ·· 46
 3.3　模拟量输入接口 ··· 47
  3.3.1　信号调理电路 ··· 48
  3.3.2　多路模拟开关 ··· 48
  3.3.3　前置放大器 ·· 49
  3.3.4　采样保持器 ·· 50
  3.3.5　逐位逼近式 A/D 转换原理 ·· 50
  3.3.6　A/D 转换器的性能指标 ··· 51
  3.3.7　ADC0809 简介 ··· 52
  3.3.8　ADC0809 接口电路 ··· 53
  3.3.9　12 位 A/D 转换器及其接口电路 ··· 54
  3.3.10　A/D 转换模板 ··· 56
 3.4　模拟量输出接口 ··· 57
  3.4.1　D/A 转换器工作原理 ·· 57
  3.4.2　D/A 转换器的性能指标 ··· 58
  3.4.3　DAC0832 简介 ··· 59
 3.5　计算机控制系统的总线技术 ·· 61
  3.5.1　总线的概念及分类 ··· 61
  3.5.2　ISA/EISA 总线 ··· 62
  3.5.3　PCI/Compact PCI 总线 ·· 62
  3.5.4　串行外部总线 ··· 63
  思考题与习题 ·· 66

第4章　计算机数字程序控制技术 ·· 67
 4.1　数字程序控制技术 ·· 67
  4.1.1　数字程序控制基础 ··· 67
  4.1.2　逐点比较法直线插补 ·· 68
  4.1.3　逐点比较法圆弧插补 ·· 71
 4.2　步进电动机控制技术 ·· 74

    4.2.1 步进电动机的工作原理 ·· 75
    4.2.2 步进电动机的一些基本参数及术语 ··· 77
    4.2.3 步进电动机驱动控制 ·· 78
    4.2.4 步进电动机单片机控制技术 ·· 80
  4.3 交流伺服电动机概述 ··· 82
  思考题与习题 ·· 84

第 5 章 常规控制策略 ··· 85
  5.1 连续控制律的离散化设计 ·· 85
    5.1.1 一阶后向差分变换 ·· 85
    5.1.2 一阶前向差分变换 ·· 87
    5.1.3 双线性变换法（突斯汀变换） ··· 88
  5.2 数字 PID 控制 ··· 89
    5.2.1 PID 控制器组成 ·· 89
    5.2.2 数字 PID 控制算法 ··· 91
    5.2.3 数字 PID 控制算法的改进 ·· 93
    5.2.4 PID 参数的整定 ·· 97
  5.3 数字控制器的直接设计 ·· 101
    5.3.1 最少拍控制的基本原理 ··· 101
    5.3.2 最少拍有波纹控制系统设计 ·· 106
    5.3.3 最少拍无纹波控制系统设计 ·· 110
  5.4 纯滞后对象的控制 ·· 112
    5.4.1 大林算法 ·· 112
    5.4.2 史密斯预估控制 ·· 116
  5.5 数字控制器 $D(z)$ 的程序实现 ·· 118
    5.5.1 直接实现法 ·· 118
    5.5.2 串接实现法 ·· 119
    5.5.3 并接实现法 ·· 120
  5.6 离散控制系统的 MATLAB 分析与仿真 ·· 121
  本章小结 ·· 124
  思考题与习题 ·· 125

第 6 章 先进控制策略 ··· 127
  6.1 模糊控制 ··· 127
    6.1.1 模糊集合 ·· 128
    6.1.2 隶属函数的参数化 ·· 131
    6.1.3 模糊关系及其运算 ·· 132
    6.1.4 模糊关系的合成 ·· 133
    6.1.5 模糊推理 ·· 134
    6.1.6 模糊控制器的组成 ·· 136
    6.1.7 模糊控制器的设计步骤 ··· 138
    6.1.8 基于 MATLAB 的模糊控制系统设计 ··· 140

  6.2 神经网络控制 ··· 143
    6.2.1 神经网络的基本概念 ·· 144
    6.2.2 感知器和BP网络 ··· 147
    6.2.3 神经网络控制 ··· 152
  6.3 其他控制策略 ··· 154
    6.3.1 最优控制 ·· 155
    6.3.2 自适应控制 ··· 155
    6.3.3 鲁棒控制 ·· 156
    6.3.4 预测控制 ·· 157
    6.3.5 线性控制理论的发展 ·· 159
    6.3.6 专家系统 ·· 160
  思考题与习题 ··· 162

第7章 计算机控制系统的设计与实现 ··· 163
  7.1 计算机控制系统的设计原则与步骤 ··· 163
    7.1.1 控制系统的设计原则 ·· 163
    7.1.2 控制系统的设计步骤 ·· 164
  7.2 计算机控制系统设计实例 ·· 167
    7.2.1 电阻炉温度计算机控制系统的设计 ································· 167
    7.2.2 变频恒压供水计算机控制系统设计 ································ 170
  7.3 计算机控制系统抗干扰技术 ··· 178
    7.3.1 硬件抗干扰技术 ··· 179
    7.3.2 软件抗干扰技术 ··· 180
  思考题与习题 ··· 181

第8章 计算机网络控制系统 ··· 183
  8.1 分布式控制系统 ·· 183
    8.1.1 DCS的发展概况 ·· 183
    8.1.2 DCS的体系结构 ·· 186
    8.1.3 DCS的现场控制站 ··· 187
    8.1.4 DCS的操作站 ··· 188
    8.1.5 DCS的组态 ··· 190
  8.2 现场总线控制系统 ··· 191
    8.2.1 现场总线概述 ··· 192
    8.2.2 现场总线控制系统的特点 ··· 193
    8.2.3 几种常用的现场总线技术 ··· 195
  8.3 工业以太网控制系统 ·· 202
    8.3.1 工业以太网的技术特点 ·· 202
    8.3.2 工业以太网控制系统的设计方法 ·································· 203
  思考题与习题 ··· 205

参考文献 ··· 206

第1章 绪　　论

随着自动控制技术和计算机技术的发展，计算机控制系统的应用越来越广泛。计算机强大的计算能力、逻辑判断能力和大容量存储信息的能力使得计算机控制能够解决常规控制技术难以解决的难题，实现常规控制技术难以达到的性能指标。与采用模拟调节器的自动调节系统相比，计算机控制能够实现先进的控制策略（如最优控制、智能控制等）以保证控制的精度和性能，而且控制结构灵活，易于在线修改控制方案，降低系统成本。因此，计算机控制技术不仅是国防、航天航空等高精尖学科必不可少的组成部分，而且在现代化的工、农、医等领域也发挥着越来越重要的作用。随着计算机技术、自动控制技术、检测与传感技术、通信与网络技术的高速发展，计算机控制技术的发展也是日新月异。

本章主要介绍计算机控制系统的一般概念、系统组成与分类，以及计算机控制系统的发展概况。

1.1　计算机控制系统的基本概念

计算机控制系统就是利用计算机（单片机、ARM、PLC、DSP、工控机等）来实现生产过程自动控制的系统。计算机控制系统将常规自动控制系统中的模拟调节器由计算机来实现，其结构框图如图1-1所示。

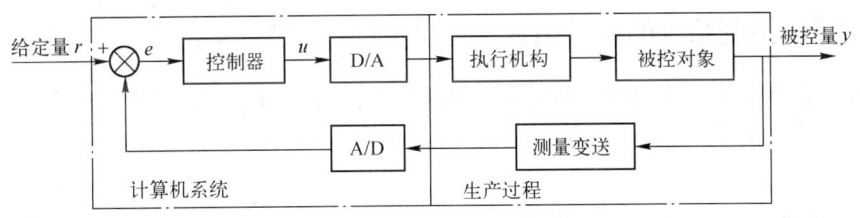

图1-1　计算机控制系统结构框图

在实际工业生产过程中，被测参数如温度、压力、速度、电压、电流等都是连续变化的模拟量，而计算机处理的信息只能是数字量。信号在进入计算机之前，必须把模拟量转换为数字量，即进行A/D转换；大多数执行机构只能接受模拟量，计算机输出的数字量也须再转换为模拟量，即进行D/A转换后才能作用于执行机构。因此计算机控制系统还需要有模拟量/数字量转换器（Analog/Digital Converter，ADC）和数字量/模拟量转换器（Digital/Analog Converter，DAC）。

计算机控制系统的控制过程一般可归纳为以下3个步骤。

（1）实时数据采集　测量元件对生产过程中被控参数的瞬时值进行检测，经A/D转换后输送给计算机。

（2）实时决策　计算机对所采集到的被控参数进行处理后，按照设计好的相关算法或控制规律计算出当前控制量。

（3）实时控制　根据实时计算结果，计算机输出数字量控制信号经过 D/A 转换为连续模拟信号，并传送给执行机构，实施控制任务。

以上过程不断重复，使整个系统能够按照一定的动态品质指标进行工作，并且对被控参数和设备本身出现的异常状况进行监督和处理。

"实时性"是计算机控制系统设计的最基本要求。所谓实时性，是指计算机控制系统中信号的输入、计算和输出都必须在限定的时间范围内（采样周期）完成，也就是计算机对输入信息以足够快的速度进行处理，并在限定的时间内实施控制作用，超出了这个时间范围控制也就失去了意义。

在计算机控制系统中，如果计算机对被控对象或被控生产过程，能够直接进行控制，不需要人工干预，这种方式叫做"联机"方式或"在线"方式。如果计算机不直接参与控制被控对象或受控生产过程，只完成被控对象或被控过程的状态检测及检测数据的处理，制定出控制方案和输出控制指示，然后操作人员参考控制指示，人工手动操作使控制部件对被控对象或受控过程进行控制，这种控制形式称为计算机"离线"控制。

计算机具有强大的计算、逻辑判断和存储信息的能力，因此计算机控制系统可以实现各种先进和复杂的控制策略，如自适应控制、预测控制、智能控制等，从而更好地满足日益复杂化的工业过程的控制要求。在计算机控制系统中，计算机不仅可以帮助我们完成基本的控制任务，而且可以充分发挥其优势，使设计的自动控制系统功能更加完善。

1.2　计算机控制系统的组成

计算机控制系统由硬件和软件两个部分组成。

1.2.1　计算机控制系统的硬件组成

计算机控制系统的硬件主要由计算机、外部设备、操作台、输入输出设备、检测装置、执行机构等组成。系统组成框图如图 1-2 所示。

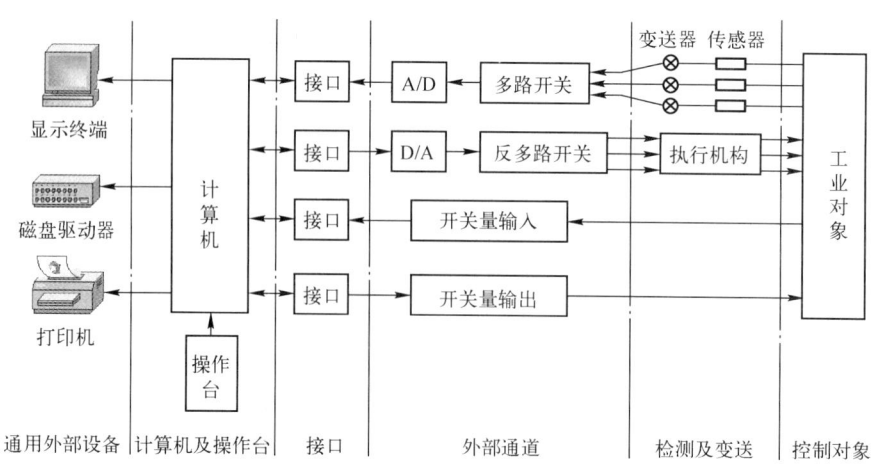

图 1-2　计算机控制系统组成框图

(1) 主机

主机是计算机控制系统的核心,由中央处理器(CPU)、内部存储器和人机接口电路组成。它根据输入设备采集到的反映生产过程工作状况的信息,按照存储器中预先存储的程序、指令,选择相应的控制算法或控制策略自动地进行信息处理和运算,实时地通过输出设备向生产过程发送控制命令,从而达到预定的控制目标。同时,主机还接收来自操作员或上位机的操作控制命令。

(2) 输入输出通道

计算机与生产过程之间的信息传递是通过输入输出通道进行的。过程输入通道包括模拟量输入通道(AI 通道)和开关量/数字量输入通道(DI 通道)。AI 通道由多路采样开关、放大器、A/D 转换器和接口电路组成,它将模拟量信号(如温度、压力、流量等)转换成数字信号再输入给计算机;DI 通道包括光耦合器和接口电路等设备,它直接输入开关量或数字量信号(如设备的启/停状态、故障状态等)。过程输出通道包括模拟量输出(AO)和开关量输出(DO)。AO 将计算机计算出的控制量数字信号转换成模拟信号作用于执行机构(如电动机、电动阀门等);DO 将计算机发出的控制命令转换成触点信号用来控制设备的启/停和故障报警等。

(3) 外部设备

外部设备是计算机和外界进行信息交换的设备。常用外部设备有输入设备、输出设备、外存储器和人—机交互设备,如:键盘终端、打印机、绘图仪、显示屏、磁盘、磁带、声光报警器、扫描仪、操作台等。

(4) 检测与执行机构

① 测量变送单元

在自动控制系统中,常常需要对温度、速度、压力、流量与物料等参量进行检测和控制。因此必须掌握描述它们特性的各种参数,需要测量这些参数的值。为了收集与测量各种参数,需要根据不同的控制任务采用各种检测元件及变送器,将被检测参数的非电量转换成电量。例如,热电偶可以把温度转换成电压信号,压力传感器可以把压力转换为电信号,这些信号经变送器转换成统一的标准电信号(0~5 V 或 4~20 mA)后,再通过 A/D 转换器送入计算机。

② 执行机构

执行机构是计算机控制系统中的重要部件,其功能是根据计算机输出的控制信号,直接控制能量或物料等被测介质的输送量。常用的执行机构有电动、液动和气动等控制形式,也有的采用电动机、步进电动机及晶闸管等进行控制。

1.2.2 计算机控制系统的软件组成

计算机控制系统的硬件是完成控制任务的设备基础,而软件关系到控制系统的运行和控制效果,以及硬件功能的发挥。整个计算机控制系统的动作,都是在软件的指挥下协调进行的。计算机控制系统的软件通常由系统软件和应用软件组成。

(1) 系统软件

系统软件一般由计算机厂家提供,专门用来管理和使用计算机本身的资源,主要包括操作系统、各种编译解释软件和监督管理软件等。这些软件一般不需要用户自己设计,它们只是作为开发应用软件的工具。

（2）应用软件

应用软件是面向生产过程的程序，即根据要解决的实际问题而编写的各种程序，包括控制程序、数据采集及处理程序、显示程序、巡回检测程序和数据管理程序等。应用软件通常由用户根据实际需要进行开发，应用软件的优劣将给控制系统的性能、精度和效率带来很大的影响。

在计算机控制系统中，硬件和软件不是独立存在的。在设计时要注意两者的有机配合和协调，才能设计出满足生产要求的高质量控制系统。

1.2.3 计算机控制系统的特点

尽管由常规仪表组成的连续控制系统已获得了广泛的应用，并具有可靠、易维护操作等优点，但随着生产的发展、技术的进步，对自动化的控制要求越来越高，常规连续控制系统的应用受到了极大的限制，计算机控制系统的应用越来越广泛。相对连续自动控制系统而言，计算机控制系统的主要特点可以归纳为以下几点。

1. 系统结构特点

计算机控制系统必须包括有计算机。它是一个数字式离散处理器。此外，由于大多数系统的被控对象及执行部件、测量部件是连续模拟式的，因此，系统中还必须加入信号转换装置（如 A/D 及 D/A 转换器）。所以，计算机控制系统通常是包含模拟与数字部件的混合系统。

2. 信号形式上的特点

连续控制系统中各点信号均为连续模拟信号。而计算机是数字设备，只能接收和输出数字信号。被控对象（或生产过程）通常是模拟系统，其参数信号（如温度、压力、流量、料位和成分等）是模拟信号，必须按一定的采样间隔（称为采样周期）进行采样，将其变成时间上是断续的信号才能进入计算机。因此，计算机控制系统中除有模拟信号外，还有离散信号、数字信号，是一种混合信号形式系统。由于系统信号的复杂性，也给设计实现带来一定的困难。

3. 系统工作方式上的特点

在连续控制系统中，控制器通常都是由不同的电路构成的，并且一台控制器仅为一个控制回路服务。在计算机控制系统中，一台计算机可以同时控制多个控制回路，即为多个控制回路服务。各个控制回路的控制方式由软件设计。

计算机控制系统除了能完成常规连续控制系统的功能外，还具有一些独特的优点。

1）由于计算机具有强大的计算、逻辑判断和信息存储能力，因此计算机控制系统可以实现各种先进、复杂的控制策略，如自适应控制、预测控制、智能控制等，从而更好地满足日益复杂化的工业过程的控制要求。

2）计算机控制系统的控制规律是由软件程序实现的，并且计算机具有强大的记忆和判断功能，很容易实现工作状态的转换，实现不同的控制功能，因此具有适应性强和灵活性高的优点。

3）尽管一台计算机最初投资较大，但增加一个控制回路的费用却很少。对于连续系统，模拟硬件的成本几乎和控制规律的复杂程度、控制回路的多少成正比；而计算机控制系统中，一台计算机就可以实现复杂控制规律并可同时控制多个控制回路，因此它的性价比更高，特别是在一些现代化的大型复杂控制系统中，更是具有传统连续控制无法比拟的优势。

随着微电子技术的发展和大规模集成电路的出现，计算机的体积减小、重量减轻、成本下降，使得计算机用于自动控制的优点更为突出。

1.2.4 计算机控制系统的可靠性要求

可靠性主要指系统的无故障运行能力，常用的指标是"平均无故障间隔时间"，一般要求该时间应不小于数千小时，甚至达到上万小时。计算机控制系统的可靠性包括硬件可靠性和软件可靠性两个方面。

提高计算机控制系统的硬件可靠性，除了采用可靠性高的元器件及先进的工艺及设计外，采用多机并行运行的冗余结构也是一个重要措施。如对系统可靠性起关键作用的元件"二重化"，使得即使坏了一个元件，系统仍可运行，只有两个元件同时坏了才能造成系统故障。这种"二重化"也可扩充到整个系统，甚至达到三重或四重系统。

除了硬件可靠性外，软件可靠性也是十分重要的。好的软件可以减小出错的可能性，保证系统正常运行。因此，要求计算机控制系统软件具有较强的自诊断、自检测以及容错功能，即对运算过程中偶然出现的数据超界、运算溢出及未曾定义过的操作指令或其他事先不曾预料的运算错误能进行适当处理，改善和提高计算机控制系统的实用性。

此外，为了保证整个系统的可靠工作，还应采取各种措施，提高系统的抗干扰能力。

为了提高计算机控制系统的使用效率，除了可靠性外，还必须提高计算机控制系统的可维护性。"可维护性"是指进行维护工作时方便的程度。提高可维护性的措施是采用插件式硬件和自检测、自诊断程序，以便及时发现故障，判断故障部位并进行维修。

1.3 计算机控制系统的分类

计算机控制系统与其控制的生产对象密切相关，根据功能和要求的不同，计算机控制系统也具有不同的结构和形式。根据应用特点、控制方案、控制目的和系统构成，计算机控制系统大致可以分成以下几种类型。

1.3.1 数据采集处理系统

数据采集处理系统结构如图1-3所示。在这种应用方式下，计算机不直接参与控制，对生产过程不直接产生影响。

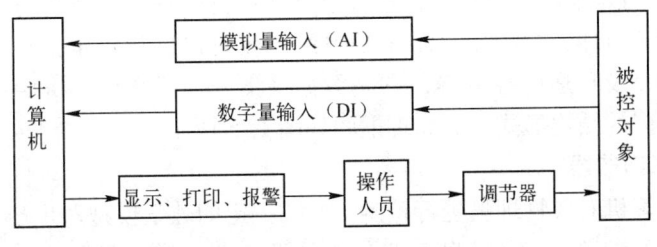

图1-3 数据采集处理系统结构

数据采集处理系统主要是利用计算机对整个生产过程进行集中监视和对大量输入数据进行集中加工和处理，从而为操作人员提供操作指导信息，由操作人员依据给出的建议实现对生产过程的控制。计算机主要起操作指导的作用。

数据采集处理系统的优点是结构简单，控制灵活和安全可靠。缺点是要由人工进行操作，操作速度受到了人为的限制。该系统常用在计算机控制系统设计与调试阶段，用于进行数据检测、处理及试验新的数学模型、调试新的控制程序等。

1.3.2 直接数字控制系统

在直接数字控制（Direct Digital Control，DDC）系统中，计算机取代常规的模拟调节器而直接对生产过程进行控制。DDC系统属于闭环控制系统，是计算机在工业生产过程中最普遍的一种应用形式，其原理框图如图1-4所示。

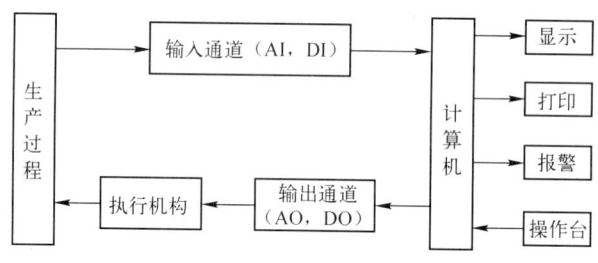

图1-4　DDC系统原理框图

DDC控制系统中常使用小型计算机或微型机的分时系统来实现多个控制回路的控制，其优点是灵活性好。在常规模拟调节器控制系统中，控制器一经选定，其控制规律也就确定了，要改变控制规律就必须改变硬件结构。而在DDC系统中，由于计算机代替了常规模拟调节器，因此要改变控制规律，只需改变控制程序即可，无需对硬件线路进行改动。此外，在进行集中控制时，一台计算机就可以实现对若干个、甚至数十个回路的生产过程进行控制，可靠性高且价格便宜。而且通过应用程序设计便可实现复杂的控制规律，如前馈控制、纯滞后控制、串级控制、最优控制等。DDC控制常用作更为复杂的高级控制形式的执行级。

1.3.3 计算机监督控制系统

在计算机监督控制（Supervisory Computer Control，SCC）系统中，计算机根据生产过程的工艺信息和状态参数，按生产过程的数学模型或其他方法计算出生产设备运行时的最优给定值，并将最优给定值自动地或人工对DDC执行级的计算机或模拟调节仪表进行调整或设定目标值，由DDC或调节仪表对生产过程各个点（运行设备）行使控制。在DDC系统中计算机只是代替模拟调节器进行控制，而SCC系统不仅可以进行给定值控制，还可以进行顺序控制、最优控制以及自适应控制等，它是数据采集处理系统和DDC系统的综合与发展。SCC系统有两种不同的结构形式，其原理框图如图1-5所示。

1. SCC + 模拟调节器

该形式是由计算机对各物理量进行检测，并按一定的数学模型对生产工况进行分析、计算得出生产过程中各参数最优给定值后送给模拟调节器，使工况保持在最优状态。当SCC计算机出现故障时，可由模拟调节器独立完成操作。

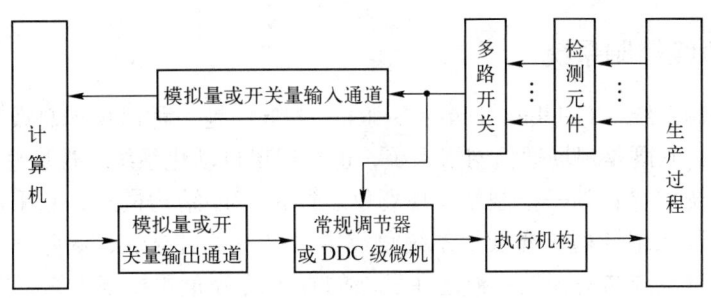

图 1-5 计算机监督控制系统框图

2. SCC + DDC 控制

这种形式实际上是一个二级控制系统，SCC 可采用高档微型机，SCC 计算机与 DDC 之间通过通信接口进行通信。SCC 计算机完成工段、车间等高一级的最优化分析与计算，并给出最优给定值送给 DDC 级进行过程控制。当 DDC 级计算机发生故障时，SCC 级计算机可以完成 DDC 的控制功能，从而提高了系统可靠性。

1.3.4 集散控制系统

集散控制系统（Distributed Control System，DCS）也叫分布式控制系统。

DCS 的结构如图 1-6 所示。采用分散控制、集中操作、分级管理、分而自治和综合协调的设计原则，把系统从上而下分为生产管理级、控制管理级和自动控制级等若干级，形成分级分布式控制。随着计算机技术、控制技术、通信技术和屏幕显示技术的发展而不断更新和提高，集散控制系统已广泛应用于石油、化工、电力、冶金、轻工、制药和智能建筑等领域的自动化控制。

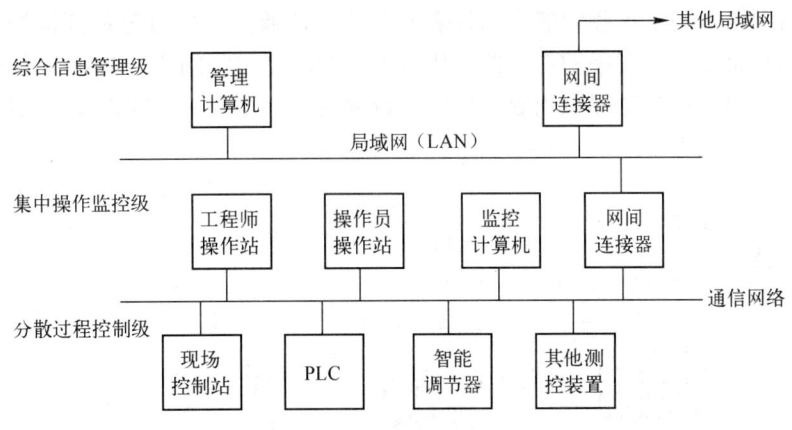

图 1-6 分布式控制系统框图

在集散控制系统中，以微处理器为核心的过程控制计算机完成过程的控制任务；控制管理计算机通过协调各控制器的动作，实现生产过程的优化控制；生产管理计算机完成制定生产计划和工艺流程、产品、人员等管理功能，以实现生产过程静态最优化。这种控制系统使企业自动化水平提高到了一个新的阶段。

1.3.5 现场总线控制系统

现场总线控制系统（Fieldbus Control System，FCS）是一种以现场总线为基础的分布式网络自动化系统，它既是现场通信网络系统，也是现场自动化系统。现场总线控制系统不同于分布式控制系统"操作站—控制站—现场仪表"的三层结构模式，它采用"工作站—现场总线智能仪表"二层结构，降低了系统总成本，提高了可靠性，国际标准统一后可实现真正的开放式互联系统结构，是一种正在发展的真正的分布式控制系统。图 1-7 给出了分布式控制系统和现场总线控制系统的结构对比。

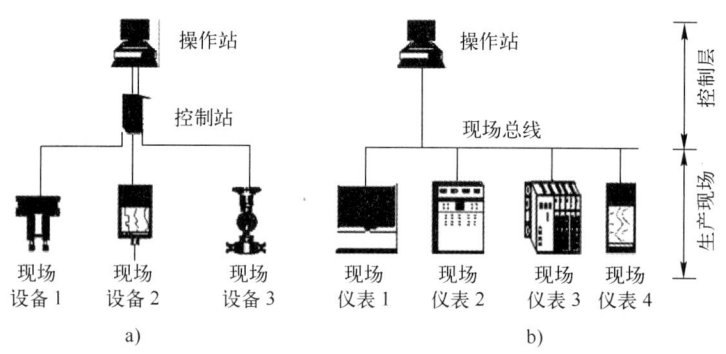

图 1-7 分布式控制系统与现场总线控制系统结构对比
a) DCS 结构 b) FCS 结构

分布式控制系统的通信网络接至现场控制器（控制站），现场仪表仍然是一对一的模拟信号传输，而现场总线的现场设备采用智能化仪表（智能传感器、变送器或执行器等），现场总线的通信网络实现了这些智能现场仪表的互联，把通信线一直延伸到被控现场和设备。现场总线控制系统无论是底层的传感器、执行器、控制器之间的信号交换，还是与上层工作站之间的信息交换，系统全部采用数字信号。数字信号传输抗干扰能力强、精度高，可有效减少系统成本。典型现场总线控制系统结构如图 1-8 所示。

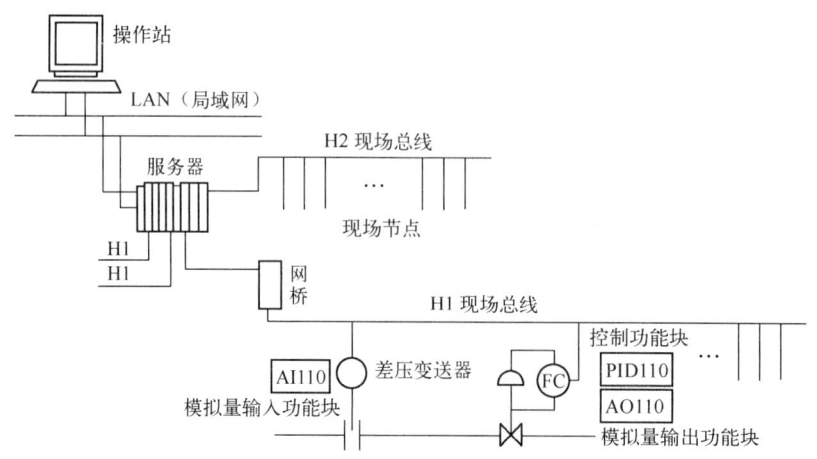

图 1-8 典型现场总线控制系统结构

由图 1-7 和图 1-8 可以看出，FCS 的系统结构为全分散式，它废弃了 DCS 的输入/输出单元和控制站，由现场设备或现场仪表取而代之，即把 DCS 控制站的功能化整为零，分散地分配给现场仪表，从而构成虚拟控制站，实现彻底的分散控制，减轻了主计算机的负担和风险，现场单元具有更高的智能特性，因此，简化了系统结构，提高了可靠性。FCS 的现场设备具有互操作性，不同厂商生产的设备，只要遵守的是同一协议标准，则可以相互操作，彻底改变传统 DCS 控制层的封闭性和专用性，使不同厂商的现场设备既可互联也可互换，还可统一组态，用户可以灵活选用各种功能块，构成所需要的控制系统，进一步提高了系统的可靠性。

1.3.6 计算机集成制造系统

计算机集成制造系统（Computer Integrated Manufacturing System，CIMS）是计算机技术、自动化技术、网络技术、信息技术、管理技术、系统工程技术等新技术发展的结果，它将企业的生产、经营、管理、计划、销售等环节和企业人力、财力、设备等生产要素集成起来，进行统一控制，从而取得生产活动的最优化。

在现代生产企业中，不仅需要解决生产过程的在线控制问题，而且还要求解决生产管理问题，如每日生产品种、数量的计划调度以及月季计划安排，制定长远规划、预报销售前景等，于是出现了多级控制系统。DDC（计算机直接控制）级主要用于直接控制生产过程，进行 PID 或前馈控制；SCC（计算机监督控制）级主要用于进行最佳控制、自适应控制或自学习控制计算，并指挥 DDC 级控制同时向 MIS（信息管理系统）级汇报情况。DDC 级通常用微型计算机，SCC 级一般用小型计算机或高档微型计算机。

车间管理的 MIS 主要功能是根据工厂级下达的生产品种、数量命令和搜集上来的生产过程的状态信息，随时进行合理调度，实现最优控制，指挥 SCC 级监督控制。

工厂管理级的 MIS 主要功能是接受公司下达的生产任务和本厂的实际情况，进行最优化计算，制订本厂生产计划和短期（旬、周或日）安排，然后给车间级下达生产任务。

公司管理级的 MIS 主要功能是对市场需求预测计算，制订战略上的长期发展规划，并对订货合同、原料供应情况和企业的生产状况进行最优生产方案的比较选择计算，制订出整个公司企业较长时间（月或旬）的生产计划、销售计划，并向各工厂管理级下达任务。

MIS 级主要功能是实现信息实时处理，为各级决策者提供有用的信息，作出关于生产计划、调度和管理方案，使计划协调和经营管理处于最优状态。这一级可根据企业的规模和管理范围的大小分成若干级。每级又依据要处理的信息量大小确定采用的计算机的类型。一般情况车间级 MIS 用小型计算机或高档微型计算机，工厂管理级的 MIS 用中型计算机，而公司管理级的 MIS 则用大型计算机，或者用超大型计算机。

1.4 计算机控制系统的发展

计算机控制技术是现代大型工业生产自动化和国防科学技术发展的产物，它紧密依赖于计算机技术、网络通信技术和控制技术的最新发展。

1.4.1 计算机控制技术的发展概况

自 1946 年世界上第一台电子计算机 ENIAC 正式使用以来，数字计算机在世界各国得到了极大的重视和迅速发展。20 世纪 70 年代微型计算机的推广，标志着计算机的发展和应用进入了新的阶段。

计算机技术的发展给控制系统开辟了新的途径。现代控制理论以及各种新型控制技术的发展又给自动控制系统增添了理论支柱。控制理论与计算机技术的结合，产生了新型的计算机控制系统。从美国工业控制机的发展和应用来看，计算机控制系统的发展，大体上经历了三个阶段。

试验阶段。1965 年以前是计算机控制技术的试验阶段，这时的计算机控制系统能够完成自动检测和数据处理，实现计算机监督控制和直接数字控制。1959 年，第一台过程控制计算机系统在美国得克萨斯州 Port Arthur 炼油厂建成，并正式投入运行。该系统可以控制 26 个流量信号、72 个温度信号、3 个压力信号，以及 3 个成分信号，主要用于数据处理和操作指导，属于早期的操作指导控制系统。1960 年，在合成氨和丙烯腈生产过程中实现了计算机监督控制。

1965 ~ 1969 年是计算机控制进入实用和开始逐步普及的阶段。由于小型计算机的出现，使可靠性不断提高，成本不断下降，计算机在生产过程的应用得到迅速发展，但这个阶段仍然主要是集中型的计算机控制系统。在高度集中控制时，若计算机出现故障，将对整个生产装置和整个生产系统带来严重影响，虽然可以采用多机并用的方案提高集中控制的可靠性，但这样就要增加投资。

1970 年以后是大量推广和分级控制阶段。现代工业的特点是高度连续化、大型化，装置与装置、设备与设备之间的联系日趋密切。因此，为了降低能量消耗、提高产品质量和数量，仅仅实现局部范围内的孤立的控制，是难以取得显著效果的。为了实现对现代化工业的综合管理和最优控制，已经开始运用工程学的方法来实现大规模综合管理系统。这种控制系统通常不是由一台计算机或数台独立的、相互无关的小型机来进行控制的，而是由大、中、小型计算机组合起来，形成计算机系统来进行控制的。在这种采用了分段结构的计算机控制系统中，按照计算机各自的特点，在充分发挥各自的潜力下，形成分级控制。1975 年，世界上几个主要的计算机和仪表制造厂家已开始生产出集散控制系统（DCS），如美国霍尼威尔（Honeywell）公司的 TDC - 2000，Foxboro 公司的 SPECTRUM，横河公司的 CENTUM，Taylor 公司的 MOD3 等。1985 ~ 1990 年，DCS 的发展进入了第三代，此时的 DCS 把过程控制、监督控制、管理高度有机地结合起来，采用专家系统、制造自动化协议（MAP）以及表面安装技术，实现了系统的综合化、开放化和现场级的智能化。20 世纪 90 年代以来，随着微处理器技术和其他高新技术的发展，计算机控制系统开始向网络化、智能化方向发展。计算机控制系统的性能价格比的不断提高更加速了计算机控制系统的普及和应用。在化工、电力、冶金、国防各行各业，各类先进的计算机控制正在发挥着重要的作用。

1.4.2 计算机控制系统的发展趋势

计算机控制系统的发展与组成该控制系统的核心部分——微型计算机的发展紧密相连。微型计算机和微处理器自从 20 世纪 70 年代崛起以来，发展极为迅猛：芯片的集成度越来越高;半导体存储器的容量越来越大;控制和计算机性能,几乎每两年就提高一个数量级。另外,大量新型接口和专用芯片不断涌现,软件的日益完善和丰富,以及通信技术的发展大大扩大了微型计算机的功能,这为促进计算机控制技术的发展创造了条件。

目前,计算机控制技术正向智能化、网络化和集成化的方向发展。微型计算机控制系统的发展趋势表现在以下几个方面。

(1) 以工业 PC 为基础的低成本工业控制自动化将成为主流

工业控制自动化主要包含三个层次,从下往上依次是基础自动化、过程自动化和管理自动化,其核心是基础自动化和过程自动化。传统的自动化系统,基础自动化部分基本被 PLC 和 DCS 所垄断,过程自动化和管理自动化部分主要是由小型机组成。20 世纪 90 年代以来,由于 PC-based 的工业计算机(工业 PC)的发展,由工业 PC、I/O 装置、监控装置、控制网络组成的 PC-based 的自动化系统得到了迅速普及,成为实现低成本工业自动化的重要途径。

(2) PLC 在向微型化、网络化、PC 化和开放性方向发展

长期以来,PLC 始终处于工业控制自动化领域的主战场,为各种各样的自动化控制设备提供非常可靠的控制方案。同时,PLC 也承受着来自其他技术产品,尤其是工业 PC 所带来的冲击。

微型化、网络化、PC 化和开放性是 PLC 未来发展的主要方向。随着 PLC 控制组态软件的进一步完善和发展,安装有软 PLC 组态软件和 PC-based 控制的市场份额将逐步得到增长。

(3) 面向测控管一体化设计的 DCS

小型化、多样化、PC 化和开放性是未来 DCS 发展的重要方向。PC-based 控制将更加广泛地应用于中小规模的过程控制,小型 DCS 系统将具有更大的应用市场。开放性的 DCS 系统同时向上和向下双向延伸,使来自生产过程的现场数据在整个企业内部自由流动,实现信息技术与控制技术的无缝连接,向测控管一体化方向发展。

(4) 控制系统的网络化方向发展

由于 3C 技术的发展,过程控制系统由 DCS 发展到 FCS。FCS 可以将 PID 控制彻底分散到现场设备中。基于现场总线的 FCS 是全分散、全数字化、全开放和可互操作的新一代生产过程自动化系统,它将取代现场一对一的 4~20mA 模拟信号线,给传统的工业自动化控制系统体系结构带来革命性的变化。根据 IEC 61158 的定义,现场总线是安装在制造或过程区域的现场装置与控制室内的自动控制装置之间的数字式、双向传输、多分支结构的通信网络。现场总线使测控设备具备了数字计算和数字通信能力,提高了信号的测量、传输和控制精度,提高了系统与设备的功能、性能。采用现场总线技术构造低成本的现场总线控制系统,将促进现场仪表的智能化、控制功能的分散化、控制系统的开放化。

(5) 控制系统的智能化

智能控制是一类无需人的干预就能够自主地驱动智能机器实现其目标的过程,是用机器模拟人类智能的一个重要领域。智能控制包括学习控制系统、分级递阶智能控制系统、专家系统、模糊控制系统和神经网络控制系统等。应用智能控制技术和自动控制理论来实现的先进的计算机控制系统,将有力地推动科学技术进步,并提高工业生产系统的自动化水平。计算机技术的发展加快了智能控制方法的研究。智能控制方法原理上模拟人类大脑的思维判断过程,通过模拟人类思维实现控制。计算机控制技术的发展将随着人工智能技术的发展而发

展，一些先进的控制方法将会在计算机控制系统中得到重要的应用。

(6) 控制系统的集成化

随着计算机网络技术的发展，使得原本在分布式的网络环境中较难实现的数据传输和交换可以在一个贯穿的网络环境中实现。尤其是现场级网络技术在工业控制系统中的出现，带来现场级设备和仪表单元的网络化，从而使控制系统的底层可以通过网络相互连接起来，同时，现场级网络技术的发展还保证了网络的设备容量能够接入较多的设备，使不同回路控制系统的现场级设备和仪表单元可以连接在一起。另外，工业控制软件向组态化方向发展，如人机界面软件、控制软件、生产管理软件等，都有相应的成套应用方案供用户选择，为企业实现计算机集成制造（管控一体化）提供了比较完整的解决方案，使系统的设计更高效。

思考题与习题

1-1 什么是计算机控制系统？它由哪几个部分组成？各部分的作用是什么？

1-2 简述计算机控制系统的工作过程。

1-3 计算机控制系统与一般模拟控制系统相比有什么异同？

1-4 计算机控制系统中的实时性、在线方式和离线方式的含义是什么？

1-5 比较计算机 DDC 系统和 SCC 系统的异同。

1-6 什么是 DCS？它的特点是什么？

1-7 什么是 FCS？它的特点是什么？

1-8 比较 DCS 和 FCS 的异同。

1-9 进一步查阅文献资料，了解计算机控制系统的发展趋势。

第 2 章 计算机控制系统数学描述与分析

计算机控制系统包含采样装置、保持器和数字控制器，本质上是离散系统或近似的离散系统。要用定性或定量的方法研究计算机控制系统的性能，必须借助一些数学工具，建立系统模型，并且采用相应的分析手段进行系统的分析和综合。

本章主要讲述计算机控制系统的基础理论和基本方法。首先从计算机控制系统的信号出发，介绍了信号的采样和恢复，然后讲述线性离散系统的基本概念和分析方法，包括离散系统数学模型的建立和离散系统稳定性、过渡过程特性和稳定精度分析，为后续章节的学习奠定基础。

2.1 信号的采样与恢复

对连续控制系统，不论是被控对象部分还是控制器部分，其各点信号在时间上和幅值上都是连续的。然而在计算机控制系统中，被控对象、测量仪表及执行机构等通常为模拟器件，而控制器采用数字计算机。计算机只能接收、处理和输出数字信号。对于这种模拟器件和数字器件共存的混合系统，信号转换装置 A/D 和 D/A 是必不可少的。从现场检测的连续信号必须经过采样、A/D 转换等量化处理转换为数字信号，才能由计算机进行计算处理；同理，计算机输出的离散的数字量也必须经过 D/A 转换器和保持器形成连续信号，才能作用于被控对象。

在计算机控制系统中，常用信号有 3 种类型：①模拟信号，在时间和幅值上连续取值，一般用十进制数表示。②离散模拟信号（也称采样信号），在时间上不连续，而在幅值上连续取值的信号，这是连续信号经过采样开关得到的脉冲序列信号。③数字（离散）信号，在时间上和幅值上均不连续取值，通常用二进制代码形式表示，这是计算机能够处理的信号。

2.1.1 连续信号的采样和量化

1. 信号的采样过程

在计算机控制系统中，信号是以脉冲序列或数字序列的方式传递的。按一定的时间间隔 T（采样周期），把时间和幅值上连续的模拟信号变成在 0、T、$2T$、$\cdots$、kT 时刻的一连串脉冲输出信号 $f(kT)$ 的集合 $f^*(t)$ 的过程叫做采样过程，如图 2-1 所示。实现采样动作的装置叫采样开关或采样器。

采样器利用定时器控制的开关每隔一个固定时间，使开关持续闭合时间 τ 完成一次采样。τ 称为采样宽度（见图 2-1c），开关重复闭合的时间间隔 T 称为采样周期。采样开关输入的原信号 $f(t)$ 为连续信号，输出的采样信号 $f^*(t)$ 是离散的模拟信号。通常，采样开关的闭合时间远小于 T，即 $\tau \ll T$，也远远小于被控对象连续部分的时间常数。因此，在分析时，可以认为 $\tau=0$，即采样器为一个理想的采样开关。所谓理想采样开关是指，该开关每隔一

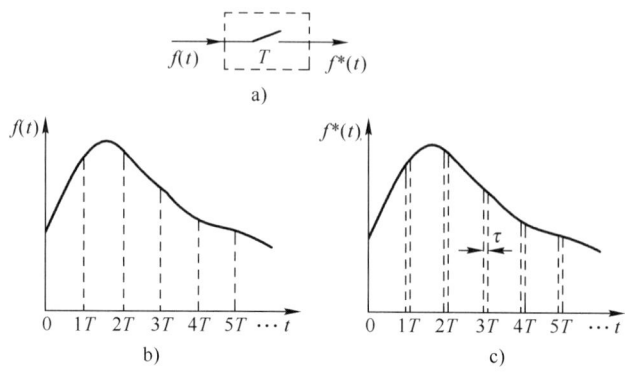

图 2-1 模拟信号的采样过程

个采样周期闭合一次,并且闭合后又瞬时打开,即没有延时也没有惯性。这样,采样信号 $f^*(t)$ 就可以认为是一串理想的脉冲系列信号。采样信号 $f^*(t)$ 的每个采样值等于原信号 $f(t)$ 在开关闭合瞬时的值 $f(kT)$,可以看作是一个权重为 $f(kT)$ 的脉冲函数,记为 $f(kT)\delta(t-kT)$。整个采样信号看作是一个加权脉冲序列,可以用 δ 函数来描述,如式(2-3)。δ 函数有下列性质:

$$\begin{cases} \int_{-\infty}^{+\infty} \delta(t-t_0)\,\mathrm{d}t = 1 \\ \delta(t) = \begin{cases} \infty, & t = t_0 \\ 0, & t \neq t_0 \end{cases} \end{cases} \tag{2-1}$$

从而,理想采样开关可以表示为

$$\delta_T(t) = \sum_{k=-\infty}^{+\infty} \delta(t-kT) \tag{2-2}$$

采样器的输入信号 $f(t)$ 与采样器输出采样信号 $f^*(t)$ 之间满足

$$f^*(t) = f(t)\delta_T(t) \tag{2-3}$$

或写成

$$f^*(t) = f(t) \sum_{k=-\infty}^{+\infty} \delta(t-kT) \tag{2-4}$$

对于实际物理系统,当 $t<0$ 时,$f(t)=0$,从而 $f^*(t)$ 可表示成

$$\begin{aligned} f^*(t) &= f(0)\delta(t) + f(T)\delta(t-T) + f(2T)\delta(t-2T) + \cdots \\ &= \sum_{k=0}^{\infty} f(kT)\delta(t-kT) \end{aligned} \tag{2-5}$$

式中 T 是采样周期;k 取整数,表示采样时刻值。

可以把采样开关看作是一个脉冲调制器,采样过程看作是脉冲调制过程。采样信号 $f^*(t)$ 是由理想脉冲序列所组成,幅值由 $f(t)$ 在 $t=kT$ 时刻的值确定。

2. 采样定理

在计算机控制系统中对连续信号进行采样,用抽取的离散信号序列代表相应的连续信号来参与控制运算。所以,采集到的离散信号序列必须能够表达相应连续信号的基本特征。这个问题和采样周期的选取是密切相关的。由图 2-2 可以看出,对于不同的信号,采样周期

选择过大的话,则采样信号含有的原连续信号的信息量过少,从而无法从采样信号中看出原连续信号的特征;如果采样周期选择足够小,只损失很少量的信息,从而有可能从采样信号重构原来的连续信号,就可以用离散信号实施有效的控制。香农(Shannon)采样定理定量地给出了采样频率的选择原则。

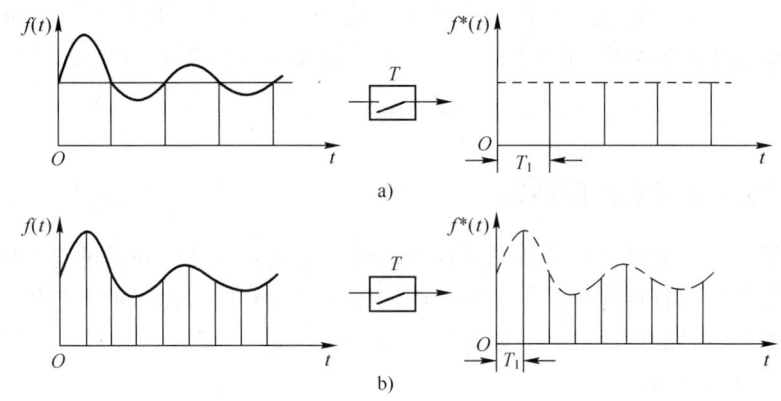

图 2-2 采样周期的影响

a)过大的采样周期 b)较小的采样周期

香农(Shannon)采样定理指出:对一个具有有限频谱$|\omega|<\omega_{max}$的连续信号$f(t)$进行采样时,采样信号$f^*(t)$能够唯一地复现原信号$f(t)$所需的最低采样角频率ω_s必须满足$\omega_s \geq 2\omega_{max}$或$T \leq 2\pi/\omega_{max}$。其中,$\omega_{max}$是原信号频率的最高角频率;$\omega_s$是采样角频率,它与采样频率$f_s$、采样周期$T$的关系为

$$\omega_s = 2\pi f_s = \frac{2\pi}{T}$$

采样定理给出了合理选择采样周期的理论指导原则。在计算机控制系统中对采样周期的选择还要综合系统的实际情况进行,实际应用中,采样频率通常取$f_s \geq (5 \sim 10)f_{max}$,或者更高。对于工业过程,人们在实践中总结了表 2-1 所示的经验数据可供参考。

表 2-1 采样周期的经验数据

被控对象	采样周期/s
温度	10~20
压力	3~10
流量	1~5
液位	6~8
成分	15~20

3. 信号的量化

将时间上离散、幅值上连续变化的离散模拟信号$f^*(t)$按最小量化单位取整、用一组二进制数码来逼近的过程称为信号的量化。执行量化动作的装置是 A/D 转换器,把在$f_{min} \sim f_{max}$范围内变化的采样信号$f^*(t)$通过字长为n的 A/D 转换器,转换成$0 \sim 2^n - 1$范围内的某个数字量。定义量化单位q为

$$q = \frac{f_{max} - f_{min}}{2^n - 1}$$

量化单位 q 是信号进行量化后,二进制数的最低有效位对应的整量单位。量化过程实际上是一个小数归整过程。通常有两种整量化方法:一是"只舍不入"截尾整量化方法。根据这种整量化方法,小于量化单位的数全部截尾舍去。二是"有舍有入"整量化方法,这种量化方法类似于十进制数中的四舍五入法。大多数 A/D 转换器采用的是这种"有舍有入"法,小于 $q/2$ 的舍去,大于 $q/2$ 的进入,量化误差为 $\pm\frac{1}{2}q$。

2.1.2 信号的恢复与采样保持器

信号的恢复是指将采样信号恢复到原连续信号,它是采样过程的逆过程。将数字信号序列恢复成连续信号的装置称为采样保持器。由图 2-3 可以看出,信号的理想恢复需要具备 3 个条件:①原连续信号的频谱具有有限带宽,即 $|\omega| < \omega_{max}$;②满足采样定理;③具有理想的低通滤波器,其特性为

$$H(j\omega) = \begin{cases} T, & |\omega| \leq \omega_s/2 \\ 0, & |\omega| > \omega_s/2 \end{cases} \tag{2-6}$$

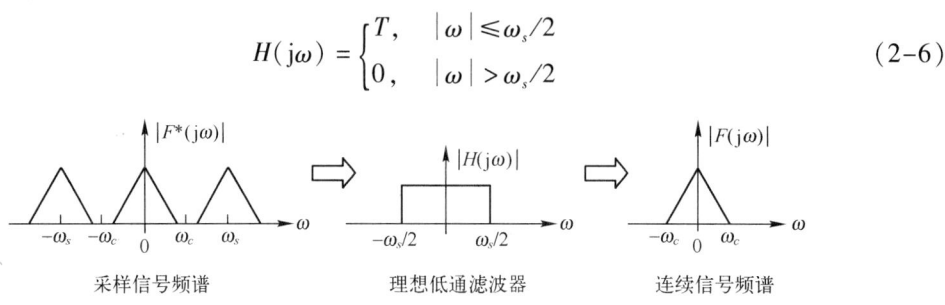

图 2-3 采样信号的理想恢复

但是,理想的低通滤波器是物理上不可实现的,故工程上通常采用接近理想滤波器特性的零阶保持器来代替。采样信号仅在采样时刻才有输出值,而在两个采样点之间输出为零,为了使两个采样点之间的信号恢复为连续模拟信号,零阶保持器以前一时刻的采样值为参考基值作外推,来近似原连续信号,即将前一采样时刻的采样值 $f(kT)$ 恒定地保持到下一采样时刻 $(k+1)T$ 出现之前,即在区间 $[kT, (k+1)T]$ 内零阶保持器的输出为常数,如图 2-4 所示。

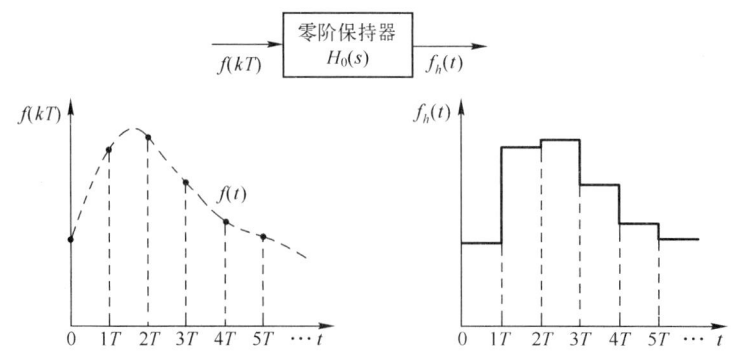

图 2-4 应用零阶保持器的信号恢复

零阶保持器的时域方程为

$$f_k(t) = f(kT) \quad kT \leq t < (k+1)T \tag{2-7}$$

当输入单位脉冲信号 $\delta(t)$ 时，零阶保持器输出为在一个采样周期 T 内保持为常数 1 的方波信号，其脉冲过渡过程如图 2-5 所示（图中 ZOH 为零阶保持器），数学表达式为

$$g_{h0}(t) = 1(t) - 1(t-T) \tag{2-8}$$

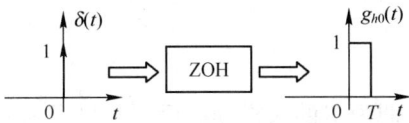

图 2-5 零阶保持器的脉冲响应

取拉普拉斯变换得到零阶保持器的传递函数为

$$G_{h0}(s) = \frac{1}{s} - \frac{1}{s}e^{-Ts} = \frac{1-e^{-Ts}}{s} \tag{2-9}$$

其频率特性为

$$G_{h0}(j\omega) = \frac{1-e^{-jT\omega}}{j\omega} = T\frac{\sin\left(\frac{\omega T}{2}\right)}{\frac{\omega T}{2}}e^{-j\frac{T\omega}{2}} \tag{2-10}$$

幅频特性、相频特性分别为

$$|G_{h0}(j\omega)| = \left|\frac{T\sin\frac{\pi\omega}{\omega_s}}{\frac{\pi\omega}{\omega_s}}\right|$$

$$\angle G_{h0}(j\omega) = -\left[\frac{T\omega}{2} + k\pi\right] = -\left[\frac{\pi\omega}{\omega_s} + k\pi\right] \quad k=0,1,2,\cdots$$

零阶保持器频率特性曲线如图 2-6 所示。从频率特性看出，零阶保持器具有低通滤波特性，但不是理想的低通滤波器，它除了允许采样信号的主频分量通过外，还允许部分高频分量通过，不过它的幅值是逐渐衰减的。从相位特性看，零阶保持器是一个相位滞后环节，相位滞后的大小与信号频率 ω 及采样周期 T 成正比，不利于闭环系统的稳定。零阶保持器结构简单且易于用物理装置实现，因而它在控制系统中被广泛采用。

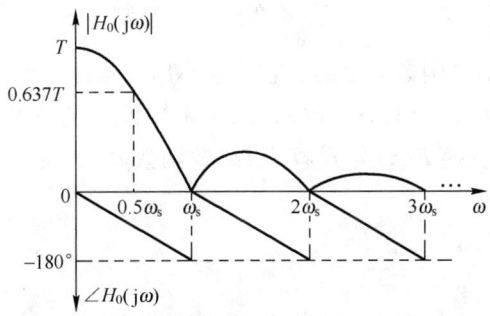

图 2-6 零阶保持器的幅频特性及相频特性

2.2 Z变换

如同拉普拉斯变换是连续系统分析中的重要数学工具，Z变换则是处理离散系统分析和设计问题的重要数学工具。Z变换和拉普拉斯变换有着密切联系，可以认为是从拉普拉斯变换直接引申出来的一种变换方法。

2.2.1 Z变换的定义

连续信号 $f(t)$ 通过采样周期为 T 的采样开关后，其采样信号为

$$f^*(t) = \sum_{k=0}^{\infty} f(kT)\delta(t - kT) \tag{2-11}$$

对上式进行拉普拉斯变换，可得采样信号的拉普拉斯变换形式

$$F^*(s) = L[f^*(t)] = \int_{-\infty}^{+\infty} f^*(t) e^{-Ts} dt$$

$$= \sum_{k=0}^{\infty} f(kT) \left[\int_{-\infty}^{+\infty} \delta(t - kT) e^{-Ts} dt \right] = \sum_{k=0}^{\infty} f(kT) e^{-kTs} \tag{2-12}$$

采样信号 $f^*(t)$ 的拉普拉斯变换 $F^*(s)$ 中包含超越函数 e^{-kTs}，为便于计算，定义新的复变量 z，令

$$z = e^{Ts} \tag{2-13}$$

则有 $s = \dfrac{1}{T}\ln z$，其中 T 为采样周期。进一步将 $F^*(s)$ 写成 $F(z)$ 的形式，从而得到采样信号 $f^*(t)$ 的 Z 变换式：

$$F(z) = Z[f(t)] = Z[f^*(t)] = \sum_{k=0}^{\infty} f(kT) z^{-k} \tag{2-14}$$

称 $F(z)$ 为离散函数 $f^*(t)$ 的 Z 变换。由上面推导可以看出，Z 变换实际上是拉普拉斯变换的一种特殊形式，也叫采样拉普拉斯变换。

关于 Z 变换，需要注意以下几点。

（1）Z 变换中任意项 $f(kT)z^{-k}$ 具有明确的物理意义：$f(kT)$ 表示幅值，z 的幂次表示该采样脉冲出现的时刻。

（2）上述求取 Z 变换的方法称为单边 Z 变换（即当 $t<0$ 时，$f^*(t)=0$）。类似地，称 $F(z) = Z[f^*(t)] = \sum_{k=-\infty}^{\infty} f(kT)z^{-k}$ 为双边 Z 变换，在控制系统中，通常只研究单边 Z 变换。

（3）Z 变换是由采样信号函数决定的，它反应不出非采样时刻的信息。如果存在两个不同的时间函数 $f_1(t)$ 和 $f_2(t)$，$f_1(t) \neq f_2(t)$，但其采样值完全重复，即 $f_1^*(t) = f_2^*(t)$，则 $F_1(z) = F_2(z)$。这说明 Z 变换 $F(z)$ 与 $f(kT)$ 或离散函数 $f^*(t)$ 是一一对应的，但是 $F(z)$ 与 $f(t)$ 之间的对应关系不唯一。

2.2.2 Z变换的求法

求离散时间函数 $f^*(t)$ 的 Z 变换方法，常用的有级数求和法、部分分式法和留数计算法三种。

1. 级数求和法

直接按照 Z 变换的定义式（2-14）求级数和。

例 2-1 求单位阶跃函数 $f(t) = 1(t)$ 的 Z 变换。

解：根据 Z 变换定义，有

$$F(z) = Z[1(k)] = \sum_{k=0}^{\infty} f(kT) z^{-k}$$
$$= 1 + z^{-1} + z^{-2} + \cdots + z^{-k} + \cdots$$
$$= \frac{1}{1 - z^{-1}} = \frac{z}{z - 1}$$

例 2-2 求指数函数 $f(t) = e^{-at}$ 的 Z 变换。

解：由 Z 变换定义，有

$$f^*(t) = \sum_{k=0}^{\infty} e^{-akT} \delta(t - kT) = \delta(t) + e^{-aT} \delta(t - T) + e^{-2aT} \delta(t - 2T) + \cdots$$

$$F(z) = \sum_{k=0}^{\infty} f(kT) z^{-k} = 1 + e^{-aT} z^{-1} + e^{-2aT} z^{-2} + \cdots$$
$$= \frac{1}{1 - e^{-aT} z^{-1}} = \frac{z}{z - e^{-aT}}$$

2. 部分分式展开法

设连续时间函数 $f(t)$ 的拉普拉斯变换 $F(s)$ 已知，且为有理函数，将 $F(s)$ 分解成简单部分分式之和，通过查 Z 变换表求出相应的 Z 变换。

一些常用函数的 Z 变换见表 2-2。

表 2-2 常用函数 Z 变换表

拉普拉斯变换 $F(s)$	时间函数 $f(t), t > 0$	Z 变换 $F(z)$
1	$\delta(t)$	1
$\dfrac{1}{s}$	$1(t)$	$\dfrac{z}{z-1}$
$\dfrac{1}{s^2}$	t	$\dfrac{Tz}{(z-1)^2}$
$\dfrac{1}{s^3}$	$\dfrac{1}{2} t^2$	$\dfrac{T^2 z(z+1)}{2(z-1)^3}$
e^{-kTs}	$\delta(t - kT)$	z^{-k}
$\dfrac{T}{Ts - \ln a}$	$a^{t/T}$	$\dfrac{z}{z - a}$
$\dfrac{1}{s + a}$	e^{-at}	$\dfrac{z}{z - e^{-aT}}$
$\dfrac{b - a}{(s+a)(s+b)}$	$(e^{-at} - e^{-bt})$	$\left[\dfrac{z}{z - e^{-aT}} - \dfrac{z}{z - e^{-bT}}\right]$
$\dfrac{1}{(s+a)^2}$	$t e^{-at}$	$\dfrac{Tz e^{-aT}}{(z - e^{-aT})^2}$
$\dfrac{a}{s(s+a)}$	$1 - e^{-at}$	$\dfrac{(1 - e^{-aT}) z}{(z - 1)(z - e^{-aT})}$

(续)

拉普拉斯变换 $F(s)$	时间函数 $f(t), t>0$	Z 变换 $F(z)$
$\dfrac{a}{s^2(s+a)}$	$t - \dfrac{1-e^{-at}}{a}$	$\dfrac{Tz}{(z-1)^2} - \dfrac{(1-e^{-aT})z}{a(z-1)(z-e^{-aT})}$
$\dfrac{\omega}{s^2+\omega^2}$	$\sin\omega t$	$\dfrac{z\sin\omega T}{z^2 - 2z\cos\omega T + 1}$
$\dfrac{s}{s^2+\omega^2}$	$\cos\omega t$	$\dfrac{z(z-\cos\omega T)}{z^2 - 2z\cos\omega T + 1}$
$\dfrac{s+a}{(s+a)^2+b^2}$	$e^{-at}\cos bt$	$\dfrac{z^2 - ze^{-aT}\cos bT}{z^2 - 2ze^{-aT}\cos bT + e^{-2aT}}$
$\dfrac{b}{(s+a)^2+b^2}$	$e^{-at}\sin bt$	$\dfrac{ze^{-aT}\sin bT}{z^2 - 2ze^{-aT}\cos bT + e^{-2aT}}$

（1）当 $F(s)$ 具有非重极点时，可展开成部分分式形式为

$$F(s) = \sum_{i=1}^{n} \frac{A_i}{s+p_i}$$

其中，p_i 为 $F(s)$ 的非重极点；A_i 为常数，$A_i = \lim_{s \to -p_i}(s+p_i)F(s)$。

从而，连续函数 $f(t)$ 的 Z 变换为

$$F(z) = \sum_{i=1}^{n} \frac{A_i z}{z - e^{-p_i T}} \tag{2-15}$$

（2）当设 p_1 为 $F(s)$ 的 m 重极点时，则 $F(s)$ 可展开成

$$F(s) = \frac{B_1}{s+p_1} + \frac{B_2}{(s+p_1)^2} + \cdots + \frac{B_m}{(s+p_1)^m}$$

其中，系数 $B_m = \lim_{s \to -p_1}(s+p_1)^m F(s)$

$$B_{m-1} = \lim_{s \to -p_1}\frac{\mathrm{d}}{\mathrm{d}s}[(s+p_1)^m F(s)]$$

$$B_1 = \frac{1}{(m-1)!}\lim_{s \to -p_1}\frac{\mathrm{d}^{m-1}}{\mathrm{d}s^{m-1}}[(s+p_1)^m F(s)]$$

对应 $F(s)$ 的 Z 变换为

$$F(z) = \sum_{j=1}^{m} Z\left[\frac{B_j}{(s+p_1)^j}\right] \tag{2-16}$$

例 2-3 已知函数 $F(s) = \dfrac{a}{s(s+a)}$，求 $F(z)$。

解：$F(s)$ 有两个单极点 $p_1 = 0$、$p_2 = -a$，求得 $A_1 = 1$、$A_2 = -1$，展开为部分分式和

$$F(s) = \frac{a}{s(s+a)} = \frac{1}{s} - \frac{1}{s+a}$$

所以

$$F(z) = \frac{z}{z-1} - \frac{z}{z-e^{-aT}} = \frac{(1-e^{-aT})z^{-1}}{1-(1+e^{-aT})z^{-1}+e^{-aT}z^{-2}}$$

3. 留数法

如果函数 $F(s)$ 为严格的真有理分式，则 $F(s)$ 的 Z 变换 $F(z)$ 可直接由下面留数计算公

式求得

$$F(z) = Z[F(s)] = \sum_{i=1}^{n} \text{Res}\left[F(p)\frac{1}{1-e^{pT}z^{-1}}\right]_{p=p_i}$$

$$= \sum_{i=1}^{m}\left[(p-p_i)F(p)\frac{1}{1-e^{pT}z^{-1}}\right]_{p=p_i}$$

$$+ \sum_{i=m+1}^{n}\frac{1}{(r_i-1)!}\frac{d^{r_i-1}}{dp^{r_i-1}}\left[(p-p_i)^{r_i}F(p)\frac{1}{1-e^{pT}z^{-1}}\right]_{p=p_i} \quad (2-17)$$

式中,$p_i(i=1,2,\cdots,n)$为全部极点,其中有m个非重极点和$n-m$个重极点,r_i为重极点的重数。

例 2-4 已知函数 $F(s)=\dfrac{s+2}{s(s+3)(s+1)^2}$,求 $F(z)$。

解:$F(s)$有一个2重根极点$p_{1,2}=-1$,$r=2$,两个单根极点$p_3=0$,$p_4=-3$

$$F(z) = \text{Res}\left[F(s_1)\frac{z}{z-e^{s_1T}}\right] + \text{Res}\left[F(s_3)\frac{z}{z-e^{s_3T}}\right] + \text{Res}\left[F(s_4)\frac{z}{z-e^{s_4T}}\right]$$

$$= \left\{\frac{1}{(2-1)!}\frac{d}{ds}\left[(s+1)^2\frac{s+2}{s(s+3)(s+1)^2}\frac{z}{z-e^{sT}}\right]\right\}_{s=-1}$$

$$+ \left[s\frac{s+2}{s(s+3)(s+1)^2}\frac{z}{z-e^{sT}}\right]_{s=0} + \left[(s+3)\frac{s+2}{s(s+3)(s+1)^2}\frac{z}{z-e^{sT}}\right]_{s=-3}$$

$$= \frac{-2Tze^{-T}-3z^2+3ze^{-T}}{4(z-e^{-T})^2} + \frac{2}{3}\frac{z}{z-1} + \frac{1}{12}\frac{z}{z-e^{-3T}}$$

2.2.3 Z变换的基本定理

同拉普拉斯变换的基本定理相似,Z变换也有一些重要性质,这些性质可以简化Z变换的使用。

(1) 线性定理

设a_1、a_2为任意常数,连续时间函数$f_1(t)$和$f_2(t)$的Z变换分别为$F_1(z)$及$F_2(z)$,则有

$$Z[a_1f_1(t) \pm a_2f_2(t)] = a_1F_1(z) \pm a_2F_2(z) \quad (2-18)$$

(2) 滞后定理

设$kT<0$时,$f(kT)=0$,且$Z[f(kT)]=F(z)$,则$f(kT)$滞后k个采样周期的函数$f(t-kT)$的Z变换为

$$Z[f(t-kT)] = z^{-k}F(z), \quad k \geq 0 \quad (2-19)$$

证明:

$$Z[f(t-kT)] = \sum_{n=0}^{\infty}f(nT-kT)z^{-n}$$

$$= f(0)z^{-k} + f(T)z^{-(k+1)} + f(2T)z^{-(k+2)} + \cdots$$

$$= z^{-k}[f(0) + f(T)z^{-1} + f(2T)z^{-2} + \cdots]$$

$$= z^{-k}F(z)$$

(3) 超前定理

设$kT<0$时,$f(kT)=0$,且$Z[f(kT)]=F(z)$,则$f(kT)$超前k个采样周期后的函数$f(t$

$+kT$)的 Z 变换为

$$Z[f(t+kT)] = z^k F(z) - \sum_{m=0}^{k-1} f(mT) z^{k-m}, \quad k \geq 0 \tag{2-20}$$

在零初始条件下,即 $f(0) = f(T) = \cdots = f[(k-1)T] = 0$ 时,有

$$Z[f(t+kT)] = z^k F(z)$$

式(2-20)中 z^k 代表超前环节,表示输出信号超前输入信号 k 个采样周期。z^k 在运算中是有用的,然而实际中是不存在超前环节的。定理证明略。

(4) 初值定理

设 $Z[f(t)] = F(z)$,且极限 $\lim_{z \to \infty} F(z)$ 存在,则有

$$f(0) = \lim_{k \to 0} f(kT) = \lim_{z \to \infty} F(z) \tag{2-21}$$

证明:按 Z 变换定义,$F(z) = Z[f(t)] = \sum_{k=0}^{\infty} f(kT) z^{-k} = f(0) + f(T) z^{-1} + f(2T) z^{-2} + \cdots$

所以 $f(0) = \lim_{k \to 0} f(kT) = \lim_{z \to \infty} F(z)$

(5) 终值定理

设 $Z[f(t)] = F(z)$,且 $\lim_{z \to 1}(1 - z^{-1}) F(z)$ 存在,$(1 - z^{-1}) F(z)$ 在单位圆上及单位圆外无极点,则有

$$f(\infty) = \lim_{z \to 1}(z-1) F(z) = \lim_{z \to 1}(1 - z^{-1}) F(z) \tag{2-22}$$

(6) 复位移定理

设 a 为任意常数,$Z[f(t)] = F(z)$,则有

$$Z[f(t) e^{\mp at}] = F(z e^{\pm aT}) \tag{2-23}$$

证明:

$$\begin{aligned} Z[f(t) e^{\mp at}] &= \sum_{k=0}^{\infty} [f(kT) e^{\mp akT}] z^{-k} \\ &= \sum_{k=0}^{\infty} f(kT) (e^{\pm aT} z)^{-k} \\ &= F(z e^{\pm aT}) \end{aligned}$$

利用复位移定理,可以求出一些复杂函数的 Z 变换。

(7) 复微分定理

设 $Z[f(t)] = F(z)$,则有

$$Z[tf(t)] = -Tz \frac{dF(z)}{dz} \tag{2-24}$$

证明:由 Z 变换定义,$F(z) = \sum_{k=0}^{\infty} f(kT) z^{-k}$,两边对 z 求导,得

$$\begin{aligned} \frac{d[F(z)]}{dz} &= \frac{d}{dz} \left[\sum_{k=0}^{\infty} f(kT) z^{-k} \right] = \sum_{k=0}^{\infty} f(kT) \frac{d}{dz}[z^{-k}] \\ &= \sum_{k=0}^{\infty} f(kT)(-k) z^{-k-1} \\ &= -\frac{1}{Tz} \sum_{k=0}^{\infty} f(kT)(kT) z^{-k} \end{aligned}$$

$$= -\frac{1}{Tz}Z[tf(t)]$$

(8) 复积分定理

设 $Z[f(t)] = F(z)$，且极限 $\lim_{t \to 0}\frac{f(t)}{t}$ 存在，则有

$$Z\left[\frac{f(t)}{t}\right] = \int_z^\infty \frac{F(\lambda)}{T\lambda}d\lambda + \lim_{k \to 0}\frac{f(kT)}{kT} \quad (2-25)$$

证明：令 $g(t) = \frac{f(t)}{t}$，则

$$Z[g(t)] = G(z) = \sum_{k=0}^\infty \frac{f(kT)}{kT}z^{-k}$$

上式两边对 z 求导，得

$$\frac{d[G(z)]}{dz} = -\frac{1}{Tz}F[z]$$

上式两边积分，有

$$\int_z^\infty \frac{G(\lambda)}{d\lambda}d\lambda = G(\infty) - G(z) = -\int_z^\infty \frac{F(\lambda)}{T\lambda}d\lambda$$

利用初值定理，整理得

$$Z\left[\frac{f(t)}{t}\right] = \int_z^\infty \frac{F(\lambda)}{T\lambda}d\lambda + \lim_{k \to 0}\frac{f(kT)}{kT}$$

(9) 离散卷积定理

设 $Z[f(t)] = F(z)$，$Z[g(t)] = G(z)$，若定义

$$g(kT) * f(kT) \triangleq \sum_{i=0}^k g(iT)f(kT - iT) = \sum_{i=0}^k g(kT - iT)f(iT)$$

则有

$$Z[g(kT) * f(kT)] = G(z)F(z) \quad (2-26)$$

该定理表明如果两个时间序列在时间域是卷积关系，则在 Z 域中是乘积关系。

2.2.4 Z 反变换

由信号 $f(t)$ 的 Z 变换表达式 $F(z)$，求相应离散序列 $f(kT)$ 或 $f^*(t)$ 的过程称为 Z 反变换。记为

$$Z^{-1}[F(z)] = f(kT)$$

或

$$Z^{-1}[F(z)] = f^*(t) \quad (2-27)$$

注意：Z 反变换结果只反映采样时刻的信息，它与连续信号无一一对应关系，即

$$Z^{-1}[F(z)] \neq f(t)$$

常用的 Z 反变换方法有长除法、部分分式法和留数计算法。

(1) 长除法

将 $F(z)$ 用长除法展开成 z 的降幂级数，然后根据 Z 变换的定义，求得 $f(kT)$ 的前若干项。

设 $F(z)$ 是 z^{-1} 或 z 的有理函数，即

$$F(z) = \frac{N(z)}{D(z)} = \frac{b_0 + b_1 z^{-1} + \cdots + b_m z^{-m}}{a_0 + a_1 z^{-1} + \cdots + a_n z^{-n}}, \quad n \geq m \tag{2-28}$$

用长除法展成按 z^{-1} 升幂排列的幂级数

$$F(z) = f_0 + f_1 z^{-1} + \cdots f_k z^{-k} + \cdots \tag{2-29}$$

由 Z 变换定义得

$$F(z) = f(0) + f(T) z^{-1} + \cdots f(kT) z^{-k} + \cdots \tag{2-30}$$

比较式（2-29）和式（2-30）得

$$f(kT) = f_k, \quad k = 0, 1, 2, \cdots$$

例 2-5 已知 $F(z) = \dfrac{z^2 + 2z}{z^2 - 2z + 1}$，求反 Z 变换。

解：

$$F(z) = \frac{z^2 + 2z}{z^2 - 2z + 1} = \frac{1 + 2z^{-1}}{1 - 2z^{-1} + z^{-2}}$$

利用长除法

$$\begin{array}{r}
1 + 4z^{-1} + 7z^{-2} + \cdots \\
1 - 2z^{-1} + z^{-2} \overline{\smash{\big)}\, 1 + 2z^{-1}} \\
\underline{1 - 2z^{-1} + z^{-2}} \\
4z^{-1} - z^{-2} \\
\underline{4z^{-1} - 8z^{-2} + 4z^{-3}} \\
7z^{-2} - 4z^{-3} \\
\cdots
\end{array}$$

从而得到

$$F(z) = 1 + 4z^{-1} + 7z^{-2} + \cdots$$

或

$$f^*(t) = \delta(t) + 4\delta(t - T) + 7\delta(t - 2T) + \cdots$$

用长除法求 Z 反变换的缺点是计算较繁琐，且只能求得时间序列的前若干项，难以得到 $f(kT)$ 的通式；优点是方法简单，用计算机编程实现也比较容易。

（2）部分分式展开法（查表法）

将 $F(z)$ 进行部分分式展开，再利用查表法分别求各展开项的 Z 反变换，然后相加得到 $f(kT)$。

设已知 Z 变换函数 $F(z)$ 无重极点，且 $m < n$，先求出 $F(z)$ 的极点 $p_1, p_2, \cdots, p_n$，再将 $\dfrac{F(z)}{z}$ 展开为分式之和

$$\frac{F(z)}{z} = \sum_{i=1}^{n} \frac{a_i}{z - p_i}, \quad i = 1, 2, 3, \cdots, n \tag{2-31}$$

进一步，得到 $F(z)$ 的部分分式之和

$$F(z) = \sum_{i=1}^{n} \frac{a_i z}{z - p_i}, \quad i = 1, 2, 3, \cdots, n$$

然后逐项查表得到 $f_i(kT) = Z^{-1}\left[\dfrac{a_i z}{z - p_i}\right] = a_i p_i^{k-1}, k > 0, i = 1, 2, \cdots, n$，最后写出对应的采样函数

$$f^*(t) = \sum_{k=0}^{\infty}\sum_{i=1}^{n} f_i(kT)\delta(t-kT)$$

例 2-6 求 $F(z) = \dfrac{z}{(z-1)(z-2)}$ 的 Z 反变换 $f(kT)$。

解：采用部分分式展开，得

$$\frac{F(z)}{z} = \frac{1}{(z-1)(z-2)} = \frac{-1}{z-1} + \frac{1}{z-2}$$

从而有

$$F(z) = \frac{-z}{z-1} + \frac{z}{z-2}$$

查 Z 变换表，得到 $Z^{-1}\left[\dfrac{-z}{z-1}\right] = -1$，$Z^{-1}\left[\dfrac{z}{z-2}\right] = 2^k$

所以

$$f(kT) = -1 + 2^k$$

或写成

$$f^*(t) = \delta(t-T) + 3\delta(t-2T) + 7\delta(t-3T) + 15\delta(t-4T) + \cdots$$

(3) 留数计算法

时域函数 $f(kT)$ 可以利用 $F(z)z^{k-1}$ 在 $F(z)$ 全部极点上的留数之各求得，即

$$f(kT) = \sum_{i=1}^{n} \text{Res}\left[F(z)z^{k-1}\right]\Big|_{z=p_i} \tag{2-32}$$

例 2-7 设 Z 变换函数

$$F(z) = \frac{z^2}{z^2 - 1.5z + 0.5}$$

试用留数法求其 Z 反变换。

解：函数有两个极点：1 和 0.5，先求出 $F(z)z^{k-1}$ 对这两个极点的留数

$$\text{Res}\left[\frac{z^2 z^{k-1}}{(z-1)(z-0.5)}\right]\Big|_{z=1} = \lim_{z\to 1}\left[(z-1)\frac{z^{k+1}}{(z-1)(z-0.5)}\right] = 2$$

$$\text{Res}\left[\frac{z^2 z^{k-1}}{(z-1)(z-0.5)}\right]\Big|_{z=0.5} = \lim_{z\to 0.5}\left[(z-0.5)\frac{z^{k+1}}{(z-1)(z-0.5)}\right] = -(0.5)^k$$

从而求得 $f(k) = 2 - (0.5)^k$。

2.3 离散控制系统的数学描述

计算机控制系统在本质上属于离散控制系统，离散控制系统的性能分析和控制器设计离不开系统的数学描述（模型）。

2.3.1 差分方程及其求解

连续系统的动态过程用微分方程来描述；离散系统的动态过程则用差分方程来描述。工程中的大多数计算机控制系统，经过工程简化后，可以近似地认为是线性定常离散系统。所以本节讨论线性定常离散系统的描述方法。

1. 差分的定义

与线性定常连续系统是通过常系数线性微分方程来描述相类似,线性定常离散系统可以通过常系数线性差分方程来描述。

设连续函数 $f(t)$ 的采样信号为 $f^*(t)$,在 kT 时刻的采样值为 $f(kT)$,在差分方程描述中,为简便起见,通常写作 $f(k)$。差分描述方法有两种:前向差分和后向差分。

一阶前向差分定义为

$$\Delta f(k) = f(k+1) - f(k) \tag{2-33}$$

二阶前向差分定义为

$$\Delta^2 f(k) = \Delta f(k+1) - \Delta f(k)$$
$$= f(k+2) - 2f(k+1) + f(k) \tag{2-34}$$

类似地,n 阶前向差分定义为

$$\Delta^n f(k) = \Delta^{n-1} f(k+1) - \Delta^{n-1} f(k) \tag{2-35}$$

一阶后向差分定义为

$$\nabla f(k) = f(k) - f(k-1) \tag{2-36}$$

类似地,n 阶后向差分的定义为

$$\nabla^n f(k) = \nabla^{n-1} f(k) - \nabla^{n-1} f(k-1) \tag{2-37}$$

设单输入单输出计算机控制系统的输入信号系列为 $u(k)(k=0,1,2,\cdots)$,输出信号系列为 $y(k)(k=0,1,2,\cdots)$。当采用后向差分时,n 阶线性定常离散系统的动态过程一般描述形式为

$$y(k) + a_1 y(k-1) + \cdots + a_{n-1} y(k+1-n) + a_n y(k-n)$$
$$= b_0 u(k) + b_1 u(k-1) + \cdots + b_{m-1} u(k+1-m) + b_m u(k-m) \tag{2-38}$$

式中,$a_n,\cdots a_1$ 和 $b_m,\cdots b_0$ 均为常系数,对于物理可实现系统有 $n \geq m$。n 为差分方程的阶次,由最高阶差分的阶次而定的,其数值等于方程中自变量的最大值和最小值之差。

当取前向差分时,其一般形式为

$$y(k+n) + a_1 y(k+n-1) + \cdots + a_{n-1} y(k+1) + a_n y(k)$$
$$= b_0 u(k+m) + b_1 u(k+m-1) + \cdots + b_{m-1} u(k+1) + b_m u(k) \tag{2-39}$$

2. 差分方程的求解

下面介绍两种方法:Z 变换法和迭代法。

(1) Z 变换法

用 Z 变换求解常系数线性差分方程和用拉氏变换解微分方程类似。先利用初始条件,将差分方程转换成以 z 为变量的代数方程,再求出 Z 反变换。

例 2-8 已知连续系统微分方程为 $6\ddot{e}(t) + 7\dot{e}(t) + 2e = r(t)$,输入 $r(t) = 1(t)$,初始条件为 $e(0) = e(1) = 0$,试用前向差分方法进行离散化,并对所得差分方程进行求解($T = 1s$)。

解:用各阶前向差分方程代替原方程中的各阶导数($T=1s$ 时可以如此近似处理),得:

$$6\Delta^2 e(k) + 7\Delta e(k) + 2e(k) = 1(k)$$

根据前向差分定义,进一步得到

$$6e(k+2) - 12e(k+1) + 6e(k) + 7[e(k+1) - e(k)] + 2e(k) = 1(k)$$

离散化后,系统前向差分方程为

$$\begin{cases} 6e(k+2) - 5e(k+1) + e(k) = 1(k) \\ e(k) = 0 (k \leq 0) \end{cases}$$

对以上差分方程两边分别进行 Z 变换

$$6z^2[E(z) - e(0) - z^{-1}e(1)] - 5z[E(z) - e(0)] + E(z) = 1(z) = \frac{z}{z-1}$$

代入初始条件 $e(0) = 0$, $e(1) = 0$, 得

$$E(z) = \frac{z}{6\left(z - \frac{1}{3}\right)\left(z - \frac{1}{2}\right)(z - 1)}$$

对其进行 Z 反变换得到

$$e(k) = \frac{1}{2} - \frac{1}{2^{k-1}} + \frac{1}{2} \frac{1}{3^{k-1}}$$

或

$$e^*(t) = \sum_{k=0}^{\infty} \left(\frac{1}{2} - \frac{1}{2^{k-1}} + \frac{1}{2} \frac{1}{3^{k-1}}\right) \delta(t - kT)$$

（2）迭代法

仍以例 2-8 中所述系统差分方程为例，采用迭代法进行求解。

解：由差分方程式（3.39），得到递推方程

$$e(k+2) = \frac{5}{6}e(k+1) - \frac{1}{6}e(k) + \frac{1}{6} \cdot 1(k), \quad e(k) = 0(k \leq 0)$$

通过迭代可得

$$e(1) = \frac{1}{6}[5e(0) - e(-1) + 1(-1)] = 0$$

$$e(2) = \frac{1}{6}[5e(1) - e(0) + 1(0)] = 1/6$$

$$e(3) = \frac{1}{6}[5e(2) - 1e(1) + 1(1)] = 11/36$$

$$\vdots$$

用迭代法求解差分方程，方法十分简单，使用计算机编程计算非常容易。缺点是难以写出输出信号的数学解析式。

2.3.2 脉冲传递函数

线性连续控制系统中，常用传递函数来研究系统的性能。同样，对于线性离散控制系统，也可以通过脉冲传递函数（又称 Z 传递函数）来研究系统性能。

1. 脉冲传递函数的定义

在零初始条件下，离散控制系统输出序列的 Z 变换 $Y(z)$ 与输入序列 Z 变换 $U(z)$ 之比称为离散系统的脉冲传递函数。即

$$G(z) = \frac{Y(z)}{U(z)} \tag{2-40}$$

与连续系统一样，脉冲传递函数只取决于系统本身的结构参数，与输入信号无关。如果已知系统的脉冲传递函数 $G(z)$ 和输入 $U(z)$，则可求得系统的输出信号系列

$$Y(z) = G(z)U(z)$$
$$y^*(t) = Z^{-1}[Y(z)] = Z^{-1}[G(z)U(z)]$$
(2-41)

如图2-7所示。离散系统既可以采用差分方程描述,也可以采用Z传递函数描述,两者之间可以互相转换。

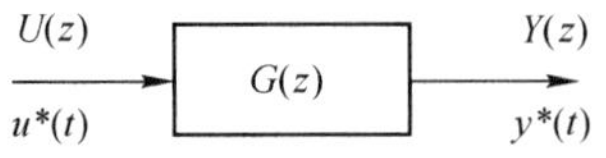

图2-7 脉冲传递函数

如果已知系统差分方程为
$$y(k) + a_1 y(k-1) + \cdots + a_{n-1} y(k+1-n) + a_n y(k-n)$$
$$= b_0 u(k) + b_1 u(k-1) + \cdots + b_{m-1} u(k+1-m) + b_m u(k-m)$$
(2-42)

在零初始条件下,对式(2-42)两边分别进行Z变换,从而可求得系统脉冲传递函数为

$$G(z) = \frac{Y(z)}{U(z)} = \frac{b_0 + b_1 z^{-1} + \cdots + b_m z^{-m}}{1 + a_1 z^{-1} + \cdots + a_n z^{-n}}$$
(2-43)

从上式可以看出,Z传递函数是复变量z^{-1}的有理分式。称$\Delta(z) = 1 + a_1 z^{-1} + \cdots + a_n z^{-n}$为系统特征多项式。

如果已知采样系统的连续传递函数$G(s)$,其脉冲传递函数可按下述步骤求取:

1) 对$G(s)$进行拉普拉斯变换,求得脉冲响应$g(t) = L^{-1}[G(s)]$。

2) 对$g(t)$采样,求得离散系统脉冲响应$g*(t) = \sum_{k=0}^{\infty} g(kT)\delta(t-kT)$。

3) 对脉冲响应$g*(t)$做Z变换,求得Z传递函数

$$G(z) = \sum_{k=0}^{\infty} g(kT) z^{-k}$$

其中,$g(kT)$是单位脉冲响应函数$g(t)$的离散表示形式。

需要指出的是,离散化后$G(z)$的极点是$G(s)$的极点按$z = e^{sT}$的关系一一对应过来的,而零点则没有这种对应关系。$G(z)$的零点一般多于$G(s)$的零点个数,零点位置与采样周期有关。$G(s)$是最小相位系统,离散化后的$G(z)$不一定是最小相位系统。

2. 系统框图的脉冲传递函数

计算机控制系统中,既有被控对象那样的连续环节,又有计算机这样的离散环节,而且采样开关位置因系统而异,因此,求取各环节脉冲传递函数的方法比连续系统要复杂。分析连续系统传递函数框图的方法,不能直接一一照搬到离散控制系统,还需要考虑到离散系统的特殊性。

(1) 开环系统脉冲传递函数

计算机控制系统中,采样开关的位置对于系统脉冲传递函数有着重要影响。下面以一个典型的串联环节说明。

当两个环节间有采样开关时(见图2-8a),则整个串联环节的脉冲传递函数为两个环节的Z传递函数的乘积

$$G(z) = \frac{Y(z)}{U(z)} = G_1(z) G_2(z)$$
(2-44)

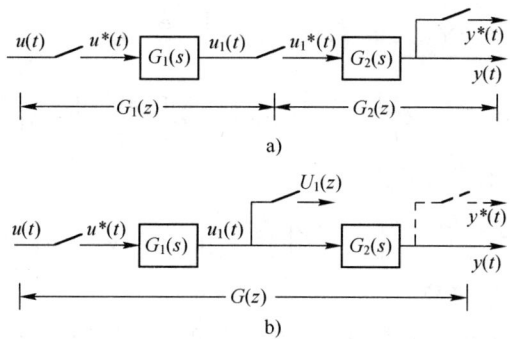

图 2-8 环节串联的开环系统

同理，n 个环节串联，且所有环节之间均有采样开关隔开时，则等效的 Z 传递函数为所有环节的 Z 传递函数的乘积，即

$$G(z) = G_1(z)G_2(z)\cdots G_n(z) \tag{2-45}$$

当两个环节间没有采样开关隔开时，如图 2-8b 所示，需要将这些串联环节看成一个整体 $G_1(s)G_2(s)$，再求出 $G_1(s)G_2(s)$ 经采样后的 Z 变换。

$$G(z) = \frac{Y(z)}{U(z)} = Z[G_1(s)G_2(s)] = G_1G_2(z) \tag{2-46}$$

同理，当有多个环节串联且各环节间无采样开关隔开的情况时，也有

$$G(z) = Z[G_1(s)G_2(s)\cdots G_n(s)] = G_1G_2\cdots G_n(z)$$

注意：通常情况下，$G_1(z)G_2(z) \neq G_1G_2(z)$。

例如，图 2-8 中，当 $G_1(s) = \dfrac{1}{s}$，$G_2(s) = \dfrac{1}{s+1}$ 时，则在图 2-8a 中，两环节中间有采样开关

$$G(z) = G_1(z)G_2(z) = Z\left[\frac{1}{s}\right]Z\left[\frac{1}{s+1}\right] = \frac{z^2}{(z-1)(z-e^{-T})}$$

在图 2-8b 中，两环节中间没有采样开关

$$G(z) = G_1G_2(z) = Z\left[\frac{1}{s(s+1)}\right] = \frac{(1-e^{-T})z}{(z-1)(z-e^{-T})}$$

两种情况的极点相同，但零点不同。根据环节之间有无采样开关，连续元件前后有无采样开关，正确写出系统的脉冲传递函数，对于研究系统的性能是非常重要的。

当两个环节并联时，如图 2-9 所示，根据叠加原理，很容易求得并联环节的脉冲传递函数 $G(z)$

$$G(z) = \frac{Y(z)}{U(z)} = G_1(z) \pm G_2(z) \tag{2-47}$$

当连续环节带有零阶保持器，如图 2-10 所示，这时系统传递函数为

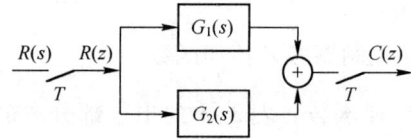

图 2-9 环节并联的开环系统

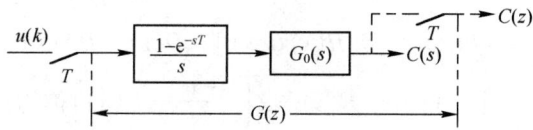

图 2-10 带零阶保持器的开环脉冲传递函数

$$G(s) = C_h(s)G_0(s) = \frac{1-e^{-sT}}{s}G_0(s)$$

$$G(z) = Z[G(s)] = Z\left[\frac{1-e^{-sT}}{s}G_0(s)\right] = Z\left[\frac{G_0(s)}{s}\right] - Z\left[\frac{e^{-sT}G_0(s)}{s}\right]$$

根据 Z 变换的延迟定理，上式可简化为

$$G(z) = Z\left[\frac{G_0(s)}{s}\right] - z^{-1}Z\left[\frac{G_0(s)}{s}\right] = (1-z^{-1})Z\left[\frac{G_0(s)}{s}\right] \tag{2-48}$$

（2）闭环系统脉冲传递函数

在求离散系统闭环脉冲传递函数时，首先应根据系统结构列出各变量之间的关系，然后消去中间变量，得到输出量 Z 变换和输入量 Z 变换之间的关系。下面举例说明其求解方法。

考虑一典型计算机控制系统，其等效传递函数框图如图 2-11 所示，反馈通道中连续环节 $H(s)$ 为测量变送装置的传递函数。$D(s)$ 为控制器，其输入为 $E^*(s)$，输出为 $U^*(s)$。于是有

$$Y(s) = G(s)D^*(s)E^*(s)$$
$$E(s) = R(s) - H(s)G(s)D^*(s)E^*(s)$$

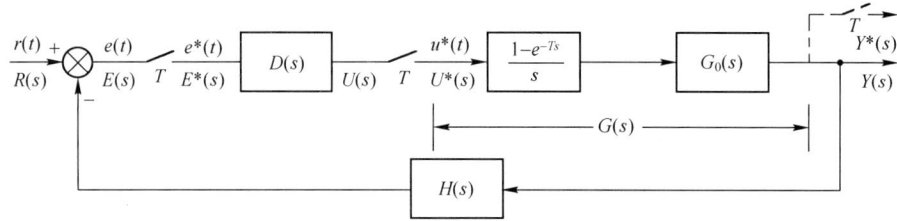

图 2-11 典型计算机控制系统

经采样后的偏差信号为

$$E^*(s) = R^*(s) - HG^*(s)D^*(s)E^*(s)$$

从而得到

$$E^*(s) = \frac{R^*(s)}{1+HG^*(s)D^*(s)}$$

将上式代入输出 $Y(s)$ 的离散信号计算公式 $Y^*(s) = G^*(s)D^*(s)E^*(s)$ 中，得到

$$Y^*(s) = \frac{G^*(s)D^*(s)}{1+HG^*(s)D^*(s)}R^*(s)$$

进行 Z 变换，得到

$$Y(z) = \frac{G(z)D(z)}{1+HG(z)D(z)}R(z)$$

由此得到闭环系统的 Z 传递函数为

$$W(z) = \frac{Y(z)}{R(z)} = \frac{G(z)D(z)}{1+HG(z)D(z)} \tag{2-49}$$

式中，$HG(z) = Z[H(s)G(s)]$，$D(z) = D^*(s)|_{z=e^{Ts}}$ 为数字控制器的 Z 传递函数。

图 2-11 中，$G(z) = Z\left[\frac{1-e^{-Ts}}{s}G_0(s)\right]$ 称为广义对象传递函数。表 2-3 列出了部分离散系统结构脉冲传递函数及输出 Z 变换 $Y(z)$ 情况。

表 2-3 部分离散控制系统输出 $Y(z)$ 及脉冲传递函数

序号	系统结构图	$Y(z)$
1		$\dfrac{Y(z)}{U(z)} = \dfrac{G(z)}{1+G(z)H(z)}$
2		$Y(z) = \dfrac{UG(z)}{1+GH(z)}$
3		$\dfrac{Y(z)}{U(z)} = \dfrac{G(z)}{1+GH(z)}$
4		$Y(z) = \dfrac{G_2(z)G_1U(z)}{1+G_1G_2H(z)}$
5		$\dfrac{Y(z)}{U(z)} = \dfrac{G_1(z)G_2(z)}{1+G_1(z)G_2H(z)}$
6		$\dfrac{Y(z)}{U(z)} = \dfrac{G(z)}{1+G(z)H(z)}$
7		$Y(z) = \dfrac{G_2(z)G_3(z)G_1U(z)}{1+G_2(z)G_1G_3H(z)}$
8		$Y(z) = \dfrac{G_2(z)G_1U(z)}{1+G_2(z)G_1H(z)}$

由表 2-3 中可以看出，若闭环系统的输入信号未被采样，则整个闭环系统的脉冲传递函数将写不出来，如表中 2、4、7、8 所示，这与连续系统是不同的。

2.4 离散控制系统稳定性分析

稳定性是控制系统的最基本要求，是保证系统能正常工作的首要条件。在连续系统中，通常在 S 域就可以判断系统稳定性。同理，在离散系统中，可以在 Z 域对系统稳定性进行研究。为了研究计算机控制系统的稳定性，首先分析 S 平面与 Z 平面的关系。

2.4.1 S 平面到 Z 平面的变换

S 平面与 Z 平面的映射关系可由 $z = e^{Ts}$ 来确定，设 $s = \sigma + j\omega$，则有

$$\begin{cases} z = e^{Ts} = e^{T\sigma} \cdot e^{jT\omega} \\ |z| = e^{T\sigma} \\ \angle z = T\omega \end{cases} \quad (2-50)$$

S 平面与 Z 平面的映射关系如图 2-12 所示。

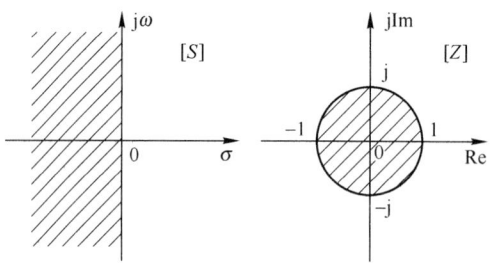

图 2-12 S 平面与 Z 平面的映射关系

在 Z 平面上，当 σ 为某个定值时，$z = e^{Ts}$ 随 ω 由 $-\infty$ 变到 $+\infty$ 的轨迹是一个圆，圆心位于原点，半径为 $e^{T\sigma}$，圆心角随 ω 线性增大。

（1）S 平面上的虚轴（$s = j\omega$）映射到 Z 平面上是以原点为圆心的单位圆，即 $|z| = 1$。S 平面上的原点对应于 Z 平面上正实轴上的 $(+1, j0)$ 点上。当 ω 从 $-\frac{1}{2}\omega_s$ 变化到 $\frac{1}{2}\omega_s$ 时（称为主频带，如图 2-13a，其余均称为旁带），在 Z 平面上辐角由 $-\pi$ 经零变化到 $+\pi$，相应的点在 Z 平面上逆时针画出一个以原点为圆心，半径为 1 的单位圆。除主频带外，当 ω 每变化一个 ω_s（如 $\frac{1}{2}\omega_s \sim \frac{3}{2}\omega_s$，或 $-\frac{3}{2}\omega_s \sim -\frac{1}{2}\omega_s$，如图 2-13b），即 S 平面上的点沿虚轴每移动一个 ω_s 的距离时，相应的点便在 Z 平面上逆时针重复画出一个单位圆，出现频率混叠现象。

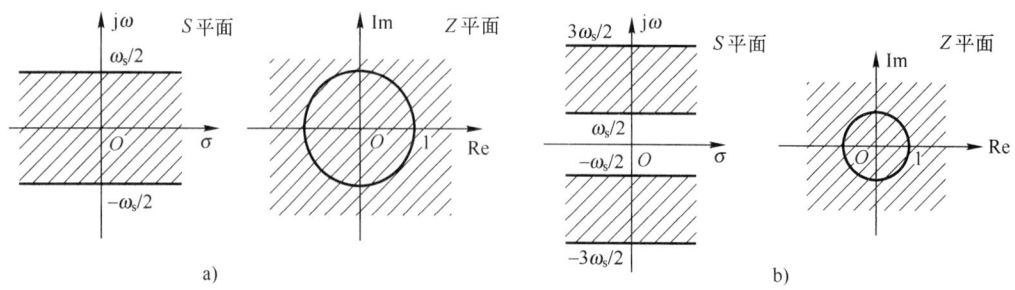

图 2-13 主带映射和旁带映射

（2）S 平面的左半面（$\sigma < 0$）映射到 Z 平面上是以原点为圆心单位圆的内部，即 $|z| < 1$，如图 2-12 阴影部分所示。其中负实轴映射到 Z 平面的单位圆内正实轴。S 平面左半部分每

一条宽度为 ω_s 的带状区域，映射到 Z 平面上，都是单位圆内区域。由于实际采样系统正常工作频率比较低，远低于采样频率 ω_s，所以实际系统的工作频率都在从 $-\dfrac{\omega_s}{2}$ 到 $+\dfrac{\omega_s}{2}$ 的主频带内。

（3）S 平面的右半面（$\sigma > 0$）映射到 Z 平面上是以原点为圆心单位圆的外部，即 $|z| > 1$。

复变量 z 实际上是 s 的周期性函数，即 $z = e^{Ts} = e^{T(s \pm jn\omega_s)} = e^{T\left(s \pm jn\frac{2\pi}{T}\right)} = e^{Ts}$，在 Z 平面上的一点在 S 平面上与它对应的是无穷多个点，每个频带映射到 Z 平面与之对应的是整个 Z 平面，其中位于 S 平面虚轴左边部分都与 Z 平面单位圆内部区域对应；在虚轴左边部分都与 Z 平面单位圆外部区域对应，每个频区内的一段虚轴都与 Z 平面单位圆周相对应。

2.4.2 离散控制系统的稳定性条件

连续系统稳定的充要条件是系统极点在 S 平面内具有负实部（$\sigma < 0$），即极点都要分布于 S 平面的左半部，如果有极点出现在 S 平面右半部，则系统不稳定。所以 S 平面的虚轴是连续系统稳定与不稳定的分界线。由 S 平面与 Z 平面的对应关系可知，S 平面的虚轴对应于 Z 平面的单位圆。所以，线性定常离散系统稳定的充要条件是极点满足 $|z_i| < 1$，即系统所有闭环极点均应分布于 Z 平面的单位圆内。只要有极点在单位圆外，系统就不稳定；当极点位于单位圆上时，系统处于临界稳定状态，临界稳定在工程上也认为是不稳定。以上结论可以从数学上进行推导。

设离散系统的脉冲传递函数为

$$\Phi(z) = \frac{C(z)}{R(z)} = \frac{b_0 z^m + b_1 z^{m-1} + \cdots + b_{m-1} z + b_m}{a_0 z^n + a_1 z^{n-1} + \cdots + a_{n-1} z + a_n} \tag{2-51}$$

讨论系统在单位脉冲（$R(z) = 1$）作用下的输出响应情况。为简单起见，假设该脉冲传递函数具有 n 个相异的实数极点 p_i，$i = 1, 2, 3, \cdots$，则输出

$$C(z) = \Phi(z)R(z) = \frac{b_0 z^m + b_1 z^{m-1} + \cdots + b_{m-1} z + b_m}{a_0 z^n + a_1 z^{n-1} + \cdots + a_{n-1} z + a_n}$$

$$= \frac{A_1 z}{z - p_1} + \frac{A_2 z}{z - p_2} + \cdots + \frac{A_n z}{z - p_n} \tag{2-52}$$

进行 Z 反变换得

$$C(k) = A_1 p_1^k + A_2 p_2^k + \cdots + A_n p_n^k = \sum_{i=1}^{n} A_i p_i^k \tag{2-53}$$

如果所有极点位于单位圆内，即 $|p_i| < 1$，$i = 1, 2, \cdots, n$，则

$$\lim_{k \to \infty} C(k) = \lim_{k \to \infty} \sum_{i=1}^{n} A_i p_i^k = 0 \tag{2-54}$$

系统渐近稳定。

上述结论对 $\Phi(z)$ 有重根的情况也成立。

表 2-4 给出了 S 平面和 Z 平面的稳定性关系。图 2-14 给出了稳定域从 S 域到 Z 域的映射关系。应当注意的是，在计算机控制系统中，采样周期是系统的一个重要参数。采样周期对闭环系统稳定性有着重要影响，所以进行计算控制系统设计时，应当注意选取

适当的采样周期。

表 2-4 Z 平面与 S 平面的影射关系对应表

S 平面	Z 平面	稳定性讨论
$\sigma=0$，虚轴	$r=1$，单位圆	稳定边界
$\sigma<0$，左半部分	$r<1$，单位圆内	稳定
$\sigma<0$ 且为常数，虚轴的平行线	r 为常数，同心圆	稳定
$\sigma>0$，右半部分	$r>1$，单位圆外	不稳定
$\omega=0$，实轴	正实轴	不稳定
ω 为常数，实轴的平行线	端点为原点的射线	不稳定

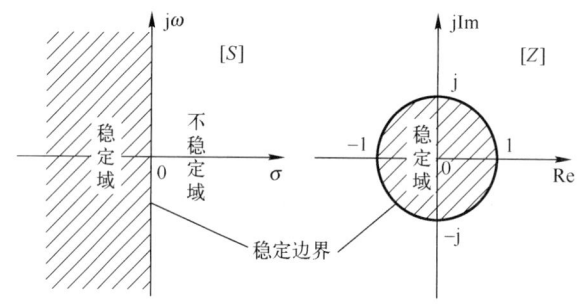

图 2-14 连续系统与离散系统的稳定域

通过求解系统特征根，可以判断系统的稳定性。但在实际使用时，对于高阶系统特征方程的求解比较困难，因此常常采用间接方法来分析系统稳定性，即不直接求取系统特征根，而是根据特征方程的根与系数的对应关系来判断系统稳定性。下面介绍一种常用的离散系统稳定性判据方法——劳斯判据。

2.4.3 离散系统稳定性判定方法

对于简单系统，可以通过直接求取系统特征方程的根进行判别，但对于高阶系统，特征方程求解比较困难。

在线性连续系统中，劳斯稳定性判据用于极点是否位于 S 左半平面，从而确定系统的稳定性。然而离散系统的稳定边界为单位圆，不能直接采用连续系统的劳斯判据方法。因此，引入双线性变换（又称 W 变换），将 Z 平面的单位圆映射到 W 平面的左半平面，就可以解决这一问题。

令

$$z=\frac{w+1}{w-1}\left(\text{或 } z=\frac{1+w}{1-w}\right) \tag{2-55}$$

则有

$$w=\frac{z+1}{z-1}\left(\text{或 } w=\frac{z-1}{z+1}\right) \tag{2-56}$$

其中 z, w 均为复变量。令 $z=x+\mathrm{j}y$，$w=u+\mathrm{j}v$，可以得到

$$w=u+\mathrm{j}v=\frac{x+\mathrm{j}y+1}{x+\mathrm{j}y-1}=\frac{[(x+1)+\mathrm{j}y][(x-1)-\mathrm{j}y]}{(x-1)^2+y^2}$$

$$= \frac{x^2+y^2-1-2jy}{(x-1)^2+y^2} = \frac{x^2+y^2-1}{(x-1)^2+y^2} - j\frac{2y}{(x-1)^2+y^2} \qquad (2-57)$$

W 平面的实部为

$$u = \frac{x^2+y^2-1}{(x-1)^2+y^2} \qquad (2-58)$$

在 W 平面的虚轴上有 $u = 0$，也就是

$$x^2+y^2-1=0$$

即 $x^2+y^2=1$，为 Z 平面的单位圆。若极点在 Z 平面的单位圆内，则有 $x^2+y^2<1$，对应于 W 平面中的 $u<0$，即虚轴以左；若 $x^2+y^2>1$，则为 Z 平面的单位圆外，对应于 W 平面中的 $u>0$，就是虚轴以右部分。式（2-56）称为 W 变换，W 变换的映射关系如图 2-15 所示。

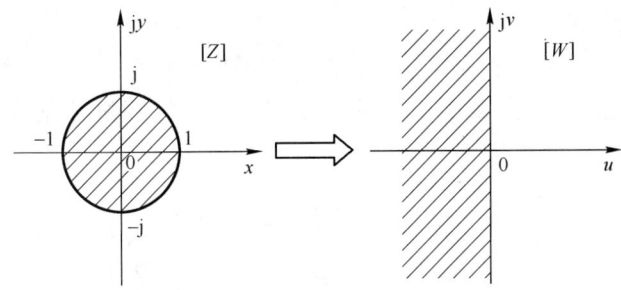

图 2-15 Z 平面与 W 平面的映射关系

利用 W 变换，将 z 特征方程变成 w 特征方程，就可以直接应用连续系统分析中所采用的劳斯稳定判据来判别离散系统的稳定性。

例 2-9 设具有零阶保持器的线性离散系统如图 2-16 所示，采样周期 $T=1\,\text{s}$，试判断系统稳定时的 K 值范围。

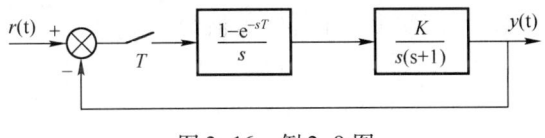

图 2-16 例 2-9 图

解：系统广义对象开环脉冲传递函数为

$$G(z) = (1-z^{-1})Z\left[\frac{K}{s^2(s+1)}\right]$$

$$= \frac{K(0.368z+0.264)}{z^2-1.368z+0.632}$$

系统的特征方程为

$$D(z) = z^2 + (0.368K-1.368)z + 0.264K + 0.368$$

将 $z = \frac{w+1}{w-1}$ 代入特征方程，得

$$D(w) = 0.632Kw^2 + (1.264-0.528K)w + (2-736-0.104K)$$

建立劳斯表

w^2	$0.632K$	$2.736-0.104K$
w^1	$1.264-0.528K$	0
w^0	$2.736-0.632K$	

欲使系统稳定，则必须使第一列元素均为正，故有
$$\begin{cases} 2.736 - 0.104K > 0 \\ 1.264 - 0.528K \\ 0.632K > 0 \end{cases}$$

从而，求得闭环系统稳定时的 K 值范围为 $0 < K < 2.4$。

2.5 计算机控制系统的过渡过程分析

计算机控制系统的过渡过程是指系统在外部信号作用下从原有稳定状态变化到新的稳定状态的整个动态过程。计算机控制系统的动态特性通常是指系统在单位阶跃参考输入信号作用下的过渡过程特性。

同连续系统一样，计算机控制系统的过渡过程的形态特征也是由系统本身的结构和参数决定的，与闭环系统的极点在 Z 平面上的分布有关。设计算机控制系统的闭环 Z 传递函数为

$$G(z) = \frac{Y(z)}{R(z)} = \frac{K\prod_{j=1}^{m}(z-z_j)}{\prod_{i=1}^{n}(z-p_i)} = \frac{P(z)}{D(z)} \tag{2-59}$$

式中，p_i 与 z_j 分别为系统的闭环极点与闭环零点；p_i 和 z_j 可以是实数或复数；K 为系统稳态放大系数。对于实际系统来说，有 $n \geq m$。为简化讨论，假定 $G(z)$ 无重根极点，则系统在单位阶跃输入信号作用下，输出信号的 Z 变换为

$$Y(z) = W(z)R(z) = K\frac{P(z)}{D(z)} \cdot \frac{z}{z-1}$$

对 $Y(z)$ 进行 Z 反变换，求得系统输出在采样时刻值为

$$y(kT) = K\frac{P(1)}{D(1)} + \sum_{i=1}^{n_1} \frac{KP(p_{ri})}{(p_{ri}-1)\dot{D}(p_{ri})} p_{ri}^k$$

$$+ \sum_{i=1}^{n_2} \frac{KP(p_{ci})}{(p_{ci}-1)D\dot{D}(p_{ci})} |p_{ci}|^k \cos(k\theta_i + \varphi_i) \quad (k \geq n-m) \tag{2-60}$$

式中，p_{ri} 为实极点；n_1 为实极点个数；$p_{ci} = \alpha_i + \beta_i$ 为复极点；n_2 为复极点对数，

$$\theta_i = \arctan(\beta_i/\alpha_i)$$
$$r_i = \sqrt{\alpha_i^2 + \beta_i^2}$$
$$\dot{D}(p_{ri}) = \frac{\mathrm{d}D(z)}{\mathrm{d}z}\bigg|_{z=p_{ri}}$$
$$\dot{D}(p_{ci}) = \frac{\mathrm{d}D(z)}{\mathrm{d}z}\bigg|_{z=p_{ci}}$$

式中，等式右边第一项为 $y(kT)$ 的稳态分量；第二项为闭环系统各实极点暂态分量之和；第三项为 $y(kT)$ 的各复极点暂态分量之和。其中各子分量的形式取决于闭环极点的性质及其在 Z 平面上的位置。

按照极点在 Z 平面实轴上的不同分布，共有 6 种不同的形式，如图 2-17 所示。现分别讨论如下。

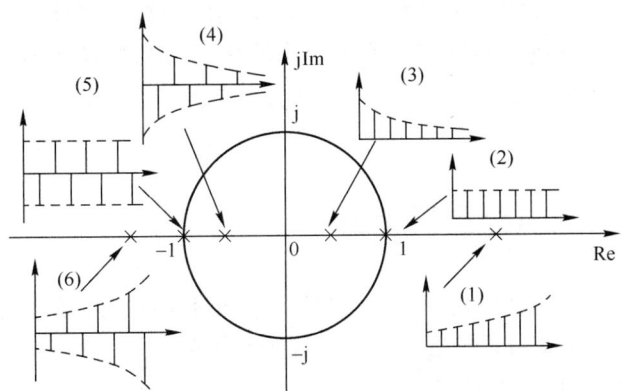

图 2-17 实数极点对应的暂态响应分量

1）$p_i > 1$，极点在单位圆外的正实轴上，对应的响应分量为单调发散，系统是不稳定的。

2）$p_i = 1$，对应的响应分量为等幅序列，系统临界稳定。

3）$0 < p_i < 1$，极点在单位圆内的正实轴上，对应的响应分量单调衰减。且极点越靠近原点，其值越小，衰减越快。

4）$-1 < p_i < 0$，极点在单位圆内的负实轴上，对应的响应分量是以 $2T$ 为周期的正负交替衰减振荡。

5）$p_i = -1$，极点在单位圆与负实轴的交点，对应的响应分量是以 $2T$ 为周期的正负交替的等幅振荡。

6）$p_i < -1$，极点在单位圆外的负实轴上，对应的响应分量是以 $2T$ 为周期的正负交替发散振荡。

复数极点在 Z 平面上的分布，共有 3 种不同的形式，如图 2-18 所示。$p_i, p_{i+1} = |p_i| e^{\pm j\theta_i}$ 对应的暂态响应分量为余弦振荡形式，振荡角频率与共扼复数极点的辐角 θ_j 有关，θ_j 越大，振荡角频率越高。下面分三种情况讨论。

1）$|p_{ci}| > 1$，极点在单位圆外的 Z 平面上，对应的响应分量为发散振荡序列，系统不稳定。

2）$|p_{ci}| = 1$，极点在单位圆上，对应的响应分量为等幅振荡序列，系统临界稳定。

3）$|p_{ci}| < 1$，极点在单位圆内，对应的响应分量为衰减振荡序列。复极点越靠近原点，相应的暂态响应分量衰减也越快。

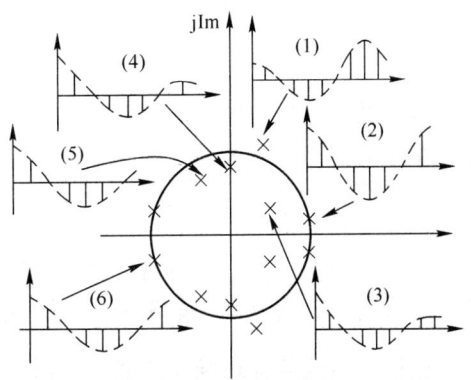

图 2-18 复数极点对应的暂态响应分量

位于 Z 平面左半平面单位圆外、单位圆上和单位圆内的复极点，其暂态响应分量同上述位于 Z 右半平面相应暂态响应情况类似，不同的是其振荡频率要高于 Z 右半平面复极点的暂态响应分量的振荡频率。

通过以上分析可知,当闭环极点位于单位圆内时,对应的输出分量是衰减序列,而且极点越接近Z平面的原点,输出衰减越快,系统动态响应越快。另外,当极点位于单位圆内左半平面时,虽然输出分量是衰减的,但是由于输出会交替变换方向,过渡特性不好。因此,在设计线性离散控制系统时,最好将闭环极点配置在单位圆的右半部,而且是尽量靠近原点的地方。

2.6 离散控制系统的稳态误差分析

所谓稳态误差是指计算机控制系统从过渡过程结束到达稳态以后,系统的输出采样值与输入采样值的偏差。它是衡量系统准确性的一项重要指标。

图 2-19 为典型的单位负反馈计算机控制系统。图中,$G(s)$是系统连续部分的传递函数,$e(t)$为连续误差信号,$e^*(t)$为采样误差信号。离散系统采样时刻的稳态误差定义为

$$e_{ss}^* = \lim_{t\to\infty} e^*(t) = \lim_{k\to\infty} e(kT) \tag{2-61}$$

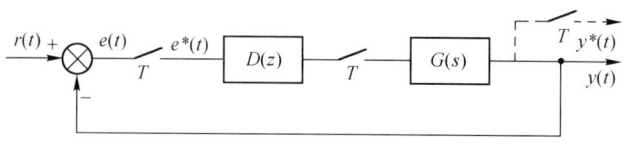

图 2-19 典型计算机控制系统结构图

由图 2-19,我们得到系统的开环Z传递函数为 $W_o(z) = G(z)D(z)$,式中 $D(z)$ 为控制器的Z传递函数,$G(z)$ 为广义对象的Z传递函数。

系统的误差Z传递函数为

$$W_e(z) = \frac{E(z)}{R(z)} = \frac{1}{1+G(z)D(z)} = \frac{1}{1+W_o(z)} \tag{2-62}$$

误差信号的Z变换为

$$E(z) = W_e(z)R(z) = \frac{1}{1+W_o(z)}R(z) \tag{2-63}$$

假定系统是稳定的,即全部闭环极点均位于Z平面的单位圆内,根据Z变换的终值定理,系统的稳态误差为

$$e_{ss}^* = \lim_{t\to\infty} e^*(t) = \lim_{z\to 1}(z-1)E(z) = \lim_{z\to 1}(z-1)\frac{1}{1+W_o(z)}R(z) \tag{2-64}$$

式(2-64)说明,离散系统的稳定误差不仅与系统结构、参数有关,而且与输入信号的形式有关。下面分别讨论3种典型输入信号作用下的系统稳态误差。

设控制系统的开环脉冲传递函数形式为 $W_o = D(z)G(z) = \dfrac{W_d(z)}{(1-z^{-1})^q}$,$W_d(z)$ 的分母中不含积分环节 $(1-z^{-1})$。根据系统中的积分环节的个数 q 来定义系统的类型,$q=0$ 的系统称为0型系统,把 $q=1$ 的系统称为Ⅰ型系统,把 $q=2$ 的系统称为Ⅱ型系统。

1. 单位阶跃输入信号作用下的稳态误差

单位阶跃输入信号 $r(t)=1(t)$,$R(z)=\dfrac{z}{z-1}$。将其代入式(2-64),得稳态误差为

$$e_{ss}^* = \lim_{z \to 1}(z-1)\frac{1}{1+W_o(z)} \cdot \frac{z}{z-1} = \lim_{z \to 1}\frac{z}{1+W_o(z)} = \frac{1}{1+K_p} \quad (2-65)$$

式中，$K_P = \lim\limits_{z \to 1} W_0(z) = \lim\limits_{z \to 1} D(z)G(z)$ 称为静态位置误差系数。显然，K_P 增大，则稳态误差减小。

对于 0 型系统，$K_p = \lim\limits_{z \to 1} W_0(z) = W_d(1)$ 为有限值

$$e_{ss}^* = \frac{1}{1+K_p} = \frac{1}{1+W_d(1)} \quad (2-66)$$

对于 Ⅰ 型或 Ⅰ 型以上系统，$K_P = \infty$，则稳态误差为零 $e_{ss}^* = 0$。

可见系统在单位阶跃输入信号作用下，无静差的条件是 $W_o(z)$ 中至少要有一个 $z = 1$ 的极点。

2. 单位斜坡输入信号作用下的稳态误差

单位斜坡输入信号 $r(t) = t$，$R(z) = \dfrac{Tz}{(z-1)^2}$，代入式（2-64），得稳态误差为

$$\begin{aligned} e_{ss}^* &= \lim_{z \to 1}(z-1)\frac{1}{1+W_o(z)} \cdot \frac{Tz}{(z-1)^2} \\ &= \lim_{z \to 1}\frac{Tz}{(z-1)[1+W_o(z)]} = \lim_{z \to 1}\frac{T}{(z-1)W_o(z)} \end{aligned} \quad (2-67)$$

定义 $K_V = \lim\limits_{z \to 1}(z-1)W_o(z)$，称为静态速度误差系数，则稳态误差为

$$e_{ss}^* = \frac{T}{K_v} \quad (2-68)$$

对于 0 型系统

$$K_v = 0, \quad e_{ss}^* = \frac{T}{K_v} = \infty$$

对于 Ⅰ 型系统，$K_v = W_d(1)$ 为有限值

$$e_{ss}^* = \frac{T}{K_v} = \frac{T}{W_d(1)}$$

对于 Ⅱ 型或者 Ⅱ 型以上系统，$K_V = \infty$，则 $e_{ss}^* = 0$。系统在单位斜坡输入信号作用下，无静差的条件是开环传递函数 $W_o(z)$ 中至少有两个 $z = 1$ 的极点。

3. 单位抛物线输入信号作用下的稳态误差

单位抛物线输入信号 $r(t) = \dfrac{1}{2}t^2$，$R(z) = \dfrac{T^2 z(z+1)}{2(z-1)^3}$，代入式（2-64），得

$$e_{ss}^* = \lim_{z \to 1}(z-1)\frac{1}{1+W_o(z)}\frac{T^2 z(z+1)}{2(z-1)^3} = \lim_{z \to 1}\frac{T^2}{(z-1)^2 W_o(z)} = \frac{T^2}{K_a} \quad (2-69)$$

定义 $K_a = \lim\limits_{z \to 1}(z-1)^2 W_o(z)$ 为静态加速度误差系数。

对于 0 型、Ⅰ 型系统

$$K_a = 0, \quad e_{ss}^* = \frac{T^2}{K_a} = \infty$$

对于 Ⅱ 型系统，$K_a = W_d(1)$ 为有限值

$$e_{ss}^* = \frac{T}{K_a} = \frac{T}{W_d(1)}$$

对于Ⅲ型或者Ⅲ型以上系统，$K_a = \infty$，则稳态误差为零。也就是说，系统在单位抛物线输入信号作用下，无差的条件是 $W_o(z)$ 中至少要有三个 $z=1$ 的极点。

从上面分析中可以看出，采样系统采样时刻的稳态误差与输入信号的形式、系统参数、系统类型结构有关。综合上述分析结果，将三种类型系统（0型、Ⅰ型、Ⅱ型系统）在采样时刻的稳态误差列于表2-5中。

表2-5 采样时刻处的稳态误差

系统类型	$u(t)=1(t)$时	$u(t)=t$时	$u(t)=\frac{1}{2}t^2$时
0	$1/(1+K_P)$	∞	∞
Ⅰ	0	T/K_V	∞
Ⅱ	0	0	T^2/K_a

关于稳态误差，应注意以下几个概念。

1）系统稳态误差只能在系统稳定的前提下求得，如果系统不稳定就无所谓稳态误差了。

2）稳态误差为无限大并不等于系统不稳定，它只表明该系统不能跟踪所输入的信号。

例2-10 已知一计算机控制系统的开环Z传递函数为 $W_o(z) = \dfrac{0.368(z+0.718)}{(z-1)(z-0.368)}$，采样周期 $T=1\,\mathrm{s}$，试确定系统分别在单位阶跃、单位斜坡和单位抛物线函数输入信号作用下的稳态误差。

解： 按照系统稳态误差的定义

$$K_p = 1 + \lim_{z\to 1}[1+W_o(z)] = 1 + \lim_{z\to 1}\left[1+\frac{0.368(z+0.718)}{(z-1)(z-0.368)}\right] = \infty$$

$$K_v = \lim_{z\to 1}[(z-1)W_o(z)] = \lim_{z\to 1}(z-1)\frac{0.368(z+0.718)}{(z-1)(z-0.368)} = 1$$

$$K_a = \lim_{z\to 1}[(z-1)^2 W_o(z)] = \lim_{z\to 1}\left[(z-1)^2\frac{0.368(z+0.718)}{(z-1)(z-0.368)}\right] = 0$$

单位阶跃输入信号作用下 $e_{ss} = \dfrac{1}{K_P} = 0$

单位斜坡输入信号作用下 $e_{ss} = \dfrac{T}{K_V} = \dfrac{1}{1} = 1$

单位抛物线输入信号作用下 $e_{ss} = \dfrac{T^2}{K_a} = \infty$

由于该系统为Ⅰ型系统，能够准确复现单位阶跃信号，而对于单位斜坡信号存在恒定稳态误差，在抛物线输入信号下其稳态误差为 ∞。

思考题与习题

2-1 求下列函数的 Z 变换

(1) $f(t) = 1 - e^{-at}$ 　　(2) $f(t) = a^t$, $t \geq 0$

(3) $f(t) = e^{-2t}$ 　　(4) $f(t) = t^2$

2-2 求下列拉氏变换式的 Z 变换

(1) $F(s) = \dfrac{1}{s^2}$ (2) $F(s) = \dfrac{s+2}{s(s+4)}$

(3) $F(s) = \dfrac{Ke^{-Ts}}{s(s+a)}$ (4) $F(s) = \dfrac{1-e^{-Ts}}{s}\dfrac{K}{s+10}$

2-3 求下列各函数的 Z 反变换

(1) $F(z) = \dfrac{z}{(z-0.5)}$ (2) $F(z) = \dfrac{(1-e^{-T})z}{(z-1)(z-e^{-T})}$

(3) $F(z) = \dfrac{0.5z^2}{(z-1)(z-0.5)}$ (4) $F(z) = \dfrac{3z}{(z+1)^2(z-1)^2}$

2-4 用 Z 变换方法求解下列差分方程。

(1) $y(k+2) + 2y(k+1) + y(k) = u(k)$,已知输入信号 $u(k) = k$ ($k=0,1,2,\cdots$),初始条件 $y(0) = 0$, $y(1) = 0$。

(2) $y(k+2) + 5y(k+1) + 6y(k) = 0$,已知初始条件 $y(0) = 0, y(1) = 1$。

2-5 已知系统结构如习题 2-5 图所示,$T = 1$ s。

(1) 当 $K = 8$ 时,分析系统的稳定性;(2) 求 K 的临界稳定值。

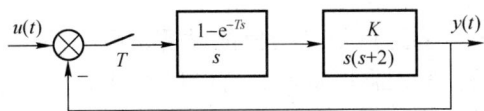

习题 2-5 图

2-6 已知以下离散系统的差分方程,求系统的脉冲传递函数。

(1) $c(k) + 2c(k-1) - c(k-2) + 0.6c(k-3) = 3r(k) - r(k-2)$

(2) $c(k+3) + a_1 c(k+2) + a_3 c(k) = b_0 r(k+3) + b_2 r(k+1) + b_3 r(k)$

2-7 已知系统结构如习题 2-7 图所示,其中 $K = 1$

(1) 输入为 $u(t) = t$,分别求当 $T = 0.1$ 和 0.01 s 时,系统稳态误差。

(2) 当 $T = 0.1$ s 时,求系统单位位置误差系数 K_p 和加速度误差系数 K_a

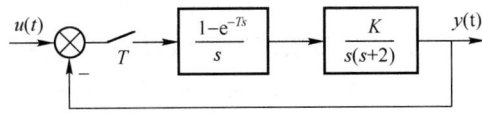

习题 2-7 图

第3章 计算机控制系统的硬件技术

计算机控制系统的硬件主要由四部分组成：主机、输入输出通道、外部设备及检测与执行机构。

主机是计算机控制系统的核心，通过接口它可以向系统的各个部分发出各种命令，同时对被控对象的被控参数进行实时检测及处理。主机的主要功能是控制整个生产过程，按控制规律进行各种控制运算和操作，根据运算结果做出控制决策；对生产过程进行监督，使之处于最优工作状态；对事故进行预测和报警；编制生产技术报告，打印制表等等。

输入输出通道是微机和生产对象之间进行信息交换的桥梁和纽带。过程输入通道把生产对象的被控参数转换成微机可以接收的数字代码。过程输出通道把微机输出的控制命令和数据，转换成可以对生产对象进行控制的信号。过程输入输出通道包括模拟量输入输出通道和数字量输入输出通道。

外部设备是实现微机和外界进行信息交换的设备，简称外设，包括人机联系设备（操作台）、输入输出设备（磁盘驱动器、键盘、打印机、显示终端等）和外存储器（磁盘）。其中操作台应具备显示功能，即根据操作人员的要求，能立即显示所要求的内容；还应有按钮，完成系统的启、停等功能；操作台还要保证即使操作错误也不会造成恶劣后果，即具有保护功能。

检测与执行机构：在计算机控制系统中，为了收集和测量各种参数，采用了各种检测元件及变送器，其主要功能是将被检测参数的非电量转换成电量，例如热电偶把温度信号转换成电信号；压力变送器可以把压力转换为电信号，这些信号经变送器转换成统一的计算机标准电平信号（$0 \sim 5\,V$ 或 $4 \sim 20\,mA$）后，再送入微机。要控制生产过程，必须有执行机构，它是计算机控制系统中的重要部件，其功能是根据微机输出的控制信号，改变输出的角位移或直线位移，并通过调节机构改变被调介质的流量或能量，使生产过程符合预定的要求。例如，在温度控制系统中，微机根据温度的误差计算出相应的控制量，输出给执行机构（调节阀）来控制进入加热炉的煤气（或油）量以实现预期的温度值。常用的执行机构有电动、液动和气动等控制形式，也有的采用电动机、步进电机及晶闸管元件等进行控制。

3.1 主机

3.1.1 工业控制计算机

工业控制计算机简称工控机，是专门为工业控制设计的计算机，用于对生产过程中的机器设备、生产流程、数据参数等进行监测与控制。工控机经常在比较恶劣的环境下运行，对数据的安全性要求也很高，所以工控机通常会进行加固、防尘、防潮、防腐蚀、防辐射等特殊设计。工控机对于扩展性的要求也非常高,接口的设计需要满足特定的外部设备。因此,工控机通常采用模块化的硬件板卡,如处理器板卡、开关量板卡、模拟量 I/O 板卡、定时/计数板卡、通信板卡等基本板卡,可以灵活地组成中、小规模的控制系统。目前,很多厂商已开发出多种专业化的板卡,如数据采集卡、信号调理卡、多端口和远程控制模块等。这些板卡结构紧凑、现场功能丰富、使用方便,用户可以利用厂商提供的应用软件,开发满足自己需要的控制系统。

典型的工业控制计算机一般由以下几部分组成。

(1) 主机板。主机板是工控机的核心部件,板上所有元件性能都达到了工业级标准,并且是一体化主机板。工控机采用标准总线,内部总线主要包括 ISA 总线、PCI 总线等,外部总线主要包括 RS-232C、RS-485、IEEE-488 和 USB 总线等。

(2) 各类输入/输出接口模板。输入/输出接口模板是工控机和生产过程之间进行信息传递和交换的通道,目前,各类输入/输出模板种类齐全,包括模拟量输入(AI)、模拟量输出(AO)、数字量输入(DI)、数字量输出(DO)等。

(3) 人机接口。人机接口包括显示器、键盘、鼠标、打印机及专用操作显示台等。

(4) 硬盘。目前工控机的硬盘容量有 500 GB 或更大。

(5) 工业电源。工控机电源部分具有防浪涌冲击,过电压、过电流保护功能,并且抗干扰能力强。

(6) 加固型工业机箱。由于工控机应用于较恶劣的工业现场环境,因此对机箱采取了一系列加固措施,以达到防振、防冲击、防尘和通风散热性能良好,并具有较强的电磁屏蔽能力。

工业控制计算机与普通计算机相比必须具有以下特点。

1) 机箱采用钢结构,有较高的防磁、防尘、防冲击的能力。
2) 机箱内有专用底板,底板上有 PCI 和 ISA 插槽。
3) 机箱内有专门电源,电源有较强的抗干扰能力。
4) 要求具有连续长时间工作能力。
5) 一般采用便于安装的标准机箱。

3.1.2 可编程序控制器

可编程序控制器简称 PLC,是一种专门为在工业环境下应用而设计的一类控制器。它采用可以编制程序的存储器,用来在内部存储执行逻辑运算、顺序运算、计时、计数和算术运算等操作的指令,并能通过数字式或模拟式的输入和输出,控制各种类型的机械或生产过程。PLC 及其有关的外部设备都按易于与工业控制系统形成一个整体、易于扩展其功能的原则而设计。目前,国内市场占主导地位的 PLC 有德国西门子 S7-200\300\400 系列和新产品 S7-1200 系列;美国 A-B 公司 PLC;日本欧姆龙 CPM1A 系列、三菱 FX2N 系列、松下电工 FP1 等产品。

可编程序控制器有如下特点:

1) 可靠性高,抗干扰能力强。
2) 配套齐全,功能完善,适用性强。
3) 易学易用,深受工程技术人员欢迎。

4) 系统的设计、构建工作量小，维护方便，容易改造。

5) 体积小，重量轻，能耗低。

3.1.3 单片机与嵌入式控制器

单片微型计算机简称单片机，它在一块芯片上集成了中央处理器（CPU）、存储器（RAM、ROM）、定时器/计数器和输入/输出（I/O）接口（并行 I/O 口、串行 I/O 口）等。它们之间互相连接构成了一个有机的整体，可见单片机就是一种计算机。以单片机为核心，扩展一些必要的外部电路就可方便地构成单片机控制系统。这样设计的控制系统，是针对控制要求的专用最小系统。对于模拟量采集，可根据需要配置适当的 A/D 转换器来完成模拟量到数字量的转换。若执行器要求模拟量驱动，可配置合适的 D/A 转换器，将单片机输出的数字控制量转换成模拟量；为了实现人机接口，可以通过外部接口芯片扩展必要的键盘显示电路；当片内无程序存储器或存储器容量不够时，可外扩程序存储器。对需要大量存储中间运算数据的应用系统，还需外扩数据存储器。常用的单片机有 Intel 8051 系列单片机、C8051F 系列单片机、ATMEL 公司的 AVR 系列单片机、TI 公司的 MSP430 系列单片机、Motorola 单片机、PIC 系列单片机、飞思卡尔系列单片机、STM32 系列单片机、ARM 系列嵌入式系统等。

嵌入式系统是将专用微型计算机嵌入被控设备中的专用计算机系统，适用于应用系统对体积、功能、可靠性、成本、功耗等综合性能要求严格的场合。简单地说，嵌入式系统集计算机系统的应用软件与硬件于一体，类似于普通计算机中 BIOS 的工作方式，具有软件代码小、高度自动化、响应速度快等特点。嵌入式系统主要由嵌入式处理器、相关支撑硬件、嵌入式操作系统及应用软件系统等组成。

嵌入式系统的硬件部分包括处理器/微处理器、存储器及外设器件和 I/O 端口、图形控制器等。嵌入式系统有别于一般的计算机处理系统，它不具有像硬盘那样大容量的存储介质，而大多使用 EEPROM 或闪存（Flash Memory）作为存储介质。软件部分包括操作系统软件（要求实时和多任务操作）和应用程序。应用程序控制着系统的运作和行为，而操作系统控制着应用程序编程以及硬件的交互作用。

日常生活中的许多电器设备都包含了嵌入式系统。如掌上 PDA、移动计算设备、电视机机顶盒、手机、数字电视机、汽车、微波炉、数码照相机、电梯、空调、安全系统、自动售货机、蜂窝式电话、消费类电子设备、工业自动化仪表与医疗仪器等。

嵌入式系统的核心是嵌入式微处理器。嵌入式微处理器一般具备四个特点。

（1）对实时和多任务有很强的支持能力。能完成多任务并且有较短的中断响应时间，从而使内部代码和实时操作系统的执行时间减少到最低。

（2）具有功能很强的存储区保护功能。这是由于嵌入式系统的软件结构已模块化，而为了避免在软件模块之间出现错误的交叉，需要设计强大的存储区保护功能。同时，存储区强大的保护功能也有利于软件诊断。

（3）可扩展的处理器结构。能迅速地扩展出满足应用的高性能嵌入式微处理器。

（4）嵌入式微处理器的功耗很低。低功耗是有些应用系统必需的，尤其是用于便携式的无线及移动控制和通信设备中的靠电池供电的嵌入式系统，功耗只有几毫瓦甚至几微瓦。

据不完全统计，目前世界上嵌入式处理器的品种总量已经超过 1000 种，流行的体系结构有30多个系列,生产嵌入式处理器的半导体厂家有20多个,共350多种衍生产品。现在几乎每个半导体制造商都生产嵌入式处理器,越来越多的公司有自己的处理器设计部门。嵌入式处理器的寻址空间一般从64 KB到16 MB,处理速度为0.1~12000 MIPS,常用封装为8~144个引脚。

3.2 数字量输入输出接口

3.2.1 数字量输入接口

数字量输入通道(DI通道)的任务是把生产过程中的开关信号转换成计算机易于接受的数字量形式。

在计算机控制系统中,常常需要处理一类最基本的开关量信号,主要是开关的闭合与断开、指示灯的亮和灭、继电器或接触器的吸合和释放、电动机的起动和停止、晶闸管的通和断、阀门的打开和关闭,它们是以二进制的逻辑"1"和"0"或电平的高和低出现。

凡在电路中起到通、断作用的各种按钮、触点、开关,其端子引出均统称为开关信号。在开关输入电路中,主要是考虑信号调理技术,如电平转换、RC滤波、过电压保护、反电压保护、光隔离等。

1) 电平转换是用电阻分压法把现场的电流信号转换为电压信号。

2) *RC*滤波是用*RC*滤波器滤出高频干扰。

3) 过电压保护是用稳压管和限流电阻作过电压保护;用稳压管或压敏电阻把瞬态尖峰电压钳位在安全电平上。

4) 反电压保护是串联一个二极管防止反极性电压输入。

5) 光隔离是采用光隔离器实现计算机与外部的完全电隔离。

开关量输入是计算机控制系统与现场的以开关量为输出形式的检测元件(如控制按钮、行程开关、接近开关、压力继电器等)的连接通道,它把反映生产过程的有关信号转换成CPU单元所能接收的数字信号。为了防止各种干扰和高电压窜入CPU内部而影响CPU工作的可靠性,必须采取相应的电气隔离与抗干扰措施。

光隔离器按其输出级不同可分为晶体管型、单向晶闸管型、双向晶闸管型等几种。它们的工作原理相同,利用光隔离器的开关特性(即光敏晶体管工作在截止区、饱和区),通过电-光-电这种信号转换,利用光信号的传送不受电磁场的干扰而完成隔离功能。要注意的是,用于驱动发光管的电源与驱动光敏管的电源不应是共地的同一个电源,必须分开单独供电,才能有效避免输出端与输入端相互间的反馈和干扰。为了适应计算机控制系统的需求,目前已生产出各种集成的多路光隔离器,其中TLP系列就是常用的一种。

采用光耦的开关量隔离电路如图3-1所示,注意外部24 V电压的地和控制器的输入5 V的地要隔离,从而保证外部高电压不会窜入控制器而影响系统工作。图3-1中,开关S_1闭合时,发光管管压降约2 V,流过发光管的电流约为$(24-2)/2\text{ mA}=10\text{ mA}$,输出级光敏晶体管饱和导通,输出低电平。开关$S_1$断开时,发光管上没有电流通过,光敏晶体管输出高电平。

交流开关量隔离输入电路如图3-2所示,交流输入电路比直流输入电路多一个降压电容和整流桥块。可把高压交流（如380VAC）变换为低压直流（如5VDC）。开关 S 的状态经 *RC* 滤波、稳压管 VD_1 钳位保护、电阻 R_2 限流、二极管 VD_2 防止反极性电压输入以及光隔离等措施处理后送至输入缓冲器，主机通过执行输入指令便可读取开关 S 的状态。比如，当开关 S 闭合时，输入回路有电流流过，光耦中的发光管发光，光敏管导通，数据线上为低电平，即输入信号为"0"，对应外电路开关 S 的闭合；反之，开关 S 断开，光耦中的发光管无电流流过，光敏管截止，数据线上为高电平，即输入信号为"1"，对应外电路开关 S 的断开。

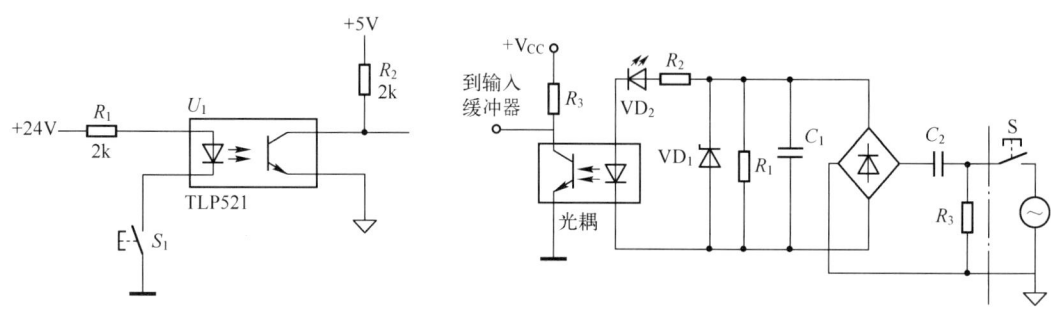

图 3-1　开关量输入光隔离电路　　　　图 3-2　交流开关量隔离输入电路

3.2.2　数字量输出接口

数字量输出通道（DO 通道）的任务是把计算机输出的微弱数字信号转换成能对生产过程进行控制的开关量驱动信号。

根据现场负荷的不同，如指示灯、继电器、接触器、电动机、阀门等，可以选用不同的功率放大器构成不同的开关量驱动输出通道。常用的有晶体管输出驱动电路、继电器输出驱动电路、晶闸管输出驱动电路、固态继电器输出驱动电路等。

当驱动电流只有十几毫安或几十毫安时，只要采用一个普通的功率晶体管就能构成驱动电路，如图 3-3 所示。

当驱动电流需要达到几百毫安时，如驱动中功率继电器、电磁开关等装置，输出电路必须采取多级放大或提高晶体管增益的办法。达林顿阵列驱动器是由多对两个晶体管组成的达林顿复合管构成，它具有输入阻抗高、增益高、输出功率大及保护措施完善的特点，同时多对复合管也非常适用于计算机控制系统中的多路负荷。

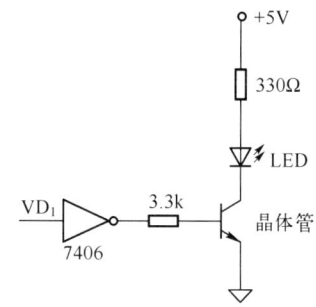

图 3-3　开关量输出三极管驱动电路

图 3-4 给出达林顿阵列驱动器 MC1416 的结构图与每对复合管的内部结构。MC1416 内含 7 对达林顿复合管，每个复合管的集电极电流可达 500 mA，截止时能承受 100 V 电压，其输入输出端均有钳位二极管，输出钳位二极管 VD_2 抑制高电位上发生的正向过冲，VD_1、VD_3 可抑制低电平上的负向过冲。

大功率输出电路常常采用继电器输出电路。电磁继电器主要由线圈、铁心、衔铁和触点等部件组成，它分为电压继电器、电流继电器、中间继电器等几种类型。继电器方式的开关量输出是一种最常用的输出方式，通过弱电控制外界交流或直流高电压、大电流设备。

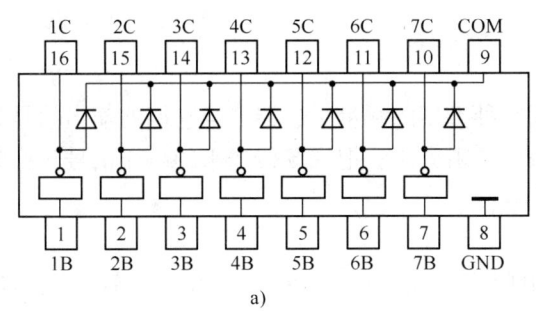 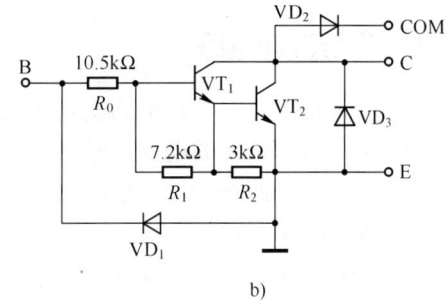

图 3-4 大功率达林顿管驱动输出电路

a) MC1416 结构图 b) 复合管内部结构

继电器驱动电路的设计要根据所用继电器线圈的吸合电压和电流而定,控制电流一定要大于继电器的吸合电流才能使继电器可靠地工作。由于继电器线圈需要一定的电流才能动作,所以必须采取措施加以驱动。

图 3-5 为经光隔离器的继电器输出驱动电路,当 CPU 数据线 Di 输出数字"1",即高电平时,经 7406 反相驱动器变为低电平,光隔离器的发光二极管导通且发光,使光敏晶体管

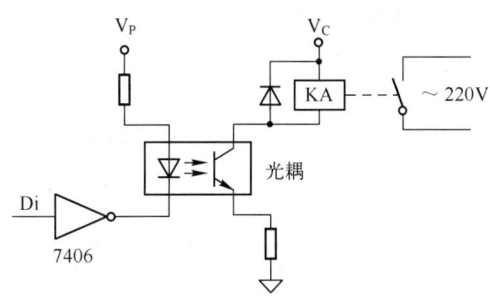

图 3-5 继电器输出驱动电路

导通,继电器线圈 KA 得电,动合触点闭合,从而驱动大型负荷设备。由于继电器线圈是电感性负载,当电路突然关断时,会出现较高的电感性浪涌电压,为了保护驱动器件,应在继电器线圈两端并联一个阻尼二极管,为电感线圈提供一个电流泄放回路。

3.3 模拟量输入接口

模拟量输入通道的任务是把被控对象的过程参数如温度、压力、流量、液位、重量等模拟量信号转换成计算机可以接收的数字量信号。模拟量输入通道结构组成如图 3-6 所示,来自于工业现场传感器或变送器的多个模拟量信号首先需要进行信号调理,然后经多路模拟开关,分时切换到后级进行前置放大、采样保持和模/数转换,通过接口电路以数字量信号进入主机系统,从而完成对过程参数的巡回检测任务。该通道的核心是 A/D 转换器。

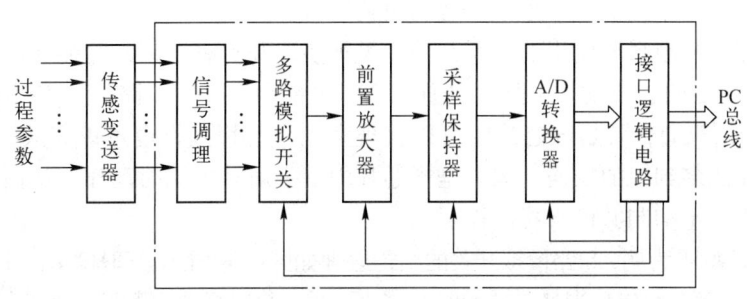

图 3-6 模拟量输入通道的结构组成

3.3.1 信号调理电路

在控制系统中,对被控量的检测往往采用各种类型的测量变送器,当它们的输出信号为 0～10 mA 或 4～20 mA 的电流信号时,一般采用电阻分压法把现场传送来的电流信号转换为电压信号,以下是两种常用变换电路。

(1) 无源 I/V 变换

无源 I/V 变换电路是利用无源器件——电阻来实现,加上 RC 滤波和二极管限幅等保护,如图 3-7a 所示,其中 R_2 为精密电阻。对于 0～10 mA 输入信号,可取 $R_1 = 100\,\Omega$, $R_2 = 500\,\Omega$,这样当输入电流在 0～10 mA 量程变化时,输出的电压就为 0～5 V 范围;而对于 4～20 mA 输入信号,可取 $R_1 = 100\,\Omega$, $R_2 = 250\,\Omega$,这样当输入电流为 4～20 mA 时,输出电压变化范围为 1～5 V。

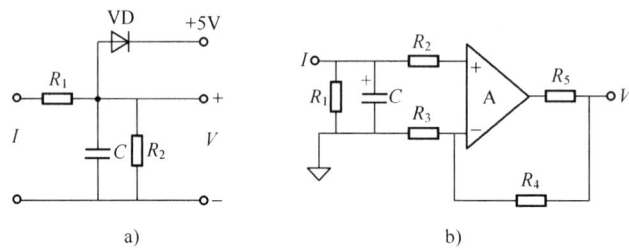

图 3-7 I/V 变换电路

(2) 有源 I/V 变换

有源 I/V 变换是利用有源器件——运算放大器和电阻电容组成,如图 3-7b 所示。利用同相放大电路,把电阻 R_1 上的输入电压变成标准输出电压。该同相放大电路的放大倍数为

$$G = \frac{V}{IR_1} = 1 + \frac{R_4}{R_3} \tag{3-1}$$

若取 $R_1 = 200\,\Omega$, $R_3 = 100\,\text{k}\Omega$, $R_4 = 150\,\text{k}\Omega$,则输入电流 I 的 0～10 mA 就对应电压输出 V 的 0～5 V;若取 $R_1 = 200\,\Omega$, $R_3 = 100\,\text{k}\Omega$, $R_4 = 25\,\text{k}\Omega$,则 4～20 mA 的输入电流对应于 1～5 V 的电压输出。

3.3.2 多路模拟开关

由于计算机的工作速度远远快于被测参数的变化,因此一台计算机系统可供几十个检测回路使用,但计算机在某一时刻只能接收一个回路的信号。所以,必须通过多路模拟开关实现多选一的操作,将多路输入信号依次地切换到后级。

目前,计算机控制系统使用的多路开关种类很多,并具有不同的功能和用途。如集成电路芯片 CD4051(双向、单端、8 路)、CD4052(单向、双端、4 路)、AD7506(单向、单端、16 路)。所谓双向,就是该芯片既可以实现多到一的切换,也可以完成一到多的切换;而单向则只能完成多到一的切换。双端是指芯片内的一对开关同时动作,从而完成差动输入信号的切换,以满足抑制共模干扰的需要。

以常用的 CD4051 为例,8 路模拟开关的结构原理如图 3-8 所示。CD4051 由电平转换、译码驱动及开关电路三部分组成。当禁止端 INH 为"1"时,前后级通道断开,即 $S_0 \sim S_7$ 端与 S_m 端不可能接通;当 INH 为"0"时,则通道可以被接通,通过改变控制输入端 C、B、A 的数值,就

可选通 8 个通道 $S_0 \sim S_7$ 中的一路。比如：当 C、B、A =000 时，通道 S_0 选通；当 C、B、A =001 时，通道 S_1 选通；……当 C、B、A =111 时，通道 S_7 选通。其真值表如表 3-1 所示。

表 3-1　CD4051 的真值表

输入				所选通道
$\overline{INH}$	C	B	A	
0	0	0	0	S_0
0	0	0	1	S_1
0	0	1	0	S_2
0	0	1	1	S_3
0	1	0	0	S_4
0	1	0	1	S_5
0	1	1	0	S_6
0	1	1	1	S_7
1	×	×	×	无

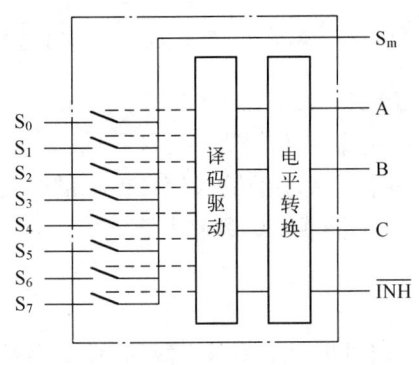

图 3-8　模拟开关的结构原理图

3.3.3　前置放大器

前置放大器的任务是将模拟输入小信号放大到 A/D 转换的量程范围之内，如 0~5 V；对单纯的微弱信号，可用一个运算放大器进行单端同相放大或单端反相放大。如图 3-9 所示，信号源的一端若接放大器的正端为同相放大，同相放大电路的放大倍数 $G = 1 + R_2/R_1$；若信号源的一端接放大器的负端为反相放大，反相放大电路的放大倍数 $G = -R_2/R_1$。当然，这两种电路都是单端放大，所以信号源的另一端是与放大器的另一个输入端共地。

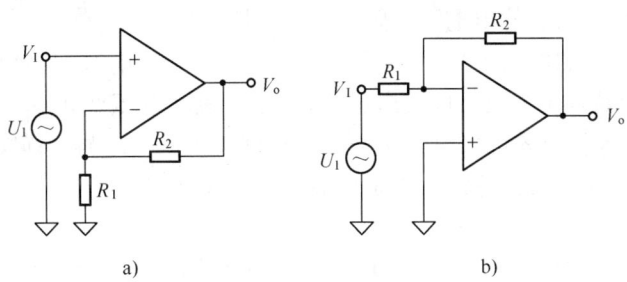

图 3-9　同相放大与反相放大电路

在实际工程中，来自生产现场的传感器信号往往带有较大的共模干扰，而单个运放电路的差动输入端难以起到很好的抑制作用。因此，A/D 通道中的前置放大器常采用由一组运放构成的测量放大器，也称仪表放大器，如图 3-10 所示。经典的测量放大器是由三个运放组成的对称结构，测量放大器的差动输入端 V_{IN+} 和 V_{IN-} 分别是两个运放 A_1、A_2 的同相输入端，输入阻抗很高，而且

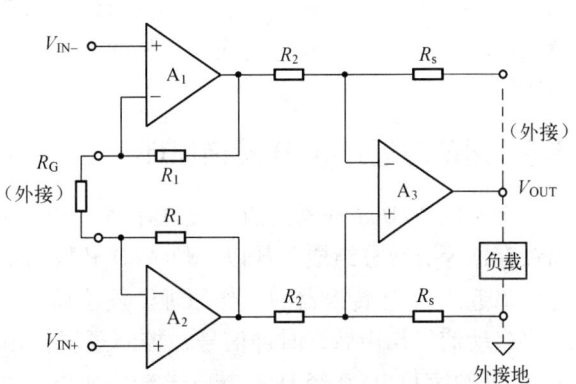

图 3-10　测量放大器（仪表放大器）

完全对称地直接与被测信号相连,因而有着极强的抑制共模干扰能力。

图 3-10 中 R_G 是外接电阻,用来调整放大器增益。因此,放大器的增益 G 与这个外接电阻 R_G 有着密切的关系。增益公式计算为

$$G = \frac{V_{OUT}}{V_{IN+} - V_{IN-}} = \frac{R_s}{R_2}\left(1 + \frac{2R_1}{R_G}\right) \tag{3-2}$$

目前这种测量放大器的集成电路芯片有很多种,如 AD521/522、INA102 等。在 A/D 转换通道中,多路被测信号常常共用一个测量放大器,而各路的输入信号大小往往不同,但都要放大到 A/D 转换器的同一量程范围。因此,对应于各路不同大小的输入信号,测量放大器的增益也应不同。具有这种性能的放大器称为可变增益放大器或可编程放大器。

3.3.4 采样保持器

当某一通道进行 A/D 转换时,由于 A/D 转换需要一定的时间,如果输入信号变化较快,就会引起较大的转换误差。为了保证 A/D 转换的精度,需要应用采样保持器。

一般采用零阶采样保持器,零阶采样保持器是在两次采样的间隔时间内,一直保持采样值不变直到下一个采样时刻。它的组成电路原理如图 3-11 所示。采样保持器由输入输出缓冲放大器 A_1 和 A_2、采样开关 S、保持电容 C_H 等组成。采样期间,开关 S 闭合,输入电压 V_{IN} 通过 A_1 对 C_H 快速充电,输出

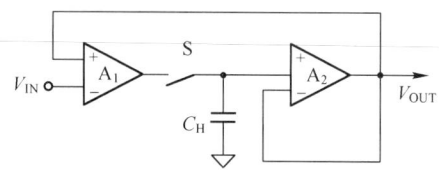

图 3-11 采样保持器电路原理

电压 V_{OUT} 跟随 V_{IN} 变化;保持期间,开关 S 断开,由于 A_2 的输入阻抗很高,理想情况下电容 C_H 将保持电压 V_C 不变,因而输出电压 $V_{OUT} = V_C$ 也保持恒定。

显然,保持电容 C_H 的作用十分重要。实际上保持期间的电容保持电压 V_C 在缓慢下降,这是由于保持电容的漏电流所致。增大电容 C_H 值可以减小电压变化率,但同时又会增加充电即采样时间,因此保持电容的容量大小与采样精度成正比,而与采样频率成反比。一般情况下,保持电容 C_H 是外接的,通常选用聚四氟乙烯、聚苯乙烯等高质量的电容器,容量为 510 ~ 1000 pF。

常用的集成采样保持器有 AD582、LF198/298/398 等。在 A/D 通道中,采样保持器的采样和保持电平应与后级的 A/D 转换相配合,该电平信号既可以由其他控制电路产生,也可以由 A/D 转换器直接提供。总之,保持器在采样期间,不启动 A/D 转换器,而一旦进入保持期间,则立即启动 A/D 转换器,从而保证 A/D 转换时的模拟输入电压恒定,以确保 A/D 转换精度。

3.3.5 逐位逼近式 A/D 转换原理

一个 n 位 A/D 转换器是由 n 位寄存器、n 位 D/A 转换器、运算比较器、控制逻辑电路、输出锁存器等五部分组成。现以 4 位 A/D 转换器把模拟量 9 转换为二进制数 1001 为例,说明逐位逼近式 A/D 转换器的工作原理。逐位逼近式 A/D 转换原理如图 3-12 所示。

当启动信号作用后,时钟信号在控制逻辑作用下,首先使寄存器的最高位 D_3 为 1,其余为 0,此数字量 1000 经 D/A 转换器转换成模拟电压即 $V_o = 8$,送到比较器输入端与被转换的模拟量 $V_{IN} = 9$ 进行比较,控制逻辑根据比较器的输出进行判断。当 V_{IN} 大于 V_o,则保留 D_3

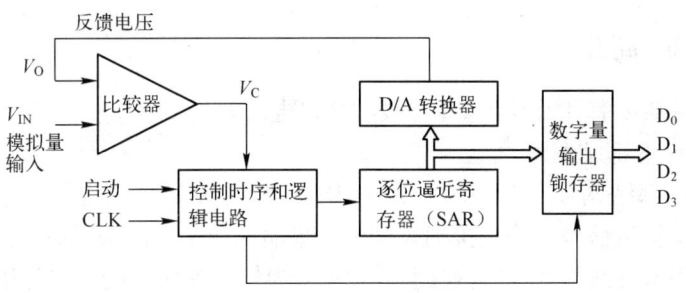

图 3-12 逐位逼近式 A/D 转换原理

=1；再对下一位 D_2 进行比较，同样先使 D_2 为 1，与上一位 D_3 一起即 1100 进入 D/A 转换器，转换为 $V_O=12$，再进入比较器，与 $V_{IN}=9$ 比较，因 V_{IN} 小于 V_o，则使 $D_2=0$；再让下一位 D_1 为 1 即 1010，经 D/A 转换为 $V_o=10$，再与 $V_{IN}=9$ 比较，因 V_{IN} 大于 V_o，则使 $D_1=0$；最后一位 D_0 为 1，即 1001 经 D/A 转换为 $V_o=9$，再与 $V_{IN}=9$ 比较，因 V_{IN} 等于 V_o，保留 D_0 为 1。比较完毕，寄存器中的数字量 1001 即为模拟量 9 的转换结果，存在输出锁存器中等待输出。

一个 n 位 A/D 转换器的模数转换表达式是

$$B = \frac{V_{IN} - V_{R-}}{V_{R+} - V_{R-}} \times 2^n \tag{3-3}$$

式中，n 表示是 n 位 A/D 转换器；V_{R+}、V_{R-} 表示基准电压源的正、负输入；V_{IN} 是要转换的输入模拟量；B 是转换后的输出数字量。即当基准电压源确定之后，n 位 A/D 转换器的输出数字量 B 与要转换的输入模拟量 V_{IN} 成正比。

此种 A/D 转换器的常用芯片的有普通型 8 位单路 ADC0801~ADC0805、8 位 8 路 ADC0808/0809、8 位 16 路 ADC0816/0817 等，混合集成高速型 12 位单路 AD574A、ADC803 等。

3.3.6 A/D 转换器的性能指标

(1) 分辨率

分辨率是指 A/D 转换器对微小输入信号变化的敏感程度。分辨率越高，转换时对输入量微小变化的反应越灵敏。通常用数字量的位数来表示，如 8 位、10 位、12 位等。分辨率为 n，表示它可以对满刻度的 $1/2^n$ 的变化量做出反应。即

$$分辨率 = 满刻度值/2^n$$

(2) 转换精度

A/D 转换器的转换精度可以用绝对误差和相对误差来表示。所谓绝对误差，是指对应于一个给定数字量 A/D 转换器的误差，其误差的大小由实际模拟量输入值和理论值之差来度量。绝对误差包括增益误差，零点误差和非线性误差等。相对误差是指绝对误差与满刻度值之比，一般用百分数来表示，对 A/D 转换器常用最低有效值的位数 LSB（Least Significant Bit））来表示，$1LSB = 1/2^n$。

(3) 转换时间

A/D 转换器完成一次转换所需的时间称为转换时间。如逐位逼近式 A/D 转换器的转换时间为微秒级，双积分式 A/D 转换器的转换时间为毫秒级。

3.3.7 ADC0809 简介

下面介绍几种典型芯片及其与 PC 总线的接口电路。

(1) ADC0809 内部结构图

ADC0809 的内部结构如图 3-13 所示。ADC0809 芯片是 8 位逐位逼近式 A/D 转换器，可同时连接 8 路模拟量信号，分别接到 8 个模拟量输入端子上。采样时，选择对哪一个模拟量进行转换由三根地址线 ABC 进行控制。CLOCK 为外时钟输入端，需外接 500 kHz 的时钟，在此时钟下 ADC0809 完成对一路模拟量进行 A/D 转换的最大转换时间为 100 μs，ADC0809 的启动信号为 START，转换结束信号为 EOC，数据输出控制信号为 OC，这些控制信号需要由计算机通过相关的指令产生或接收。

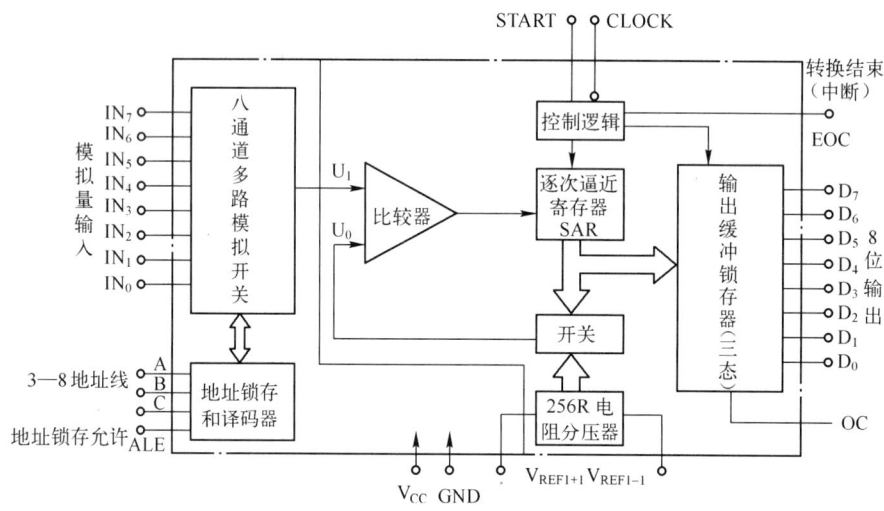

图 3-13 8 位 A/D 转换器 ADC0809

(2) ADC0809 的各引脚功能

$IN_0 \sim IN_7$：8 路模拟量输入端。允许 8 路模拟量分时输入，共用一个 A/D 转换器。

ALE：地址锁存允许信号，输入高电平有效。上升沿时锁存 3 位通道选择信号。

A、B、C：3 位地址线即模拟量通道选择线。ALE 为高电平时，地址译码与对应通道选择见表 3-2。

START：启动 A/D 转换信号，输入，高电平有效。上升沿时将转换器内部清零，下降沿时启动 A/D 转换。

EOC：转换结束信号，输出，高电平有效。

OE：输出允许信号，输入，高电平有效。该信号用来打开三态输出缓冲器，将 A/D 转换得到的 8 位数字量送到数据总线上。

$D_0 \sim D_7$：8 位数字量输出。D_0 为最低位，D_7 为最高位。由于有三态输出锁存，可与主机数据总线直接相连。

CLOCK：外部时钟脉冲输入端。当脉冲频率为 640 kHz 时，A/D 转换时间为 100 μs。

表 3-2 被选通道和地址的关系

C	B	A	通 道
0	0	0	IN0
0	0	1	IN1
0	1	0	IN2
0	1	1	IN3
1	0	0	IN4
1	0	1	IN5
1	1	0	IN6
1	1	1	IN7

VR_+、VR_-：基准电压源正、负端。取决于被转换的模拟电压范围，通常 $VR+=+5V$ DC，$VR-=0V$ DC。

V_{CC}：工作电源，DC5V。

GND：电源地。

其转换过程表述如下：首先 ALE 的上升沿将地址代码锁存、译码，然后选通模拟开关中的某一路，使该路模拟量进入到 A/D 转换器中。同时 START 的上升沿将转换器内部清零，下降沿起动 A/D 转换，即在时钟的作用下，逐位逼近过程开始，转换结束信号 EOC 即变为低电平。当转换结束后，EOC 恢复高电平，此时，如果对输出允许 OE 输入一高电平命令，则可读出数据。

3.3.8 ADC0809 接口电路

A/D 转换器的接口电路主要是解决主机如何分时采集多路模拟量输入信号，即主机如何启动 A/D 转换，如何判断 A/D 完成一次模数转换，如何读入并存放转换结果的问题。下面介绍两种典型的接口电路。

（1）查询方式

图 3-14 为采用程序查询方式的 8 路 8 位 A/D 转换接口电路，由 PC 总线、ADC0809、138 译码器、74LS02 非与门（即或非门）与 74LS126 三态缓冲器组成。图 3-14 中，启动转换的地址 PA = 0100 0000，每一路的地址分别为 000~111，故 8 路转换地址为40H~47H。

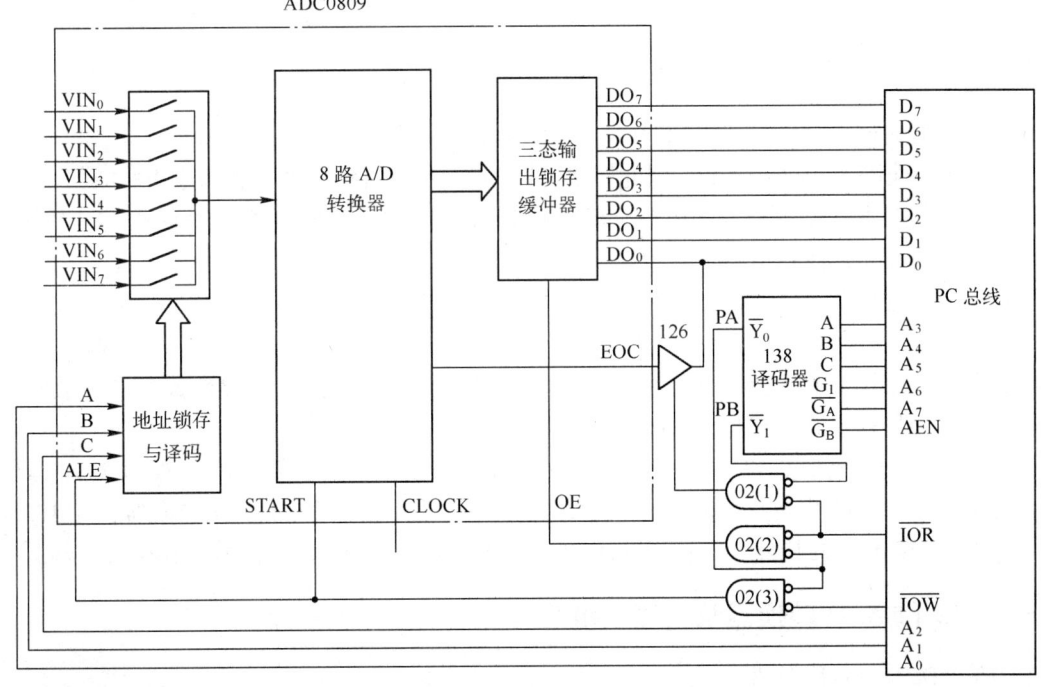

图 3-14　查询方式读 A/D 转换数

（2）定时方式

定时方式读 A/D 转换值的电路组成如图 3-15 所示，它与查询方式不同之处在于启动

A/D 转换后，无需查询 EOC 引脚状态而只需等待转换时间，然后读取 A/D 转换数。因此，硬件电路可以取消 126 三态缓冲器及其控制电路，软件上也相应地去掉查询 EOC 电平的 REOC 程序段，而换之以调用定时子程序（CALL DELAY）即可。

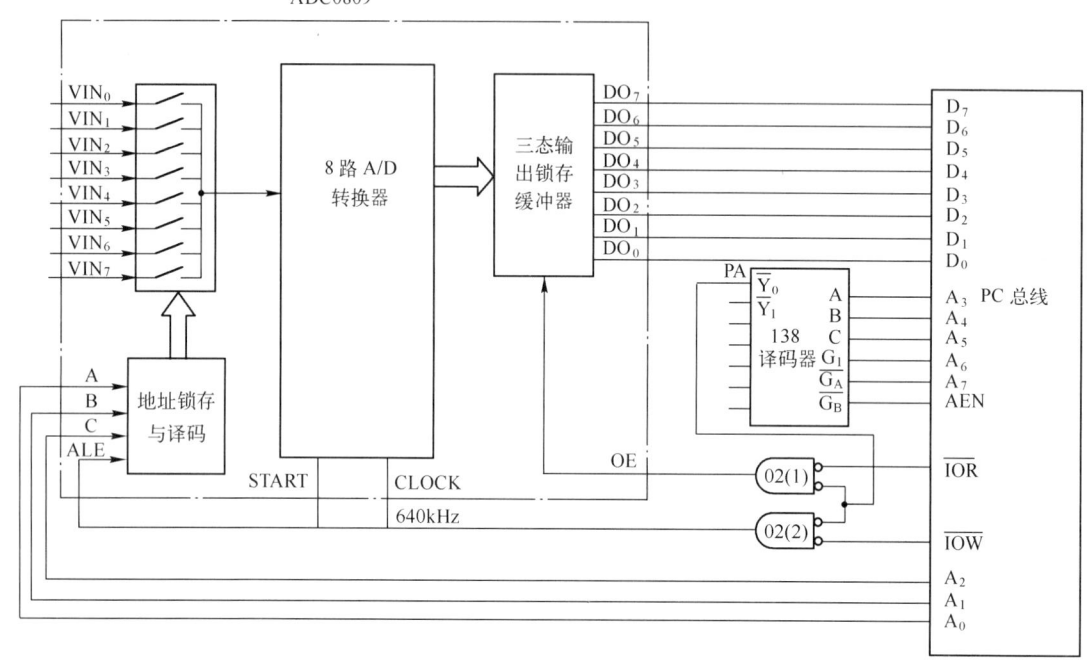

图 3-15　定时方式读 A/D 转换值

这里定时时间应略大于 ADC0809 的实际转换时间。图 3-15 中，ADC0809 的 CLOCK 引脚（输入时钟频率）为 640 kHz，因此转换时间为 8×8 个时钟周期，相当于 100 μs。

显然，定时方式比查询方式简单，但前提是必须预先精确地知道 A/D 转换芯片完成一次 A/D 转换所需的时间。

这两种方法的共同点是硬、软件接口简单，但在转换期间独占了 CPU 时间，好在这种逐位逼近式 A/D 转换的时间只在微秒数量级。当选用双积分式 A/D 转换器时，因其转换时间在毫秒级，采用中断法读 A/D 转换结果的方式更为适宜。因此，在设计数据采集系统时，究竟采用何种接口方式要根据 A/D 转换器芯片而定。

8 位 A/D 转换器对 0~5 V 电压的分辨率约为 19.5 mV，转换精度在 0.4% 以下，这对一些精度要求比较高的控制系统而言是不够的，因此要采用更多位的 A/D 转换器，如 10 位、12 位、16 位等 A/D 转换器。下面以 AD574A 为例介绍 12 位 A/D 转换器及其接口电路。

3.3.9　12 位 A/D 转换器及其接口电路

（1）AD574A 芯片介绍

AD574A 是一种高性能的 12 位逐位逼近式 A/D 转换器，转换精度为 $1/2^{12} = 0.024\%$，转换时间为 25 μs，适合于在高精度快速采样系统中使用。AD574A 也采用 28 脚双立直插式封装。

AD574A 内部结构大体与 ADC0809 类似，由 12 位 A/D 转换器、控制逻辑、三态输出锁存缓冲器与 10 V 基准电压源构成，可以直接与主机数据总线连接，但只能输入一路模拟量。

（2）各引脚功能

V_{CC}：工作电源正端，+12 V DC 或 +15 V DC。

V_{EE}：工作电源负端，-12 V DC 或 -15 V DC。

V_L：逻辑电源端，+5 V DC。虽然使用的工作电源为 DC12 V 或 DC15 V，但数字量输出及控制信号的逻辑电平仍可直接与 TTL 兼容。

DGND，AGND：数字地，模拟地。

REF OUT：基准电压源输出端，芯片内部基准电压源为 +10 V。

REF IN：基准电压源输入端，如果 REF OUT 通过电阻接至 REF IN，则可用来调量程。

$\overline{STS}$：转换结束信号，高电平表示正在转换，低电平表示已转换完毕。

$DB_0 \sim DB_{11}$：12 位输出数据线，三态输出锁存，可与主机数据线直接相连。

CE：片能用信号，输入高电平有效。

$\overline{CS}$：片选信号，输入低电平有效。

$R/\overline{C}$：读/转换信号，输入高电平为读 A/D 转换数据，低电平为启动 A/D 转换。

$12/\overline{8}$：数据输出方式选择信号，输入高电平时输出 12 位数据，低电平时与 A_0 信号配合输出高 8 位或低 4 位数据。$12/\overline{8}$ 不能用 TTL 电平控制，必须直接接至 +5 V（引脚 1）或数字地（引脚 15）。

A_0：字节信号，在转换状态，A_0 为低电平，可使 AD574A 产生 12 位转换，A_0 为高电平，可使 AD574A 产生 8 位转换。在读数状态，如果 $12/\overline{8}$ 为低电平，A_0 为低电平，则输出高 8 位数，而 A_0 为高电平时，则输出低 4 位数；如果 $12/\overline{8}$ 为高电平，则 A_0 的状态不起作用。

各控制信号的组合作用列于表 3-3。

表 3-3 AD574A 各控制信号的组合作用

CE	$\overline{CS}$	$R/\overline{C}$	$12/\overline{8}$	A0	操作功能
0	×	×	×	×	无操作
×	1	×	×	×	无操作
1	0	0	×	0	启动 11 位转换
1	0	0	×	1	启动 8 位转换
1	0	1	+5 V	×	输出 12 位数字
1	0	1	接地	0	输出高 8 位数字
1	0	1	接地	1	输出低 4 位数字

$10 V_{IN}$，$20 V_{IN}$，BIP OFF：模拟电压信号输入端。单极性应用时，将 BIP OFF 接 0 V，双极性时接 10 V。量程可以是 10 V，也可以是 20 V。输入信号在 10 V 范围内变化时，将输入信号接至 $10 V_{IN}$；在 20 V 范围内变化时，接至 $20 V_{IN}$。模拟输入信号的几种接法如表 3-3 所示，相应的电路如图 3-16 所示。

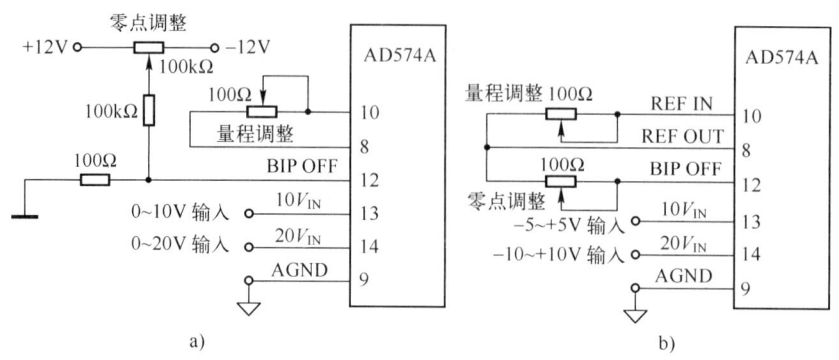

图 3-16 AD574A 单极性/双极性输入电路图
a) 单极性　b) 双极性

12 位 A/D 转换器 AD574A 与 PC 总线的接口有多种方式。既可以与 PC 总线的 16 位数据总线直接相连，构成简单的 12 位数据采集系统；也可以只占用 PC 总线的低 8 位数据总线，将转换后的 12 位数字量分两次读入主机，以节省硬件投入。同样，在 A/D 转换器与 PC 总线之间的数据传送上也可以使用程序查询、软件定时或中断控制等多种方法。由于 AD574A 的转换速度很高，一般多采用查询或定时方式。

3.3.10　A/D 转换模板

在计算机控制系统中，模拟量输入通道常常以模板或板卡形式出现，A/D 转换模板也需要遵循 I/O 模板的通用性原则：符合总线标准，接口地址可选以及输入方式可选。输入方式可选主要是指模板既可以接收单端输入信号也可以接收双端差动输入信号。

在结构组成上，A/D 转换模板也是按照 I/O 电气接口、I/O 功能逻辑和总线接口逻辑三部分布局的。其中，I/O 电气接口完成电平转换、滤波、隔离等信号调理作用，I/O 功能部分实现采样、放大、模/数转换等功能，总线接口完成数据缓冲、地址译码等功能。

图 3-17 是一种 8 路 12 位 A/D 转换模板的示例。图中只给出了总线接口与 I/O 功能实现部分，由 8 路模拟开关 CD4051、采样保持器 LF398、12 位 A/D 转换器 AD574A 和并行接口芯片 8255A 等组成。

该模板的主要技术指标如下：分辨率 12 位；通道数为单端 8 路；输入量程为单极性 $0 \sim 10$ V；转换时间 25 μs；传送应答方式为查询。

该模板采集数据的过程如下。

（1）通道选择

将模拟量输入通道号写入 8255A 的端口 C 低 4 位（PC3~PC0），可以依次选通 8 路通道。

（2）采样保持控制

把 AD574A 的信号通过反相器连到 LF398 的信号采样保持端，当 AD574A 未转换期间或转换结束时 = 0，使 LF398 处于采样状态，当 AD574A 转换期间 = 1，使 LF398 处于保持状态。

（3）启动 AD574A 进行 A/D 转换

通过 8255A 的端口 PC6~PC4 输出控制信号启动 AD574A。

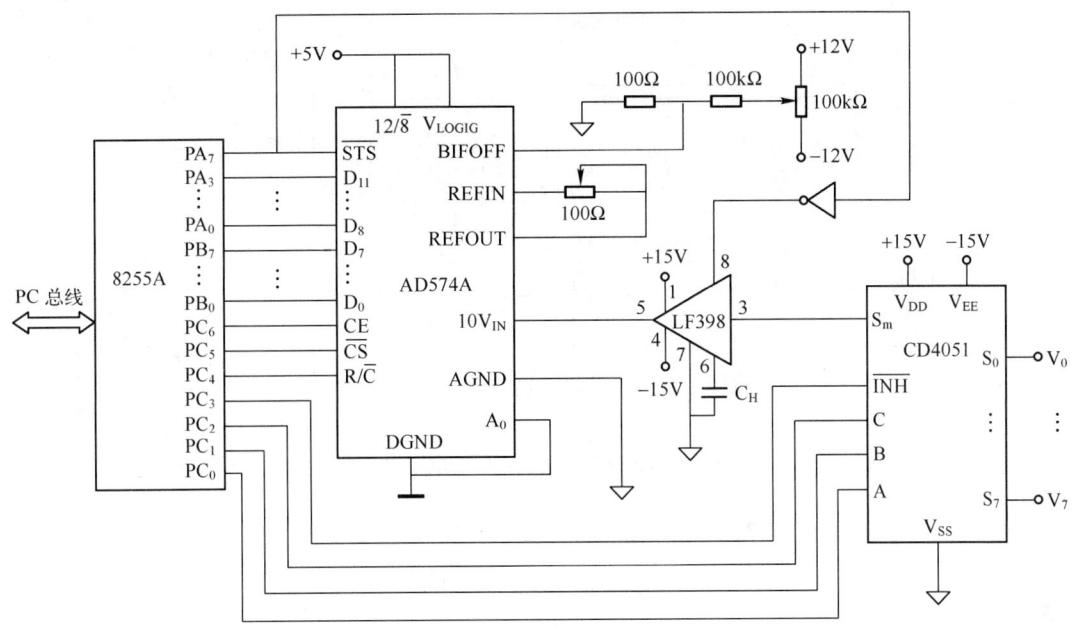

图 3-17　8 路 12 位 A/D 转换模板

（4）查询 AD574A 是否转换结束

读 8255A 的端口 A，查询是否已由高电平变为低电平。

（5）读取转换结果

若 $\overline{STS}$ 已由高电平变为低电平，则读 8255A 端口 A、B，便可得到 12 位转换结果。

3.4　模拟量输出接口

模拟量输出通道的任务是把计算机处理后的数字量信号转换成模拟量电压或电流信号，用以驱动相应的执行器，从而实现控制目的。

模拟量输出通道（也称为 D/A 通道或 AO 通道）一般是由接口电路、数/模转换器（DAC）和电压/电流变换器等组成。

3.4.1　D/A 转换器工作原理

下面以 4 位 D/A 转换器为例说明其工作原理，如图 3-18 所示。

假设 D_3、D_2、D_1、D_0 全为 1，则 BS_3、BS_2、BS_1、BS_0 全部与 "1" 端相连。根据电流定律，有：

$$I_3 = \frac{V_{REF}}{2R} = 2^3 \times \frac{V_{REF}}{2^4 R}, \qquad I_2 = \frac{I_3}{2} = 2^2 \times \frac{V_{REF}}{2^4 R}$$

$$I_1 = \frac{I_2}{2} = 2^1 \times \frac{V_{REF}}{2^4 R}, \qquad I_0 = \frac{I_1}{2} = 2^0 \times \frac{V_{REF}}{2^4 R}$$

由于开关 $BS_3 \sim BS_0$ 的状态是受转换的二进制数 D_3、D_2、D_1、D_0 控制的，并不一定全是 "1"。因此，可以得到以下通式：

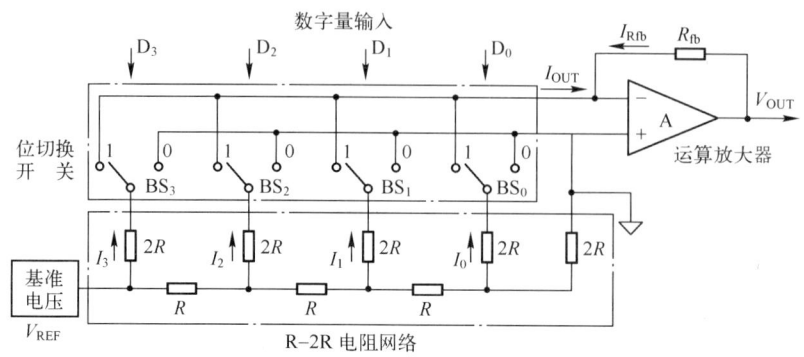

图 3-18 D/A 转换器工作原理

$$I_{OUT} = D_3 \times I_3 + D_2 \times I_2 + D_1 \times I_1 + D_0 \times I_0$$

$$I_{OUT} = (D_3 \times 2^3 + D_2 \times 2^2 + D_1 \times 2^1 + D_0 \times 2^0) \times \frac{V_{REF}}{2^4 R}$$

选取 $R_{fb} = R$,可以得到

$$I_{OUT} = I_{RF} \times R_f = -(D_3 \times 2^3 + D_2 \times 2^2 + D_1 \times 2^1 + D_0 \times 2^0) \times \frac{V_{REF}}{2^4}$$

对于 n 位 D/A 转换器,它的输出电压 V_{OUT} 与输入二进制数 $B(D_{n-1} \sim D_0)$ 的关系式可写成

$$V_{OUT} = -(D_{n-1} \times 2^{n-1} + D_{n-2} \times 2^{n-2} + \cdots + D_1 \times 2^1 + D_0 \times 2^0) \times \frac{V_{REF}}{2^n} = -B \times \frac{V_{REF}}{2^n}$$

由上述推导可见,输出电压除了与输入的二进制数有关之外,还与运算放大器的反馈电阻 R_{fb} 以及基准电压 V_{REF} 有关。

3.4.2 D/A 转换器的性能指标

D/A 转换器性能指标是衡量芯片质量的重要参数,也是选用 D/A 芯片型号的依据。主要性能指标有:分辨率、转换精度、偏移量误差、稳定时间。

分辨率是指 D/A 转换器能分辨的最小输出模拟增量,即当输入数字发生单位数码变化时所对应输出模拟量的变化量,它取决于能转换的二进制位数,数字量位数越多,分辨率也就越高。分辨率与二进制位数 n 呈下列关系:

分辨率 = 满刻度值$/2^n = V_{REF}/2^n$

转换精度是指转换后所得的实际值和理论值的接近程度。它和分辨率是两个不同的概念。例如,满量程时的理论输出值为 10 V,实际输出值是在 9.99~10.01 V 之间,其转换精度为 ±10 mV。对于分辨率很高的 D/A 转换器并不一定具有很高的精度。

偏移量误差是指输入数字量时,输出模拟量对于零的偏移值。此误差可通过 D/A 转换器的外接 V_{REF} 和电位器加以调整。

稳定时间是描述 D/A 转换速度快慢的一个参数,指从输入数字量变化到输出模拟量达到终值误差 1/2LSB 时所需的时间。显然,稳定时间越大,转换速度越低。对于输出是电流的 D/A 转换器来说,稳定时间很快,约几微秒,而输出是电压的 D/A 转换器,其稳定时间主要取决于运算放大器的响应时间。

3.4.3 DAC0832 简介

DAC0832 是常用的 8 位 D/A 转换器，为电流输出方式，稳定时间为 1 μs，采用 20 脚双立直插式封装。同系列芯片还有 DAC0830、DAC0831。

DAC0832 的原理框图及引脚如图 3-19 所示。DAC0832 主要由 8 位输入寄存器、8 位 DAC 寄存器、8 位 D/A 转换器以及输入控制电路四部分组成。8 位输入寄存器用于存放主机送来的数字量，使输入数字量得到缓冲和锁存，由 LE1 加以控制；8 位 DAC 寄存器用于存放待转换的数字量，由 LE2 加以控制；8 位 D/A 转换器输出与数字量成正比的模拟电流；由与门、非与门组成的输入控制电路来控制两个寄存器的选通或锁存状态。

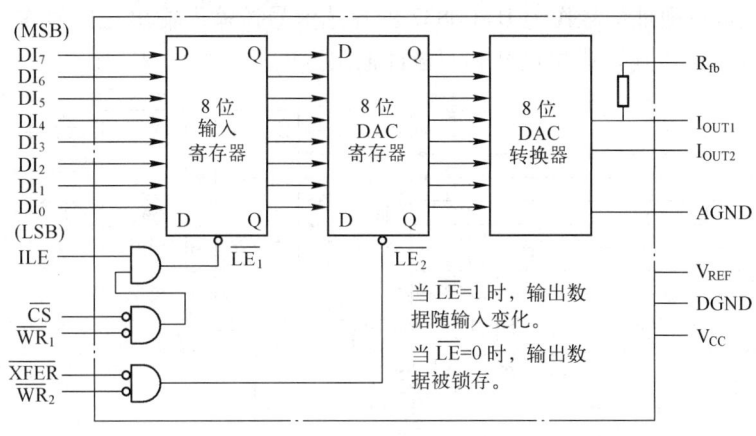

图 3-19 DAC0832 的原理框图

$DI_0 \sim DI_7$：数据输入线，其中 DI_0 为最低有效位 LSB，DI_7 为最高有效位 MSB。

$\overline{CS}$：片选信号输入线，低电平有效。

$\overline{WR_1}$：写信号 1 输入线，低电平有效。

ILE：输入允许锁存信号，输入线，高电平有效。

当 ILE、$\overline{CS}$ 和 $\overline{WR_1}$ 同时有效时，若 8 位输入寄存器 LE_1 端为高电平"1"，此时寄存器的输出端 Q 跟随输入端 D 的电平变化；反之，当 $\overline{LE_1}$ 端为低电平"0"时，原 D 端输入数据被锁存于 Q 端，在此期间 D 端电平的变化不影响 Q 端。

$\overline{XFER}$（Transfer Control Signal）：传送控制信号，输入线，低电平有效。

I_{OUT1}：DAC 电流输出端 1，一般作为运算放大器差动输入信号之一。

I_{OUT2}：DAC 电流输出端 2，一般作为运算放大器另一个差动输入信号。

R_{fb}：固化在芯片内的反馈电阻连接端，用于连接运算放大器的输出端。

V_{REF}：基准电压源端输入线，-10 ~ +10 V DC。

V_{CC}：工作电压源端，输入线，+5 ~ +15 V DC。

当 $\overline{WR_2}$ 和 $\overline{XFER}$ 同时有效时，8 位 DAC 寄存器端为高电平"1"，此时 DAC 寄存器的输出端 Q 跟随输入端 D 也就是输入寄存器 Q 端的电平变化；反之，当为低电平"0"时，第一级 8 位输入寄存器 Q 端的状态则锁存到第二级 8 位 DAC 寄存器中，以便第三级 8 位 DAC 进行 D/A 转换。

一般情况下为了简化接口电路，可以把 $\overline{WR_2}$ 和 $\overline{XFER}$ 直接接地，使第二级 8 位 DAC 寄存器的输入端到输出端直通，只有第一级 8 位输入寄存器置成可选通、可锁存的单缓冲输入方式。特殊情况下可采用双缓冲输入方式，即把两个寄存器都分别接成受控方式。

由于 DAC0832 内部有输入寄存器，所以它的数据总线可直接与主机的数据总线相连，图 3-20 为 DAC0832 与 PC 总线的单缓冲接口电路，它是由 DAC0832 转换芯片、运算放大器以及 74LS138 译码器和门电路构成的地址译码电路组成。图 3-20 中，DAC0832 内的 DAC 寄存器控制端的 $\overline{WR_2}$ 和 $\overline{XFER}$ 直接接地，使 DAC 寄存器的输入到输出始终直通；而输入寄存器的控制端分别受地址译码信号与输入输出指令控制，即 PC 的地址线 A9～A0 经 138 译码器和门电路产生接口地址信号作为 DAC0832 的片选信号，输入输出写信号作为 DAC0832 的写信号。DAC0832 可以连接成单极性和双极性输出方式，如图 3-21 所示。

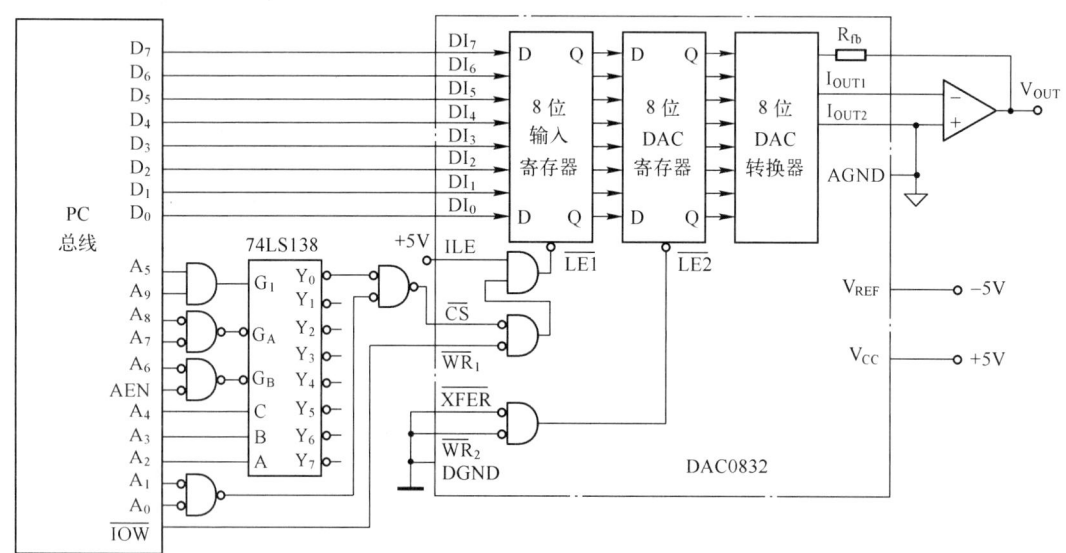

图 3-20　DAC0832 单缓冲接口电路

图 3-21b 中 A_1 和 A_2 为运算放大器，A 点为虚地，故可得

$$I_1 + I_2 + I_3 = 0, \quad V_{OUT1} = -B \times \frac{V_{REF}}{256}$$

$$I_1 = \frac{V_{REF}}{2R}, \quad I_2 = \frac{V_{OUT2}}{2R}, \quad I_3 = \frac{V_{OUT1}}{R}$$

解上述方程可得双极性输出表达式

$$V_{OUT2} = V_{REF}\left(\frac{B}{2^8 - 1} - 1\right)$$

图 3-21b 中运放 A_2 的作用是将运放 A_1 的单向输出变为双向输出。当输入数字量小于 80H 即 128 时，输出模拟电压为负；当输入数字量大于 80H 即 128 时，输出模拟电压为正。其他 n 位 D/A 转换器的输出电路与 DAC0832 相同，计算表达式中只要把 $2^8 - 1$ 改为 $2^n - 1$ 即可。

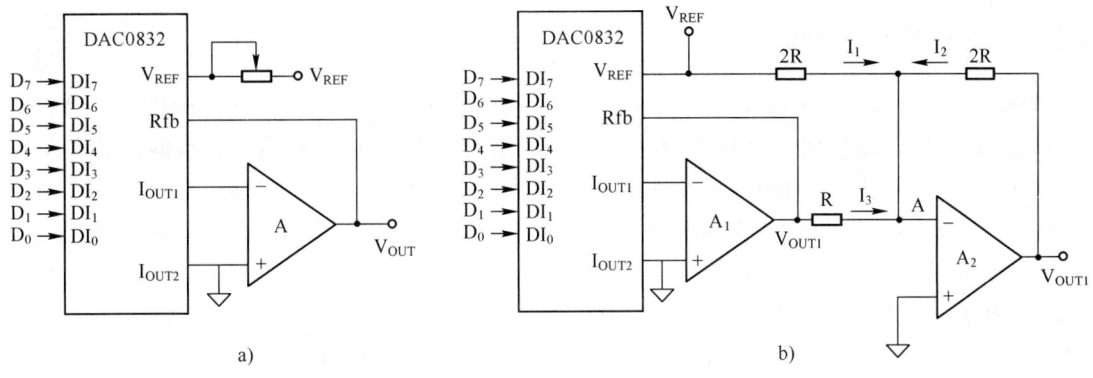

图 3-21 DAC0832 单极性和双极性输出方式
a) DAC 单极性输出方式 b) DAC 双极性输出方式

3.5 计算机控制系统的总线技术

3.5.1 总线的概念及分类

总线是一组信号线，是在多于 2 个模块（子系统或设备）间相互通信的通路，也是微处理器与外部硬件接口的桥梁，它定义了各引线的信号、电气、机械特性，这些连线包括数据线和地址线、控制时序和中断信号、电源和地线以及未定义的备用线等。使计算机内部各组成部分之间以及不同的计算机之间建立信号联系，进行信息传送和通信。

最常见的是从功能上来对总线进行划分，可以分为地址总线（Address Bus）、数据总线（Data Bus）和控制总线（Control Bus）。在有的系统中，数据总线和地址总线可以在地址锁存器控制下被共享，也即复用。

地址总线是专门用来传送地址的。在设计过程中，见得最多的应该是从 CPU 地址总线来选用外部存储器的存储地址。地址总线的位数往往决定了存储器存储空间的大小，比如地址总线为 16 位，则其最大可存储空间为 2^{16} (64 KB)。

数据总线用于传送数据信息，它又有单向传输和双向传输数据总线之分，双向传输数据总线通常采用双向三态形式的总线。数据总线的位数通常与微处理的字长相一致。例如 Intel 8086 微处理器字长 16 位，其数据总线宽度也是 16 位。在实际工作中，数据总线上传送的并不一定是完全意义上的数据。

控制总线用于传送控制信号和时序信号，如有时微处理器对外部存储器进行操作时要先通过控制总线发出读/写信号、片选信号和读入中断响应信号等。控制总线一般是双向的，其传送方向由具体控制信号而定，其位数也要根据系统的实际控制需要而定。

按照数据传输的方式划分，总线可以被分为串行总线和并行总线。从原理来看，并行传输方式其实优于串行传输方式，但其成本上会有所增加。常见的串行总线有 SPI、I2C、RS232、RS485、USB 总线等；而并行总线相对来说种类要少，常见的如 ISA、PCI、STD、PC104 总线等。

3.5.2 ISA/EISA 总线

ISA 总线（Industry Standard Architecture，工业标准体系结构）是 IBM 公司为 PC/AT 类计算机而制定的总线标准，为 16 位体系结构，只能支持 16 位的 I/O 设备，数据传输率大约是 16 Mbit/s，也称为 AT 标准。开始时 PC 面向个人及办公室，定义了 8 位的 ISA 总线结构，对外公开后成为标准（ISO ISA 标准）。后来，许多第三方厂家开发出许多 ISA 扩充板卡，推动了 PC 的发展。1984 年 IBM 推出 IBM-PC/AT 系统，ISA 从 8 位扩充到 16 位，地址线从 20 条扩充到 24 条。1988 年，康柏、HP、NEC 等 9 个厂商协同把 ISA 扩展到 32 位，即 EISA 总线（Extended ISA）。目前，EISA 总线已经被 PCI 总线取代。

3.5.3 PCI/Compact PCI 总线

PCI 总线（Peripheral Component Interconnect）是一种由英特尔（Intel）公司 1991 年推出的用于定义局部总线的标准，此标准允许在计算机内安装多达 10 个遵从 PCI 标准的扩展卡。从 1992 年创立规范到如今，PCI 总线已成为了计算机的一种标准总线，取代了早先的 ISA 总线。PCI 总线是一种高速的 32 位或者 64 位多地址多数据外部部件互联局部总线，它不依附于某个具体处理器的局部总线标准，可用于多种平台和体系结构中。PCI 总线在高度集成的外设控制器器件、扩展板和处理器系统之间提供一种内部的连接机制。

(1) PCI 总线的主要性能和特点
- 支持 10 台外设，能自动识别外设，特别适合与 Intel 的 CPU 协同工作。
- 总线时钟频率为 33.3 MHz/66 MHz。
- 32 位数据通道（132 Mbit/s）升级到 64 位数据通道（264 Mbit/s）。
- 时钟同步方式。
- 使用方便，能够自动配置参数，支持 PCI 局部总线扩展板和部件，PCI 寄存器用来存放设备信息配置，使用寿命长。
- 具有隐含的中央仲裁系统。
- 采用多路复用方式（地址线和数据线）减少了引脚数（从设备 47 个信号，主设备 49 个信号）和 PCI 部件的封装尺寸。
- 具有与处理器和存储器子系统完全并行操作的能力，支持多处理器以及将来开发的处理器。
- 支持 64 位寻址，提供地址和数据的奇偶校验。
- 完全的多总线主控能力。
- 可转换 5 V 和 3.3 V 的信号环境，实现工业上从 5 V 到 3.3 V 工作电压完成平滑过渡。
- 支持突发传输，线性突发传输是 PCI 总线数据传输的基本机制，且数据长度不限，可广泛用于需要大量数据存取的局域网、高性能图形、多媒体和硬盘操作等。
- 扩展模板小型化，32 位和 64 位扩展板和部件正、反向兼容。

Compact PCI 是一种基于标准 PCI 总线的小巧而坚固的高性能总线技术。1994 年 PICMG（PCI Computer Manufacturer's Group，PCI 工业计算机制造商联盟）提出了 Compact PCI 技术，它定义了更加坚固耐用的 PCI 版本。在电气、逻辑和软件方面，它与 PCI 标准完全兼容。卡安装在支架上，并使用标准的 Eurocard 外型。

3.5.4 串行外部总线

计算机和外部设备的通信可采用并行通信和串行通信。并行通信是指数据的各位同时传送，可以是 8 位、16 位或 32 位等，显然并行传送的速度最高，但通信距离很短；串行通信是指数据在一个信道上一位一位依次传送的方式，串行传送的速度较低，但串行通信的距离可以很长，通常可达几千米或更远。为了在长距离间有效传送数据，并尽量减少通信线的条数，目前大多数情况都采用串行通信。串行接口有 RS232、RS485、USB、CAN、1Wire 等多种方式。

1. RS–232C 串行通信总线

RS–232C 是由美国电子工业协会 EIA（Electronic Industry Association）制定的一种串行物理接口标准。RS 是英文"推荐标准"的缩写，232 为标识号，C 表示修改次数。

在串行通信时，要求通信双方都采用一个标准接口，使不同的设备可以方便地连接起来进行通信。RS–232–C 接口（又称 EIA RS–232–C）是目前最常用的一种串行通信接口。RS–232C 是在 1970 年由美国电子工业协会（EIA）联合贝尔系统、调制解调器厂家及计算机终端生产厂家共同制定的用于串行通信的标准。它的全名是"数据终端设备（DTE）和数据通信设备（DCE）之间串行二进制数据交换接口技术标准"，该标准规定采用一个 25 个脚的 DB–25 连接器，对连接器的每个引脚的信号内容加以规定，还对各种信号的电平加以规定。后来 IBM 的 PC 将 RS–232 简化成了 DB–9 连接器，从而成为事实标准。而工业控制的 RS–232 口一般只使用 RXD、TXD、GND 三条线。目前在 IBM PC 上的 COM1、COM2 接口，就是 RS–232C 接口。

在 RS–232 标准中，字符是以一串行的比特串来一个接一个地串行（Serial）方式传输，优点是传输线少，配线简单，传送距离较远。最常用的编码格式是异步起停（Asynchronous Start–Stop）格式，它使用一个起始位后面紧跟 7 或 8 个数据位（bit），然后是可选的奇偶校验位，最后是一或两个停止位。所以发送一个字符至少需要 10 bit。

在 RS–232–C 中任何一条信号线的电压均为负逻辑关系。即：逻辑"1"为 –3 ~ –15 V；逻辑"0"为 +3 ~ +15 V。RS–232C 与 TTL 电平转换：RS–232C 是用正负电压来表示逻辑状态，与 TTL 以高低电平表示逻辑状态的规定不同。因此，为了能够同计算机接口或终端的 TTL 器件连接，必须在 RS–232C 与 TTL 电路之间进行电平和逻辑关系的变换。实现这种变换的方法可用分立元件，也可用集成电路芯片。目前较为广泛地使用集成电路转换器件，如 MC1488、SN75150 芯片可完成 TTL 电平到 EIA 电平的转换，而 MC1489、SN75154 可实现 EIA 电平到 TTL 电平的转换。MAX232 芯片可完成 TTL↔EIA 双向电平转换。

RS–232–C 标准规定的数据传输速率为 50、75、100、150、300、600、1200、2400、4800、9600、19200 bit/s。RS–232–C 标准规定，驱动器允许有 2500 pF 的电容负载，通信距离将受此电容限制，例如，采用 150 pF/m 的通信电缆时，最大通信距离为 15 m。

RS–232–C 最常用的 9 条引线的信号内容如下所示：

1) DCD 载波检测。
2) RXD 接收数据。
3) TXD 发送数据。
4) DTR 数据终端准备好。

5) SG 信号地。

6) DSR 数据准备好。

7) RTS 请求发送。

8) CTS 允许发送。

9) RI 振铃提示。

RS-232C 的电气接口电路采取的是不平衡传输方式，即所谓单端通信，其发送电平与接收电平的差只有 2~3 V，所以共模抑制能力较差，容易受到共地噪声和外部干扰的影响，再加上信号线之间的分布电容，因此其传送距离最大为 15 m，最高数据传输速率为 20 kbit/s。此外 RS-232-C 的接口电路的信号电平较高，容易损坏接口电路的芯片，与 TTL 电路的电平也不兼容，影响其通用性。为了弥补 RS-232-C 的不足，提高数据传输率和延长通信距离，EIA 相继制订了 RS-422 和 RS-485 串行通信标准，这些标准对 RS-232C 的不足做了改进和补充。

2. RS-485 串行通信总线

RS-485 与 RS-232 不一样，数据信号采用差分传输方式，也称作平衡传输，它使用一对双绞线，将其中一根线定义为 A，另一根线定义为 B。RS-485 采用差分信号负逻辑，-2~-6 V 表示"0"，+2~+6 V 表示"1"。RS-485 有两线制和四线制两种接线，四线制只能实现点对点的通信方式，现在很少采用，现在多采用的是两线制接线方式，这种接线方式为总线式拓扑结构，在同一总线上最多可以挂接 32 个节点。在 RS485 通信网络中一般采用的是主从通信方式，即一个主机带多个从机。RS-485 的最大传输距离约为 1200 m，最大传输速率为 10 Mbit/s。平衡双绞线的长度与传输速率成反比，在 100 kbit/s 速率以下，才可能使用规定最长的电缆长度。只有在很短的距离下才能获得最高速率传输。一般 100 m 长双绞线最大传输速率仅为 1 Mbit/s。

由于 PC 默认只带有 RS-232 接口，有两种方法可以得到 PC 上位机的 RS-485 电路：

1) 通过 RS-232/RS-485 转换电路将 PC 串口 RS-232 信号转换成 RS-485 信号，对于情况比较复杂的工业环境最好是选用防浪涌带隔离栅的产品。

2) 通过 PCI 多串口卡，可以直接选用输出信号为 RS-485 类型的扩展卡。

RS-485 的电气特性：

逻辑"1"以两线间的电压差为 +(2-6 V) 表示；逻辑"0"以两线间的电压差为 -(2-6 V) 表示。接口信号电平比 RS-232-C 降低了，就不易损坏接口电路的芯片，且该电平与 TTL 电平兼容，可方便与 TTL 电路连接。

RS-485 接口是采用平衡驱动器和差分接收器的组合，抗共模干能力增强，即抗噪声干扰性好。

RS-232C 接口在总线上只允许连接 1 个收发器，即单站能力。而 RS-485 接口在总线上是允许连接多达 128 个收发器，即具有多站能力，这样用户可以利用单一的 RS-485 接口方便地建立起设备网络。因 RS-485 接口具有良好的抗噪声干扰性，长的传输距离和多站能力等上述优点就使其成为首选的串行接口。

综上所述，在要求通信距离为几十米到上千米时，广泛采用 RS-485 串行总线标准。RS-485 采用平衡发送和差分接收，因此具有抑制共模干扰的能力。加上总线收发器具有高灵敏度，能检测低至 200 mV 的电压，故传输信号能在千米以外得到恢复。RS-485 采用半双工工作方式，任何时候只能有一点处于发送状态，因此，发送电路须由使能信号加以控制。RS-485 用于多点互连时非常方便，可以省掉许多信号线。应用 RS-485 可以联网构成分布式系统，其允许最多并联 32 台驱动器和 32 台接收器。

3. USB 总线

USB（Universal Serial Bus）是 1995 年 Microsoft、Compaq、IBM 等公司联合制定的一种新的 PC 串行通信协议。USB 协议出台后得到各 PC 厂商、芯片制造商和 PC 外设厂商的广泛支持。USB 本身也处于不断的发展和完善中，从当初的 0.7、0.8、1.0 到现在广泛采用的 2.0、3.0 版本。USB 外设在国内外以惊人的速度发展，迄今为止，各种支持 USB 的外设已经有上千种。

USB 采用四线电缆，其中两根是用来传送数据的串行通道，另两根为下游（Downstream）设备提供电源，对于高速且需要高带宽的外设，USB 以 12 Mbit/s 的传输数据，对于低速外设，USB 则以 1.5 Mbit/s 的传输速率来传输数据。USB 总线会根据外设情况在两种传输模式中自动地动态转换。USB 是基于令牌的总线。类似于令牌环网或 FDDI 基于令牌的总线。USB 主控制器广播令牌，总线上设备检测令牌中的地址是否与自身相符，通过接收或发送数据给主机来响应。USB 通过支持悬挂/恢复操作来管理 USB 总线电源。USB 系统采用级联星形拓扑，该拓扑由三个基本部分组成：主机（Host），集线器（Hub）和功能设备。

USB 总线的主要特点如下。

（1）即插即用。USB 具有自动侦测功能，所以无须顾虑计算机系统资源是否有冲突的情形，可随时安装使用。

（2）热插拔。USB 的热插拔特性使得在使用 USB 接口时可以非常方便地带电插拔各种硬件，而不用担心硬件是否有损坏。它还支持多个不同设备串连，一个 USB 接口最多可以连接 127 个 USB 设备。USB 设备也不会有 IRQ 冲突的问题，因为它会单独使用自己的保留中断，所以不会使用计算机有限的资源，实现真正的"即插即用"，大家不用再为 IRQ 冲突烦心了。这也是 USB 产品比起原来的串口、并口产品具有明显优越性的一面。

（3）速度快是 USB 最突出的特点之一。USB1.1 接口最高的传输速率可以达到 12 Mbit/s，比起传统的串口、并口的传输速度要快许多。而且新的 USB2.0 标准最高传输速率会达到 480 Mbit/s，也就是 60 MB/s。现在 Modem、ADSL、Cable Modem、打印机、扫描仪、数码相机等纷纷提供对 USB 接口的支持，推出其 USB 接口产品。

（4）成本低，应用广。这是 USB 标准最大的一个特点，也是目前它与 IEEE 1394 标准相比具有明显优势的一面。USB 接口技术相比 IEEE 1394 技术来说比较简单，所以通常不需要单独芯片支持，而是可在主板芯片中附加，这样就节省了设备的固定成本。正因为这样的原因，再加上其高速特性，所以 USB 技术在近几年时间内在各种设备中得到了迅速普及和应用。

（5）可扩充性。一个 USB 控制器在集线器的搭配下，可扩充高达 127 个外部周边 USB 装置。

（6）自供电。USB 设备不再需要用单独的供电系统，而使用串口等其他的设备都需要独立电源。USB 接口内置了电源线路，可以向低压设备提供 5 V 的电压，但是仅适用于小功率的设备，如鼠标等。

（7）电源管理。当 USB 装置没有使用时，会自动进入到省电的模式。

思考题与习题

3-1 微型计算机控制系统的硬件由哪几部分组成?各部分的作用是什么?

3-2 计算机控制系统的主机有哪几种?各有什么特点?

3-3 简述光耦合器的工作原理及在输入输出过程通道中的作用。

3-4 模拟量输入通道由哪些部分组成?各部分的作用是什么?

3-5 采样保持器有什么作用?试说明保持电容的大小对数据采集系统的影响。

3-6 在数据采样系统中,是不是所有的输入通道都需要加采样保持器?为什么?

3-7 A/D 转换器的结束信号有什么作用?根据该信号在 I/O 控制中的连接方式,A/D 转换有几种控制方式?

3-8 设被测温度变化范围为 0~1250℃,如果要求误差不超过 0.5℃,应选用分辨率为多少位的 A/D 转换器?若 A/D 转换值为 1000,则此时的温度是多少?

3-9 某热处理炉温度变化范围为 50~2350℃,经温度变送器变换为 1~5 V 电压送至 ADC0809,ADC0809 的输入范围为 0~5 V。某时刻采样得到转换结果为 5AH,问此时炉内温度是多少度?

3-10 设计出 8 路模拟量采集系统。请选用合适的单片机,画出输入接口电路原理图,并编写相应的 8 路模拟量数据采集程序。

3-11 模拟量输出通道由哪几部分组成?各部分的作用是什么?

3-12 采用 DAC0832 和合适的单片机,请画出输出接口电路原理图,并编写产生三角波、梯形波和锯齿波的程序。

3-13 什么是计算机的总线?计算机的外部总线有哪几种?

3-14 简述 RS-232C 总线的特点。

3-15 简述 RS-485 总线的特点。

3-16 简述 USB 总线的特点。

第4章 计算机数字程序控制技术

数字程序控制系统具有能加工形状复杂的零件、加工精度高、生产效率高、便于改变加工零件品种等特点,是实现机床自动化的一个重要发展方向。

本章主要介绍数字程序控制基础、逐点比较插补法原理以及作为数字程序控制系统执行机构的步进电动机、交流伺服电动机原理和控制技术。

4.1 数字程序控制技术

所谓数字程序控制,就是计算机根据输入的指令和数据,控制生产机械(如各种加工机床)按规定的工作顺序、运动轨迹、运动距离和运动速度等规律自动地完成工作的自动控制。数字程序控制系统一般由输入装置、输出装置、控制器和插补器等四大部分组成。随着计算机技术的飞速发展,数字程序控制系统的这些主要功能都可以由计算机来完成。

数字程序控制系统的轨迹控制策略就是插补和位置控制,它们主要解决的问题是要用一种简单快速的算法计算出刀具运动的轨迹信息。插补是指根据给定的数学函数,如直线、圆弧、抛物线等,在已知点之间求得中间点坐标的数值计算方法。常用的插补计算方法有逐点比较法、数字积分法、样条插补计算法等。

4.1.1 数字程序控制基础

对图4-1所示平面曲线图形,用计算机在绘图仪或数控机床上重现,以此说明数字程序控制的基本原理。

(1)曲线分段

将图4-1中曲线分为三段,分别为ab、bc、cd,然后把a、b、c、d四点坐标送给计算机。分割时应保证线段所连的曲线与原图形的误差在允许范围之内。

(2)插补计算

根据给定的各曲线段的起点和终点坐标(即a、b、c、d),求得中间值的数值计算方法称为插补计算。插补计算的原则是通过给定的基点坐标,以一定的速度连续定出一

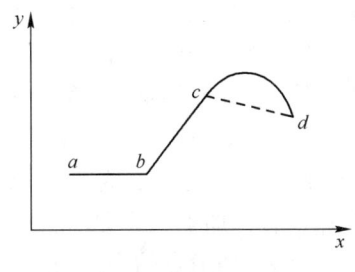

图4-1 曲线分段

系列中间点,而这些中间点的坐标值是以一定的精度逼近给定的线段。常用的插补形式有直线插补和二次曲线插补两种。二次曲线有圆弧、抛物线、双曲线等。直线插补是指在给定的两个基点之间用一条近似直线来逼近,由计算出的各中间点连接起来的折线近似一条直线,它并不是一条真正的直线。二次曲线插补也不是真正意义上的曲线弧,实际计算出的中间点的连线是一条近似曲线的折线弧。

(3) 折线逼近

把插补运算过程中定出的各中间点,以脉冲信号的形式去控制 x、y 方向上的步进电动机,带动绘图笔、刀具等,从而绘出图形或加工所要求的轮廓。根据步进电动机的特点,每一个脉冲信号将控制步进电动机转动一定的角度,从而带动刀具在 x 或 y 方向移动一个固定的距离。我们把对应于每个脉冲移动的相对位置称为脉冲当量或步长,常用 Δx 和 Δy 来表示,一般取 $\Delta x = \Delta y$。显然,脉冲当量也就是刀具移动的最小单位,Δx 和 Δy 的取值越小,所加工的曲线就越逼近理想的曲线。

数字程序控制有三种方式:点位控制、直线切削控制、轮廓切削控制。

(1) 点位控制

只要求控制刀具行程终点的坐标值,即工件加工点准确定位,对刀具的移动路径、移动速度、移动方向不做规定,且在移动过程中不做任何加工,只是在准确到达指定位置后才开始加工。

(2) 直线切削控制

除了要求准确控制行程的终点坐标值,还要求刀具相对于工件平行某一坐标轴做直线运动,且在运动过程中进行切削加工(单轴切削)。

(3) 轮廓的切削控制

控制刀具沿工件轮廓曲线运动,并在运动过程中将工件加工成某一形状。这种方式需借助于插补器进行(多轴切削)。

上述三种方式中点位控制最简单,无需插补;直线切削控制和轮廓切削控制的驱动电路较复杂,需插补计算和判断。

4.1.2 逐点比较法直线插补

所谓逐点比较插补,就是刀具或绘图笔每走一步都要和给定轨迹上的坐标值进行比较,从而决定下一步的进给方向。如果原来在给定轨迹的下方,下一步就向轨迹的上方走,如果原来在给定轨迹的里面,下一步就向轨迹的外面走。这样走一步、比较一次、决定下一步的走向,以便逼近给定轨迹,即形成逐点比较插补。

逐点比较插补以阶梯折线来逼近直线或圆弧等曲线,它与规定的加工直线或圆弧之间的最大误差为一个脉冲当量。

下面首先介绍第一象限内的直线插补。

设加工的轨迹为第一象限中的一条直线 OA,如图 4-2 所示。取直线段的起点为坐标原点,终点坐标为 $A(x_e, y_e)$,$M(x_m, y_m)$ 为加工点(即动点)。根据逐点比较法插补原理,必须把每一插值点的实际位置与给定轨迹的理想位置间的偏差计算出来,根据偏差的正、负决定下一步的走向,来逼近给定轨迹。

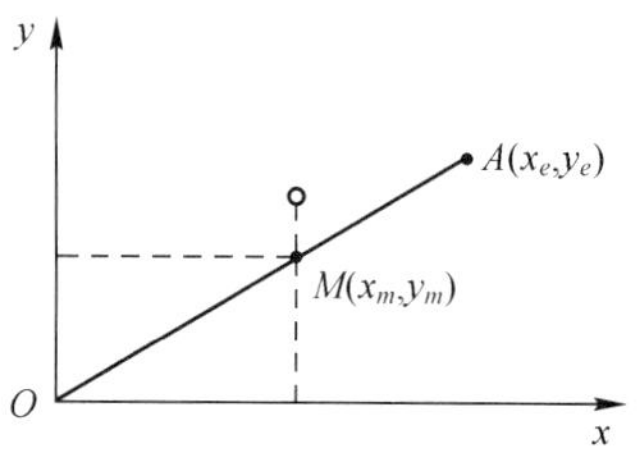

定义直线插补偏差为

$$F_m = y_m x_e - x_m y_e$$

则 $F_m = 0$,点 m 在 OA 直线段上;

$F_m > 0$,点 m 在 OA 直线段的上方;

图 4-2 第一象限直线插补

$F_m < 0$，点 m 在 OA 直线段的下方。

第一象限逐点比较法直线插补的原理：从直线的起点出发，当 $F_m \geq 0$ 时，沿 $+x$ 轴方向走一步；当 $F_m < 0$，沿 $+y$ 方向走一步；当两方向所走的步数与终点坐标相等时，发出终点到信号，停止插补。

下面讲解偏差计算的简化。

(1) 设加工点在 m 点，若 $F_m \geq 0$

这时沿 $+x$ 轴方向走一步至 $m+1$ 点，即 $(x_{m+1}, y_{m+1}) = (x_m + 1, y_m)$。

$$F_{m+1} = y_{m+1}x_e - x_{m+1}y_e = y_m x_e - (x_m + 1)y_e = y_m x_e - x_m y_e - y_e = F_m - y_e$$

(2) 设加工点在 m 点，若 $F_m < 0$，这时沿 $+y$ 轴方向走一步至 $m+1$ 点，即 $(x_{m+1}, y_{m+1}) = (x_m, y_m + 1)$。

$$F_{m+1} = y_{m+1}x_e - x_{m+1}y_e = (y_m + 1)x_e - x_m y_e = y_m x_e - x_m y_e + x_e = F_m + x_e$$

所以，偏差计算可简化为：若 m 为起点 0，则 $F_m = F_0 = 0$；若 $F_m \geq 0$，$F_{m+1} = F_m - y_e$；若 $F_m < 0$，$F_{m+1} = F_m + x_e$。

逐点比较法终点判断有多种方法，下面介绍两种方法：

方法1：设置 x，y 轴两个减法计数器 N_x 和 N_y，加工前分别存入终点坐标 x_e 和 y_e，x（或 y）轴每进给一步则 $N_x - 1$（或 $N_y - 1$），当 N_x 和 N_y 均为 0，则认为达到终点。

方法2：设置一个终点计数器 $N_{xy} = N_x + N_y$，x 或 y 轴每进给一步则 $N_{xy} - 1$，当 N_{xy} 为 0，则认为达到终点。

四个象限的直线插补偏差计算公式和坐标进给方向见表 4-1。表中四个象限的终点坐标值取绝对值代入计算式中的 x_e 和 y_e。

表 4-1 四象限直线插补进给方向及偏差计算公式

	$F_m \geq 0$			$F_m < 0$	
所在象限	进给方向	偏差计算	所在象限	进给方向	偏差计算
一、四	$+x$	$F_{m+1} = F_m - y_e$	一、二	$+y$	$F_{m+1} = F_m + x_e$
二、三	$-x$		三、四	$-y$	

四象限直线插补过程一般包括四个步骤，即偏差判别、坐标进给、偏差计算、终点判断。图 4-3 为四象限直线插补计算的程序流程图，其中数据存放在 6 个内存单元 XE、YE、NXY、FM、XOY 和 ZF 中，分别对应 x_e、y_e、N_{xy}、F_m 和直线所在象限值及走步方向标志。即 XE 为终点 x 坐标，YE 为终点 y 坐标，NXY 为总步数（$N_{xy} = N_x + N_y$），XOY 为象限值（1、2、3、4 分别代表 1、2、3、4 象限），ZF 为进给方向（1、2、3、4 代表在 $+x$、$-x$、$+y$、$-y$ 方向进给）。

例 4-1 加工第一象限直线 OA，起点为 $O(0,0)$，终点为 $A(6,4)$，试进行插补并作走步轨迹图。

解：$x_e = 6$，$y_e = 4$

进给总步数为

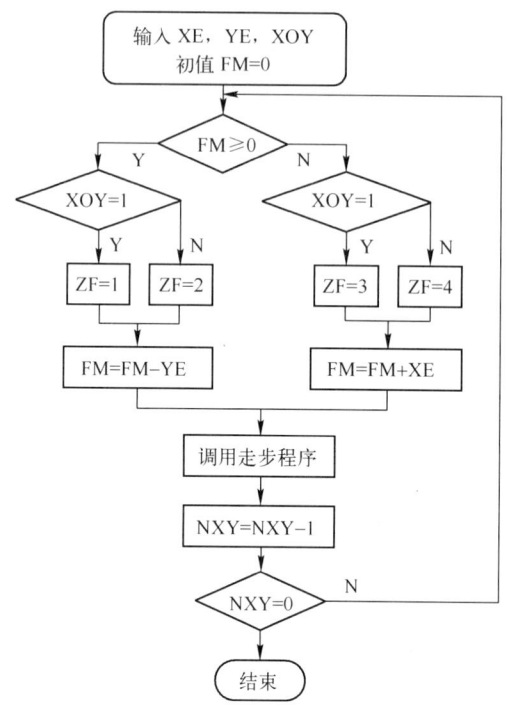

图 4-3 直线插补程序流程图

$$N_{xy} = |6-0| + |4-0| = 10$$

起点 $F0 = 0$

象限值 $XOY = 1$

插补计算过程如表 4-2 所示,直线插补轨迹图如图 4-4 所示。

表 4-2 直线插补计算过程

步 数	偏差判别	坐标进给	偏差计算	终点判断
起点			$F_0 = 0$	$N_{xy} = 10$
1	$F_0 = 0$	$+x$	$F_1 = F_0 - y_e = -4$	$N_{xy} = 9$
2	F_1 小于 0	$+y$	$F_2 = F_1 + x_e = 2$	$N_{xy} = 8$
3	F_2 大于 0	$+x$	$F_3 = F_2 - y_e = -2$	$N_{xy} = 7$
4	F_3 小于 0	$+y$	$F_4 = F_3 + x_e = 4$	$N_{xy} = 6$
5	F_4 大于 0	$+x$	$F_5 = F_4 - y_e = 0$	$N_{xy} = 5$
6	$F_5 = 0$	$+x$	$F_6 = F_5 - y_e = -4$	$N_{xy} = 4$
7	F_6 小于 0	$+y$	$F_7 = F_6 + x_e = 2$	$N_{xy} = 3$
8	F_7 大于 0	$+x$	$F_8 = F_7 - y_e = -2$	$N_{xy} = 2$
9	F_8 小于 0	$+y$	$F_9 = F_8 + x_e = 4$	$N_{xy} = 1$
10	F_9 大于 0	$+x$	$F_{10} = F_9 - y_e = 0$	$N_{xy} = 0$

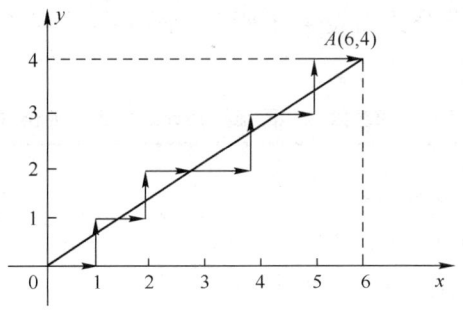

图 4-4 直线插补轨迹图

4.1.3 逐点比较法圆弧插补

本节以第一象限为例，介绍圆弧插补方法。

在逐点比较法圆弧插补中，一般取圆弧的圆心为坐标原点，给出圆弧的起点坐标 $A(x_0,y_0)$ 和终点坐标 $B(x_e, y_e)$，圆弧的半径为 R，如图 4-5 所示为第一象限逆时针圆弧。设动点为 $M(x_m,y_m)$，则它与圆心的距离为 R_m，显然，比较 R_m 和 R 可以反映加工偏差，一般比较 R_m 和 R 的平方值。

因此，可以定义偏差判别式为

$$F_m = R_m^2 - R^2 = x_m^2 + y_m^2 - R^2$$

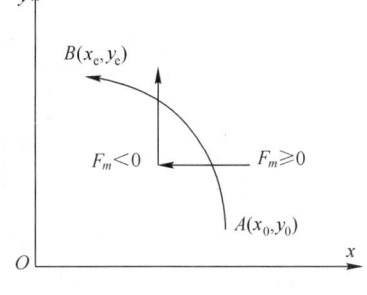

图 4-5 第一象限圆弧插补

（1）偏差判断

当 $F_m = 0$ 时，M 点在圆弧上。

当 $F_m > 0$ 时，M 点在圆弧外。

当 $F_m < 0$ 时，M 点在圆弧内。

（2）第一象限逆时针圆弧逐点比较插补的原理

从起点出发，当 $F_m \geq 0$ 时，向 $-x$ 方向进给一步，并计算新的偏差；当 $F_m < 0$ 时，下一步向 $+y$ 方向进给，并计算新的偏差。按上述步骤循环到达终点后结束。

（3）偏差的简化计算

以第一象限逆时针圆弧为例：当 $F_m \geq 0$ 时，向 $-x$ 方向进给一步，即 $(x_{m+1}, y_{m+1}) = (x_m - 1, y_m)$，则 $F_{m+1} = x_{m+1}^2 + y_{m+1}^2 - R^2 = F_m - 2x_m + 1$；当 $F_m < 0$ 时，向 $+y$ 方向进给一步，即 $(x_{m+1}, y_{m+1}) = (x_m, y_m + 1)$，则 $F_{m+1} = x_{m+1}^2 + y_{m+1}^2 - R^2 = F_m + 2y_m + 1$，起点偏差 $F_m = 0$。

（4）终点判断

采用总步数 N_{xy} 的计数方法，N_{xy} 初始值设为 x 和 y 轴进给总步数之和，x 或 y 轴每进给一步则 $N_{xy} - 1$，当 N_{xy} 为 0 时，则认为到达终点。

圆弧加工插补计算步骤可分为以下 5 步：偏差判别、坐标进给、偏差计算、坐标计算、终点判断。圆弧加工插补计算过程比直线插补计算过程多一个步骤，即需要计算动点坐标（坐标计算）。

工程实际中，所加工的圆弧可能在不同的象限中，可以是逆时针圆弧或顺时针圆弧，4

个象限的 8 种圆弧插补计算公式如表 4-3 所示。图 4-6 为四象限圆弧插补计算的程序流程图。

表 4-3 四象限八种圆弧插补计算公式和进给方向

圆弧类型	$F_m \geq 0$ 时的进给方向、偏差计算和坐标计算	$F_m < 0$ 时的进给方向、偏差计算和坐标计算
SR1	$-y, F_{m+1} = F_m - 2y_m + 1, y_{m+1} = y_m - 1$	$+x, F_{m+1} = F_m + 2x_m + 1, x_{m+1} = x_m + 1$
SR2	$+x, F_{m+1} = F_m - 2x_m + 1, x_{m+1} = x_m - 1$	$+y, F_{m+1} = F_m + 2y_m + 1, y_{m+1} = y_m + 1$
SR3	$+y, F_{m+1} = F_m - 2y_m + 1, y_{m+1} = y_m - 1$	$-x, F_{m+1} = F_m + 2x_m + 1, x_{m+1} = x_m + 1$
SR4	$-x, F_{m+1} = F_m - 2x_m + 1, x_{m+1} = x_m - 1$	$-y, F_{m+1} = F_m + 2y_m + 1, y_{m+1} = y_m + 1$
NR1	$-x, F_{m+1} = F_m - 2x_m + 1, x_{m+1} = x_m - 1$	$+y, F_{m+1} = F_m + 2y_m + 1, y_{m+1} = y_m + 1$
NR2	$-y, F_{m+1} = F_m - 2y_m + 1, y_{m+1} = y_m - 1$	$-x, F_{m+1} = F_m + 2x_m + 1, x_{m+1} = x_m + 1$
NR3	$+x, F_{m+1} = F_m - 2x_m + 1, x_{m+1} = x_m - 1$	$-y, F_{m+1} = F_m + 2y_m + 1, y_{m+1} = y_m + 1$
NR4	$+y, F_{m+1} = F_m - 2y_m + 1, y_{m+1} = y_m - 1$	$+x, F_{m+1} = F_m + 2x_m + 1, x_{m+1} = x_m + 1$

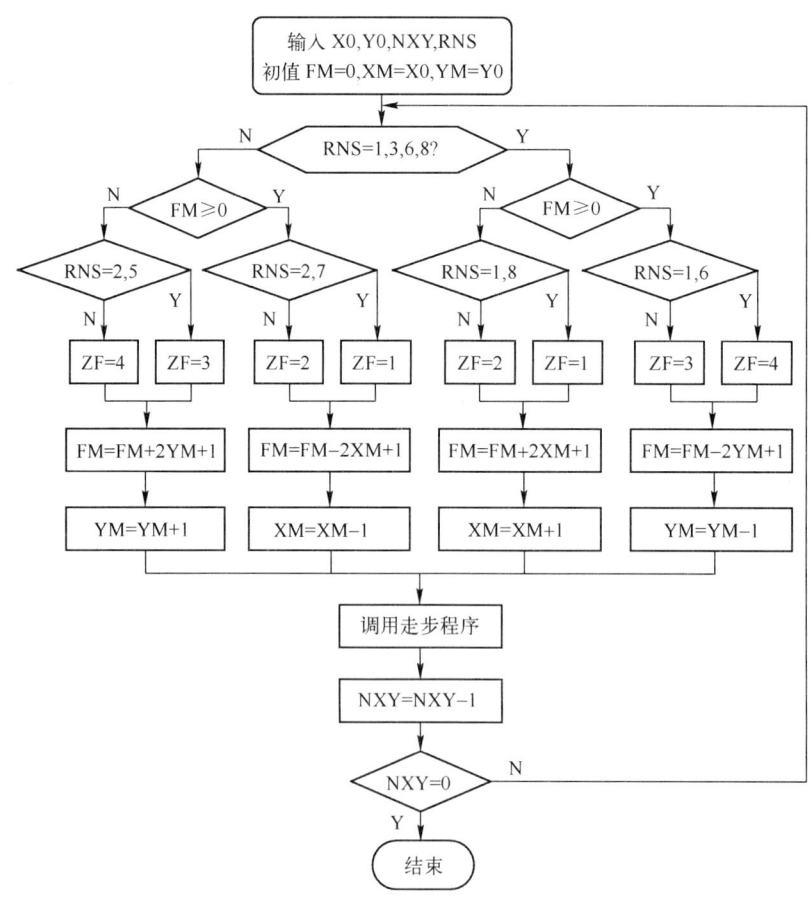

图 4-6 四象限圆弧插补计算的程序流程图

四象限圆弧插补计算的程序实现内存单元数据分配如下：X0：起点 x 坐标；Y0：起点 y 坐标；NXY：总步数，$N_{xy}=N_x+N_y$；FM：加工点偏差；XM：动点坐标 x_m；YM：动点坐标 y_m；RNS：圆弧种类，1、2、3、4 和 5、6、7、8 分别代表 SR1、SR2、SR3、SR4 和 NR1、NR2、NR3、NR4；ZF：进给方向，1、2、3、4 代表在 $+x$、$-x$、$+y$、$-y$ 方向进给。

例 4-2 加工第一象限逆圆弧 AB，起点为 $A(6,0)$，终点为 $B(0,6)$，试进行插补并作走步轨迹图。

解： 进给总步数 $N_{xy}=|6-0|+|6-0|=12$

第一象限逆时针圆弧插补计算过程如表 4-4 所示。

表 4-4　圆弧插补计算过程

步　数	偏差判别	坐标进给	偏差计算	坐标计算	终点判别
起点			$F_0=0$	$x_0=6,y_0=0$	$N_{xy}=12$
1	$F_0=0$	$-x$	$F_1=0-12+1=-11$	$x_1=5,y_1=0$	$N_{xy}=11$
2	$F_1<0$	$+y$	$F_2=-11+0+1=-10$	$x_2=5,y_2=1$	$N_{xy}=10$
3	$F_2<0$	$+y$	$F_3=-10+2+1=-7$	$x_3=5,y_3=2$	$N_{xy}=9$
4	$F_3<0$	$+y$	$F_4=-7+4+1=-2$	$x_4=5,y_4=3$	$N_{xy}=8$
5	$F_4<0$	$+y$	$F_5=-2+6+1=5$	$x_5=5,y_5=4$	$N_{xy}=7$
6	$F_5>0$	$-x$	$F_6=5-10+1=-4$	$x_6=4,y_6=4$	$N_{xy}=6$
7	$F_6<0$	$+y$	$F_7=-4+8+1=5$	$x_7=4,y_7=5$	$N_{xy}=5$
8	$F_7>0$	$-x$	$F_8=5-8+1=-2$	$x_8=3,y_8=5$	$N_{xy}=4$
9	$F_8<0$	$+y$	$F_9=-2+10+1=9$	$x_9=3,y_9=6$	$N_{xy}=3$
10	$F_9>0$	$-x$	$F_{10}=9-6+1=4$	$x_{10}=2,y_{10}=6$	$N_{xy}=2$
11	$F_{10}>0$	$-x$	$F_{11}=4-4+1=1$	$x_{11}=1,y_{11}=6$	$N_{xy}=1$
12	$F_{11}>0$	$-x$	$F_{12}=1-2+1=0$	$x_{12}=0,y_{12}=6$	$N_{xy}=0$

根据表 4-4，可以做出第一象限圆弧插补轨迹图如图 4-7 所示。

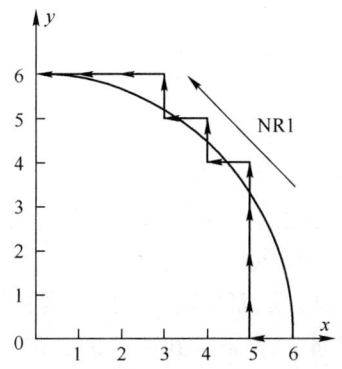

图 4-7　第一象限圆弧插补轨迹图

基于 MATLAB 的 GUI 设计四象限直线插补效果图如图 4-8 所示。

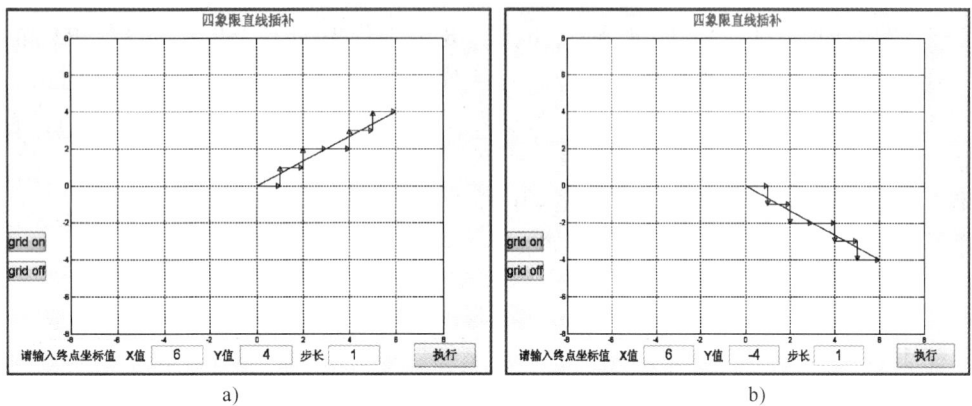

图 4-8 四象限直线插补效果图
a) 第一象限直线插补 b) 第四象限直线插补

基于 MATLAB 的四象限圆弧插补效果图如图 4-9 所示。

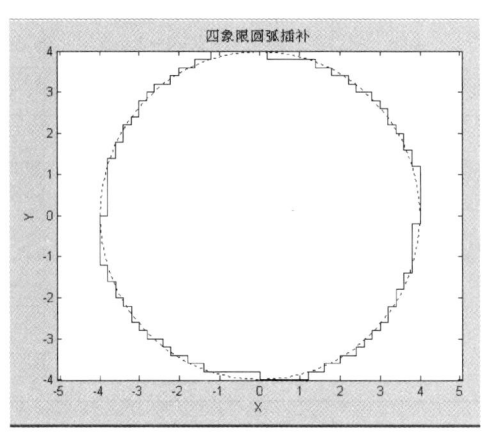

图 4-9 四象限圆弧插补效果图

4.2 步进电动机控制技术

步进电动机是一种将电脉冲信号转换为角位移的执行机构。每输入一个脉冲，步进电动机按设定的方向转动一个固定的角度（称为"步距角"），它的旋转是以固定的角度一步一步运行的。电动机总的转角与输入脉冲数成正比例，相应的转速取决于输入脉冲频率。可以通过控制脉冲个数来控制角位移量，从而达到准确定位的目的。同时可以通过控制脉冲频率来控制电动机转动的速度和加速度，从而达到调速的目的。步进电动机不需要 A/D 转换，能够直接将数字脉冲信号转换成为角位移，所以被认为是理想的数控机床的执行元件。步进电动机作为一种控制用的特种电动机，具有惯量低、定位精度高、无累积误差、控制简单等特点，广泛应用于数控机床、包装机械、计算机外部设备、复印机、传真机等机电一体化产品中。

4.2.1 步进电动机的工作原理

比较常用的步进电动机包括反应式步进电动机、永磁式步进电动机和混合式步进电动机。混合式步进电动机混合了永磁式和反应式的优点。两相混合式步进电动机步距角一般为1.8°或0.9°。目前，混合式步进电动机的应用最为广泛。

步进电动机主要结构包括定子和转子两部分（见图4-10）。定子是由硅钢片叠加而成的，每相有一对磁极（N、S极），每个磁极的内表面分布着多个大小和间距都相同的小齿。图4-10中，定子上共有3对磁极。每对磁极都缠有同一绕组，也即形成一相，这样3对磁极有3个绕组，形成三相。类似地，四相步进电动机有4对磁极、4相绕组；五相步进电动机有5对磁极、5相绕组……依此类推。转子是由软磁材料制成的，外表面也均匀分布着小齿，这些小齿与定子磁极上的小齿的齿距相同，形状相似。

由于反应式步进电动机的工作原理比较简单，下面介绍三相反应式步进电动机的工作原理。

三相反应式步进电动机转子上均匀分布着很多小齿，定子齿有三个励磁绕组，其几何轴线依次分别与转子齿轴线错开一定角度，如图4-10所示。注意图4-10中A相定子齿与转子齿是对齐的，B相、C相是错开的。

为了说明三相反应式步进电动机的工作原理，以图4-11所示电动机为例进行介绍。图中所示三相反应式步进电动机结构：定子，三对磁极，六个齿；转子，四个齿，分别为1、2、3、4齿。

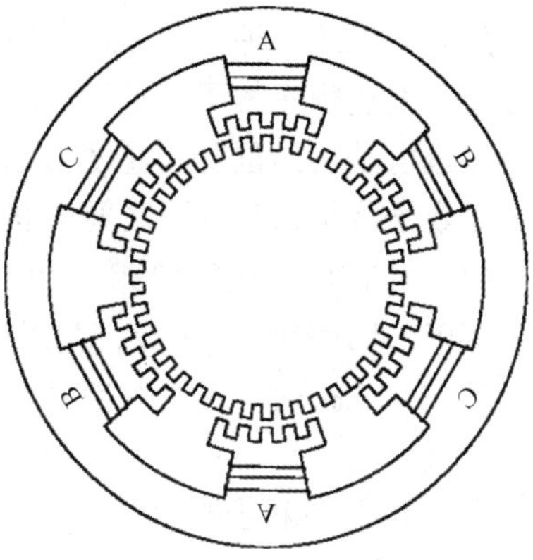

图4-10 三相反应式步进电动机结构示意图

首先假设A相通电，B、C相不通电，如图4-11a所示。由于磁场作用，A方向的磁通经转子形成闭合回路。若转子和磁场轴线方向原有一定角度，则在磁场的作用下，转子被磁化，吸引转子，由于磁力线总是要通过磁阻最小的路径闭合，因此会在磁力线扭曲时产生切向力而形成磁阻转矩，使转子转动，当转子、定子的齿对齐时停止转动，即转子1、3齿和AA'对齐。

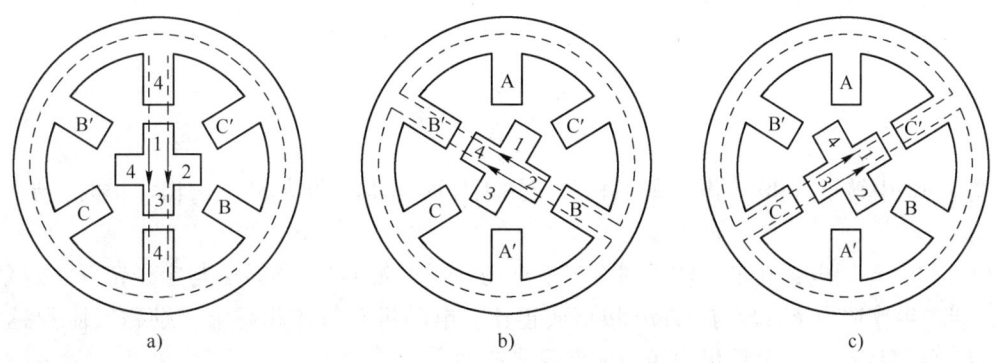

图4-11 三相步进电动机工作原理分析图

然后 B 相通电，A、C 相不通电，如图 4-11b 所示。转子 2、4 齿应与 B 相轴线 BB′对齐，此时转子相对 A 相通电位置逆时针转过 30°。

如果 C 相通电，A、B 相不通电，如图 4-11c 所示。转子 1、3 齿应与 CC′对齐，此时转子又逆时针转过 30°。继续进行下去，A 相通电，B、C 相不通电，2、4 齿与 AA′对齐，转子又逆时针转过 30°。

如果不断地按 A→B→C→A 通电，步进电动机就不断地以每步（每脉冲）30°逆时针旋转。改变通电顺序，如按 A，C，B，A……通电，则步进电动机反转。

上述工作方式中，因三相绕组中每次只有一相通电，每个循环周期共有 3 种不同的通电状态，所以称为三相单三拍工作方式。对于三相步进电动机的工作方式有三相单三拍方式、三相双三拍方式、三相单双六拍方式。

1) 单三拍工作方式，通电顺序为：A→B→C→A。

2) 双三拍工作方式，通电顺序为：AB→BC→CA→AB。

3) 三相六拍工作方式，通电顺序为：A→AB→B→BC→C→CA→A。

如果按上述三种通电方式和通电顺序进行通电，则步进电动机正向转动。反之，如果通电方向与上述顺序相反，则步进电动机反向转动。

步进电动机的位置和速度由通电次数（脉冲数）和频率决定，而旋转方向由通电顺序决定。定子绕组每改变一次通电状态，转子转过的角度称为步距角。

（1）步进电动机的"相"和"拍"

"相"表示绕组的个数；"拍"表示绕组的通电状态。

例如，三拍表示一个周期共有 3 种通电状态，六拍表示一个周期有 6 种通电状态，每个周期步进电动机转动一个齿距角。

（2）齿距角和步距角

齿距角为

$$\theta_z = \frac{2\pi}{z} = \frac{360°}{z}$$

步距角为

$$\theta_s = \frac{2\pi}{Nz} = \frac{360°}{Nz}$$

式中，N 是步进电动机工作拍数；z 是转子的齿数。

图 4-11 中，步进电动机 $Z=4$，且采用三拍工作方式，则

$$\theta_s = \frac{\theta_z}{N} = \frac{360°}{Nz} = 30°$$

图 4-10 中转子有 40 个齿，则三相单三拍工作时的步距角为 3°。三相六拍时，步距角为 1.5°。

电动机一旦通电，在定、转子间将产生磁场（磁通量 Φ）。当转子与定子错开一定角度 θ 时，会产生作用力 F，F 与 $(d\Phi/d\theta)$ 成正比。电动机有效体积越大，励磁安匝数越大，定、转子间气隙越小，电动机力矩越大，反之亦然。

感应子式步进电动机与传统的反应式步进电动机相比，结构上转子加有永磁体，以提供

软磁材料的工作点,而定子激磁只需提供变化的磁场而不必提供磁材料工作点的耗能,因此电动机效率高,电流小,发热低。由于永磁体的存在,电动机具有较强的反电动势,其自身阻尼作用比较好,使其在运转过程中比较平稳、噪声低、低频振动小。

4.2.2 步进电动机的一些基本参数及术语

(1) 电动机固有步距角

步距角表示控制系统每发一个步进脉冲信号,电动机所转动的角度。电动机出厂时给出了一个步距角值,如 86BYG250A 型电动机给出的值为 0.9°/1.8°(表示半步工作时为 0.9°,整步工作时为 1.8°)。这个步距角可以称为"电动机固有步距角",它不一定是电动机实际工作时的真正步距角,工程实际中真正的步距角还和驱动器有关。

(2) 步进电动机的相数

相数是指电动机内部的绕组数,目前常用的有二相、三相、四相、五相步进电动机。电动机相数不同,其步距角也不同。一般二相电机的步距角为 0.9°/1.8°、三相的为 0.75°/1.5°、五相的为 0.36°/0.72°。在没有细分驱动器时,用户主要靠选择不同相数的步进电动机来满足自己步距角的要求。如果使用细分驱动器,则"相数"将变得没有意义,用户只需在驱动器上改变细分数,就可以改变步距角。

(3) 保持转矩

保持转矩是指步进电动机通电但没有转动时,定子锁住转子的力矩。它是步进电动机最重要的参数之一,通常步进电动机在低速时的力矩接近保持转矩。由于步进电动机的输出力矩随速度的增大而不断衰减,输出功率也随速度的增大而变化,所以保持转矩就成为了衡量步进电动机最重要的参数之一。比如,当人们说 2 Nm 的步进电动机,在没有特殊说明的情况下是指保持转矩为 2 Nm 的步进电动机。

(4) 最大空载起动频率

电动机在某种驱动形式、电压及额定电流下,在不加负载的情况下,能够直接起动的最大频率。如果脉冲频率高于该值,电动机不能正常启动,可能发生丢步或堵转。在有负载的情况下,起动频率应更低。如果要使电动机达到高速转动,脉冲频率应该有加速过程,即起动频率较低,然后按一定加速度升到所希望的高频(电动机转速从低速升到高速)。步进电动机的起步速度一般在 10~100 r/min,根据电动机大小和负载情况而定,大电动机一般对应较低的起步速度。

(5) 电动机的共振点

步进电动机均有固定的共振区域,二、四相感应子式步进电动机的共振区一般在 180~250 pps 之间(步距角 1.8°)或在 400 pps 左右(步距角为 0.9°),电动机驱动电压越高,电动机电流越大,负载越轻,电动机体积越小,则共振区向上偏移,反之亦然,为使电动机输出电矩大,不失步和整个系统的噪声降低,一般工作点均应偏移共振区较多。如果步进电动机正好工作在共振区,可以采用以下方法来克服:通过改变减速比等机械传动避开共振区;采用带有细分功能的驱动器,这是最常用的、最简便的方法;换成步距角更小的步进电动机,如三相或五相步进电动机;换成交流伺服电动机,几乎可以完全克服振动和噪声,但成本较高;在电动机轴上加磁性阻尼器,但机械结构改变较大。

(6) 电动机正反转控制

步进电动机正反转很容易实现，不需要改动任何硬件接线，只需要改变绕组通电顺序即可。当电动机绕组通电时序为 A→B→C→A 时为正转，通电时序为 A→C→B→A 时则为反转。

(7) 失步

失步是电动机运转的实际步数，不等于控制器所发出的理论上的步数。

(8) 运行矩频特性

电动机在某种测试条件下测得运行中输出力矩与频率关系的曲线称为运行矩频特性，这是电动机诸多动态曲线中最重要的，也是电动机选择的根本依据。

4.2.3 步进电动机驱动控制

1. 步进电动机的驱动控制

要使用和控制步进电动机必须有环形脉冲发生器、功率放大器等组成的控制系统，其框图如图 4-12 所示。

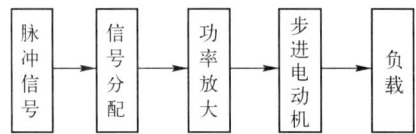

图 4-12 步进电动机控制系统框图

(1) 脉冲信号的产生

脉冲信号一般由单片机、PLC 或专用控制器产生，一般脉冲信号的占空比为 0.3～0.4 左右，电动机转速越高，占空比则越大。

(2) 信号分配

步进电动机的转动是由输入脉冲信号控制的，输入脉冲信号的脉冲个数决定步进电动机转动的角度，而输入脉冲信号的频率决定步进电动机的转速。通过控制步进电动机的各相绕组的通电顺序就能控制步进电动机的旋转方向。

(3) 功率放大

功率放大是驱动系统最为重要的部分。步进电动机在一定转速下的转矩取决于它的动态平均电流而非静态电流。平均电流越大，电动机力矩越大，要想使平均电流大，就需要驱动系统尽量克服电动机的反电动势，因而不同的场合采取不同的驱动方式。驱动方式一般有以下几种：恒压驱动、恒流驱动、单极性和双极性驱动、细分驱动等。

2. 升降速设计简介

步进电动机的速度控制是靠输入的脉冲信号的变化来改变的，从理论上说，只需给驱动器脉冲信号即可，每给驱动器一个脉冲（CP），步进电动机就旋转一个步距角（细分时为一个细分步距角）。但是实际上，如果脉冲 CP 信号变化太快，步进电动机由于惯性将跟不上脉冲信号的变化，这时将会产生堵转或出现丢步现象，所以步进电动机在起动时，必须有升速过程，在停止时有降速过程。一般来说升速和降速规律相同，下面以升速为例介绍。

升速过程由突跳频率加升速曲线组成（降速过程反之），如图 4-13 所示。突跳频率是指步进电动机在静止状态时突然施加的脉冲起动频率,此频率不可太大,否则也会产生堵转或丢步。升降速曲线一般为指数曲线或经过修调的指数曲线,当然也可采用直线或正弦曲线等。用户需根据自己的负载选择合适的突跳频率和升降速曲线,找到一条理想的曲线并不容易,一般需要多次"试机"才行。指数曲线在实际软件编程中比较麻烦,一般事先算好时间常数存储在计算机存储器内,工作过程中直接选取。

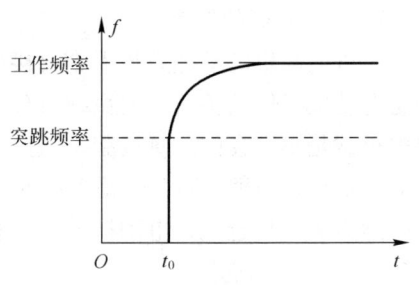

图 4-13 步进电动机升速曲线

步进电动机的升降速设计为控制软件的主要工作量,其设计水平将直接影响电动机运行的平稳性、升降速度、电动机运行声音、最高速度、定位精度等。

3. 步进电动机的选择

步进电动机的参数由步距角（涉及相数）、静转矩及电流三大要素组成。一旦三大要素确定,步进电动机的型号便确定下来了。一般选用同一厂家的步进电动机和驱动器。步进电动机和驱动器的接线图如图 4-14 所示。

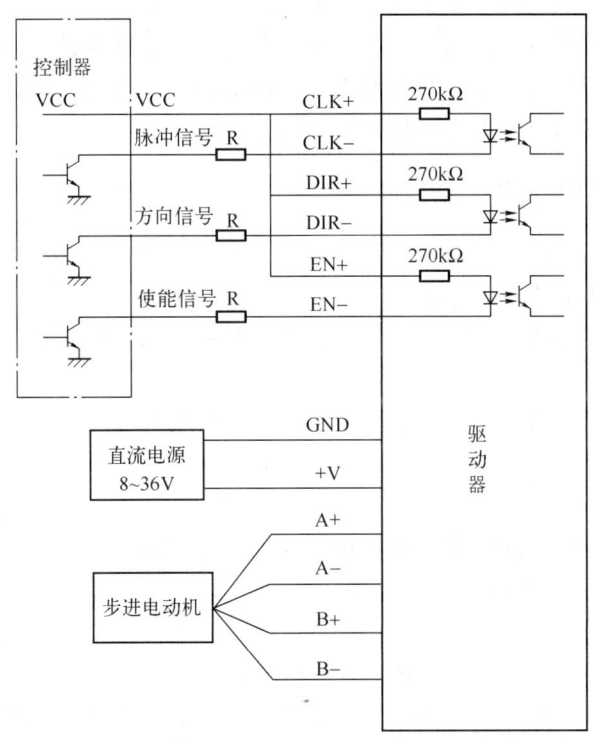

图 4-14 步进电动机和驱动器接线示意图

（1）步距角的选择

电动机的步距角取决于负载精度的要求,将负载的最小分辨率（当量）换算到电动机轴上,算出每个当量电动机应走多少角度（包括减速）,电动机的步距角应等于或小于此角度。目前市场上步进电动机的步距角一般有 0.36°/0.72°（五相电动机）、0.9°/1.8°（二、四相电动机）、1.5度/3度（三相电动机）等。

(2) 静力矩的选择

步进电动机的动态力矩很难直接确定,通常要先确定电动机的静力矩。静力矩选择的依据是电动机工作的负载,而负载可分为惯性负载和摩擦负载两种。单一的惯性负载和单一的摩擦负载是不存在的。直接起动（一般由低速）时两种负载均要考虑,加速起动时主要考虑惯性负载,恒速运行只考虑摩擦负载。一般情况下,静力矩应在摩擦负载的 2~3 倍内较好,静力矩一旦选定,电动机的机座和长度便能确定下来（几何尺寸）。

(3) 电流的选择

静力矩相同的电动机,由于电流参数不同,其运行特性差别也很大,可依据矩频特性曲线图选择电动机的电流（参考驱动电源、及驱动电压）。

(4) 最高运行转速

转速指标在步进电动机的选取时至关重要,步进电动机的特性是随着电动机转速的升高,扭矩下降。其下降的快慢和很多参数有关,如:驱动器的驱动电压、电动机的相电流、电动机的电感、电动机大小等。一般的规律是:驱动电压越高,力矩下降越慢;电动机的相电流越大,力矩下降越慢。在设计方案时,应使电动机的转速控制在 1000 r/min 以内。

步进电动机和普通电动机的主要区别在于其脉冲驱动的形式,正是这个特点,步进电动机可以和现代的数字控制技术相结合。不过步进电动机在控制精度、速度变化范围、低速性能方面不如传统闭环控制的直流伺服电动机。在精度需要不是特别高的场合可以使用步进电动机,从而发挥其结构简单、可靠性高和成本低的特点。

4.2.4 步进电动机单片机控制技术

对于简单的小容量步进电动机控制系统,可以用单片机代替步进电动机控制器,实现环形脉冲分配器功能,控制步进电动机走步数、正反转及速度控制等。这不仅简化了线路,降低了成本,而且根据系统需要,可以灵活地改变步进电动机的控制方案,使用起来非常方便。

由于步进电动机需要的驱动电流比较大,所以单片机与步进电动机的连接需要专门的接口和驱动电路。一般为了抗干扰或避免驱动电路发生故障时功率放大电路中的高电平信号进入单片机而烧毁器件,一个有效措施就是在驱动器与单片机之间加一级光隔离器。图 4-15 是三相步进电动机单片机控制系统接口电路示意图。

图 4-15 中,单片机主要完成以下功能。

(1) 脉冲序列的产生

步进电动机的通电换相顺序严格按照步进电动机的工作方式进行,通常将通电换相过程称为脉冲分配。例如,三相步进电动机的单三拍工作方式,各相通电顺序为 A - B - C - A,单片机通过 P1.0、P1.1、P1.2 输出脉冲必须按照这一顺序分别控制 A、B、C 相的通电和断电。单片机用软件实现脉冲输出的方法是先输出一高电平,然后利用软件延时一段时间,然后输出低电平,再延时。延时时间的长短由步进电动机的工作速率来决定。

(2) 步进电动机的方向控制

通过前面介绍的步进电动机原理我们已经知道,如果按照给定的工作方式正序通电换相,步进电动机就正转;如果按照反序通电换相,步进电动机就反转。例如三相步进电动机工作在单三拍方式,通电换相的正序是 A - B - C - A,电动机正转;如果按反序 A - C - B -

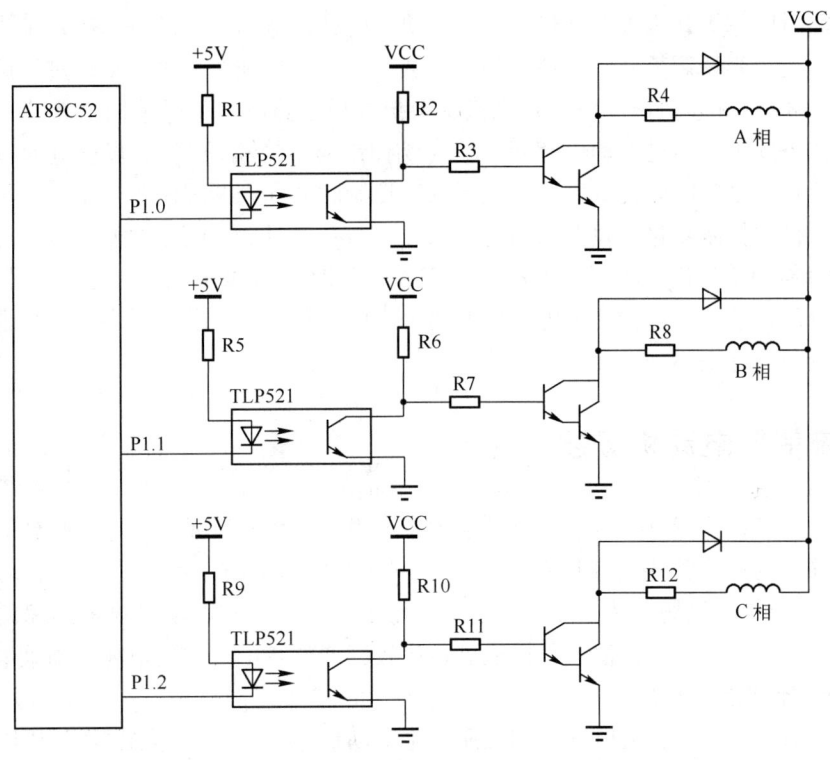

图 4-15 三相步进电动机单片机控制系统接口电路示意图

A，电动机就反转。表 4-5 和表 4-6 给出了三相步进电动机的三相单三拍和三相六拍工作方式单片机输出控制表。

表 4-5 三相单三拍控制字（正序）

步　　序	P1 口输出	工 作 状 态	控　制　字
1	00000001	A	01H
2	00000010	B	02H
3	00000100	C	04H

表 4-6 三相六拍控制字（正序）

步　　序	P1 口输出	工 作 状 态	控　制　字
1	00000001	A	01H
2	00000011	AB	03H
3	00000010	B	02H
4	00000110	BC	06H
5	00000100	C	04H
6	00000101	CA	05H

（3）步进电动机的速度控制

如果给步进电动机发一个控制脉冲，它就转动一步，再发一个脉冲，它会再转一步。两个脉冲的间隔时间越短,步进电动机就转得越快。因此,输出脉冲的频率决定了步进电动机的转速。单片机很容易调整输出脉冲的频率,从而可以方便地对步进电动机进行调速控制。

针对图 4-12 三相步进电动机单片机控制系统接口电路图,可以采用全软件的方式按照三相六拍工作方式进行步进电动机脉冲分配(既控制通电换相顺序)。步进电动机单片机程序设计的主要任务是判断旋转方向、按顺序输出控制脉冲和判断控制步数是否完毕。

在使用软件法控制步进电动机工作过程中,需要不停地产生控制脉冲,占用了大量的 CPU 时间,可能使单片机无法同时进行其他工作,这时也可以采用硬件法。所谓硬件法是指使用脉冲分配器芯片来进行步进电动机的通电换向控制。这类芯片很多,有兴趣的读者可以查阅相关资料,这里不一一介绍。

4.3 交流伺服电动机概述

伺服电动机又称执行电动机,在自动控制系统中,用作执行元件,把所收到的电信号转换成电动机轴上的角位移或角速度输出。伺服电动机内部的转子是永磁铁,驱动器控制的 U/V/W 三相电形成电磁场,转子在此磁场的作用下转动,同时电动机自带的编码器反馈信号给驱动器,驱动器根据反馈值与目标值进行比较,调整转子转动的角度。伺服电动机的精度取决于编码器的精度(线数)。

伺服电动机主要分为直流电动机和交流伺服电动机两大类。20 世纪 80 年代以来,随着集成电路、电力电子技术和交流可变速驱动技术的发展,交流永磁伺服驱动技术有了突出的发展,各著名电气厂商相继推出各自的交流伺服电动机和伺服驱动器系列产品,并不断完善和更新。交流伺服系统已成为当代高性能伺服系统的主要发展方向,使原来的直流伺服面临被淘汰的危机。90 年代以后,世界各大厂商的交流伺服系统变为采用全数字控制的正弦波电动机伺服驱动。交流伺服驱动装置在传动领域的发展也日新月异。永磁交流伺服电动机同直流伺服电动机比较,主要优点有:无电刷和换向器,因此工作可靠,对维护和保养要求低;定子绕组散热比较方便;惯量小,易于提高系统的快速性;适用于高速大力矩工作状态;同功率下有较小的体积和重量。

1. 交流伺服电动机原理与组成

数控技术的应用不但给传统制造业带来了革命性的变化,使制造业成为工业化的象征,而且随着数控技术的不断发展和应用领域的扩大,它对国计民生的一些重要行业(IT、汽车、轻工、医疗等)的发展也起着越来越重要的作用,因为这些行业所需装备的数字化已是现代发展的大趋势。在伺服系统中使用的驱动电动机要求具有响应速度快、定位准确、转动惯量较大等特点。伺服电动机基本工作原理和普通的交直流电动机没有什么不同。该类电动机的专用驱动单元称为伺服驱动单元,简称为伺服驱动器。其一般内部包括转矩(电流)、速度和/或位置闭环。其工作原理简单地说,就是在开环控制的交直流电动机的基础上将速度和位置信号通过旋转编码器、旋转变压器等反馈给驱动器作闭环负反馈的 PID 调节控制。再加上驱动器内部的电流闭环,通过这三个闭环调节,使电动机的输出对设定值追随的准确性和时间响应特性都有了很大提高。

全数字伺服系统一般采用位置控制、速度控制和力矩控制的三环结构。系统硬件大致由以下几部分组成:电源单元、功率逆变和保护单元、检测器单元、数字控制器单元、接口单元等。相对应伺服系统由外到内形成"位置""速度""转矩"三个闭环，伺服系统一般分为三种控制方式。在使用位置控制方式时，伺服系统完成所有的三个闭环的控制。在使用速度控制方式时，伺服系统完成速度和扭矩（电流）两个闭环的控制。一般来讲，在需要位置控制的系统，既可以使用伺服的位置控制方式，也可以使用速度控制方式，只是上位机的处理不同。

交流伺服已占据了机床进给伺服的主导地位，并随着新技术的发展而不断完善，呈现出以下特点。一是系统功率驱动装置中的电力电子器件不断向高频化方向发展，智能化功率模块得到普及与应用；二是基于微处理器嵌入式平台技术的成熟，将促进先进控制算法的应用；三是网络化制造模式的推广及现场总线技术的成熟，将使基于网络的伺服控制成为可能。

2. 交流伺服电动机与步进电动机的比较

在目前国内的数字控制系统中，步进电动机的应用十分广泛。随着全数字式交流伺服系统的出现，交流伺服电动机也越来越多地应用于数字控制系统中。为了适应数字控制的发展趋势，运动控制系统中大多采用步进电动机或全数字式交流伺服电动机作为执行电动机。虽然两者在控制方式上相似（脉冲串和方向信号），但在使用性能和应用场合上存在着较大的差异。现就二者的使用性能作些比较。

（1）控制精度不同

交流伺服电动机的控制精度由电动机轴后端的旋转编码器保证。以华中数控全数字式交流伺服电动机为例，对于带标准 2500 线编码器的电动机而言，由于驱动器内部采用了四倍频技术，其脉冲当量为 $360°/10000 = 0.036°$。对于带 17 位编码器的电动机而言，驱动器每接收 $2^{17} = 131072$ 个脉冲电动机转一圈，即其脉冲当量为 $360°/131072 = 0.0027°$。并实现了位置的闭环控制，从根本上克服了步进电动机的失步问题。

（2）低频特性不同

步进电动机在低速时易出现低频振动现象。振动频率与负载情况和驱动器性能有关，一般认为振动频率为电动机空载起跳频率的一半。这种由步进电动机的工作原理所决定的低频振动现象对于机器的正常运转非常不利。当步进电动机工作在低速时，一般应采用阻尼技术来克服低频振动现象，比如在电动机上加阻尼器，或驱动器上采用细分技术等。交流伺服电动机运转非常平稳，即使在低速时也不会出现振动现象。交流伺服系统具有共振抑制功能，可弥补机械的刚性不足，并且系统内部具有频率解析机能（FFT），可检测出机械的共振点，便于系统调整。

（3）矩频特性不同

步进电动机的输出力矩随转速升高而下降，且在较高转速时会急剧下降，所以其最高工作转速一般在 300～600 r/min。交流伺服电动机为恒力矩输出，即在其额定转速（一般为 2000 r/min 或 3000 r/min）以内，都能输出额定转矩，在额定转速以上为恒功率输出。

（4）过载能力不同

步进电动机一般不具有过载能力。交流伺服电动机具有较强的过载能力。以松下交流伺服系统为例，它具有速度过载和转矩过载能力。其最大转矩为额定转矩的三倍，可用于克服惯性负载在起动瞬间的惯性力矩。步进电动机因为没有这种过载能力，在选型时为了克服惯性力矩，往往需要选取较大转矩的电动机，而机器在正常工作期间又不需要那么大的转矩，便出现了力矩浪费的现象。

（5）运行性能不同

步进电动机的控制为开环控制，起动频率过高或负载过大易出现丢步或堵转的现象，停止时转速过高易出现过冲的现象，所以为保证其控制精度，应处理好升、降速问题。交流伺服驱动系统为闭环控制，驱动器可直接对电动机编码器反馈信号进行采样，内部构成位置环和速度环，一般不会出现步进电动机的丢步或过冲的现象，控制性能更为可靠。

（6）速度响应性能不同

步进电动机从静止加速到工作转速（一般为每分钟几百转）需要 200~400 ms。交流伺服系统的加速性能较好，以松下 MSMA 400 W 交流伺服电动机为例，从静止加速到其额定转速 3000 r/min 仅需几毫秒，可用于要求快速起停的控制场合。

综上所述，交流伺服系统在许多性能方面都优于步进电动机。但在一些要求不高的场合也经常用步进电动机来作执行电动机。所以，在控制系统的设计过程中要综合考虑控制要求、成本等多方面的因素，选用适当的控制电动机。

思考题与习题

4-1 什么是逐点比较法？直线插补和圆弧插补过程各分为几个步骤？

4-2 设加工轨迹为第一象限的直线 OA，起点 $O(0,0)$，终点 $A(8,6)$，试进行直线插补计算，要求列表计算，作出轨迹图，并标明进给方向和步数。

4-3 给定加工轨迹为第一象限逆圆弧 AB，起点 $A(8,0)$，终点 $B(0,8)$，试进行圆弧插补计算，要求列表计算，作出轨迹图，并标明进给方向和步数。

4-4 试用高级语言（如 VB、VC、MATLAB、HTML 等）编写直线插补程序或圆弧插补程序，可以输入起点和终点坐标，能画出任意象限的直线或圆弧走步轨迹图。

4-5 简述反应式步进电动机的工作原理。

4-6 为什么要进行步进电动机升降速过程控制？如何进行步进电动机升降速过程程序设计？

4-7 已知三相步进电动机的转子为 40 个齿，定子为三对磁极，试求工作在三相六拍方式时的步距角和齿距角。

4-8 三相步进电动机有哪几种工作方式？分别画出每种工作方式的各相通电顺序和电压波形图。

4-9 简述交流伺服电动机的工作原理。

4-10 比较交流伺服电动机与步进电动机的优缺点。

第 5 章　常规控制策略

在计算机控制系统中，计算机的主要作用是将数据采集装置得到的输入信号和给定输入信号进行比较，再应用合适的控制策略得到控制输出信号。控制器是控制系统工作的核心，而控制策略是决定一个计算机控制系统工作性能的关键。对于大多数系统，采用常规控制算法就可以取得满意的控制效果。对于一些复杂或有特殊要求的控制系统，常规控制算法难以满足要求时，则需要采取更为复杂的控制技术来保证系统性能。本章主要介绍计算机控制系统设计的一些常规控制方法，包括：连续控制律的离散化设计、数字 PID 控制、最少拍设计和纯滞后系统控制技术等。

5.1　连续控制律的离散化设计

典型的计算机控制系统尽管是一个离散系统，包含离散环节如数字计算机、多路开关、采样保持器和零阶保持器等，但是当系统采样频率足够高（当采样角频率 ω_s 较系统频带 ω_m 高 10 倍以上）时，采样保持所引进的误差可以忽略不计，从而可以把计算机控制系统近似看作连续系统。这时，计算机控制系统的设计可用连续系统的设计方法来进行，待确定了连续校正装置（模拟控制器）后，再用合适的离散化方法将连续的模拟校正装置"离散"处理为数字校正装置，以便于用计算机实现。虽然这种方法是近似的，但连续系统的经典设计方法（如频率法、根轨迹法等）早已为工程技术人员所熟悉，有着丰富的经验。因此这种设计方法也有着较为普遍的应用，其一般设计步骤为：

1) 用连续系统理论设计连续控制系统的控制器传递函数 $D(s)$。
2) 用合适的离散化方法由 $D(s)$ 求出数字控制系统的传递函数 $D(z)$。
3) 检查系统性能是否满足设计要求。当系统性能满足要求后，编写计算机程序实现控制算法。需要时可采用混合仿真的方式检查系统的设计与程序编制是否正确。如果系统性能指标不满足，则重新修改设计，修改设计的途径有：选择更合适的离散化方法、提高采样频率、修改连续域设计等。

离散化设计方法的实质就是求原连续传递函数 $D(s)$ 的等效离散传递函数 $D(z)$。"等效"是指 $D(s)$ 与 $D(z)$ 在如脉冲响应、阶跃响应、频率特性和稳态增益等特性方面相近。离散化方法有很多，不同的离散化方法具有不同的特点，离散后的脉冲传递函数与原传递函数在上述几种特性方面接近的程度也不一致。下面介绍几种工程上常用的近似离散化方法。

5.1.1　一阶后向差分变换

一阶后向差分变换是用一阶后向差分近似替代微分作用。设连续控制器传递函数为
$$D(s) = U(s)/E(s) = 1/s \tag{5-1}$$
对应微分方程为

$$\mathrm{d}u(t)/\mathrm{d}t = e(t) \tag{5-2}$$

用一阶后向差分代替式（5-2）中的微分作用，得

$$\mathrm{d}u(t)/\mathrm{d}t = \{u(kT) - u[(k-1)T]\}/T \tag{5-3}$$

代入式（5-2）得

$$u(kT) = u[(k-1)T] + Te(kT) \tag{5-4}$$

对上式进行 z 变换

$$U(z) = z^{-1}U(z) + TE(z) \tag{5-5}$$

从而得到离散控制器传递函数

$$D(z) = U(z)/E(z) = T/(1-z^{-1}) \tag{5-6}$$

比较式（5-1）与式（5-6），得到 s 与 z 之间的变换关系

$$s = \frac{(1-z^{-1})}{T} \tag{5-7}$$

或

$$z = \frac{1}{1-sT} \tag{5-8}$$

由积分环节推广到一般，一阶后向差分近似离散化公式为

$$D(z) = D(s)\big|_{s=\frac{1-z^{-1}}{T}} \tag{5-9}$$

式中，T 为采样周期。

实际上，当系统采样频率足够高时，由 z 变量与 s 变量的关系，应用泰勒级数展开，也可以得到

$$z = \mathrm{e}^{sT} = \frac{1}{\mathrm{e}^{-sT}} = \frac{1}{1-sT+\frac{1}{2!}(sT)^2-\cdots} \approx \frac{1}{1-sT} \tag{5-10}$$

下面分析后向差分变换中 s 平面与 z 平面的映射关系。由于一阶向后差分替换法使 s 平面与 z 平面的关系改变了，所以采用这种方法时，s 平面的一点（如极点）与 z 平面的对应关系就不具有 $z = \mathrm{e}^{sT}$ 的变换关系。

由式（5-8），有

$$z = \frac{1}{1-sT} = \frac{1}{2} + \frac{1}{2} \cdot \frac{1+sT}{1-sT} \tag{5-11}$$

取 $s = \sigma + \mathrm{j}\omega$，并代入上式，可得

$$\left|z - \frac{1}{2}\right|^2 = \frac{1}{4} \cdot \frac{(1+\sigma T)^2 + (\omega T)^2}{(1-\sigma T)^2 + (\omega T)^2} \tag{5-12}$$

由式（5-12）可知，当 $\sigma = 0$（s 平面虚轴），上式为 $\left|z - \frac{1}{2}\right| = \frac{1}{2}$，这是 z 平面上圆心在 $(1/2, 0)$ 处，半径为 $1/2$ 的圆方程。这表明 s 平面虚轴映射到 z 平面的为该小圆的圆周，如图 5-1 所示。

当 $\sigma > 0$（s 右半平面）时，映射到 z 平面的为上述小圆的外部。$\sigma < 0$（s 左半平面），映射到 z 平面为上述小圆的内部，如图中阴影部分所示。

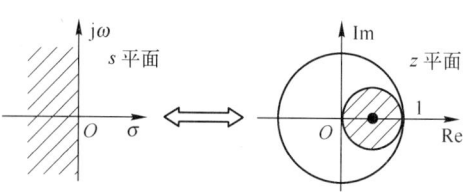

图 5-1 后向差分变换的映射关系

后向差分变换的主要特点有：置换公式简单，方便工程应用；转换前后，系统稳定增益不变；变换将 s 平面左半平面映射到 z 平面的上圆心为 $(1/2, 0)$、半径为 $1/2$ 的圆内（见图 5-1 阴影部分），从而若 $D(s)$ 稳定，则变换后 $D(z)$ 稳定。缺点是当采样周期较大时，等效精度较差，映射畸变较严重。

5.1.2 一阶前向差分变换

一阶前向差分变换公式为

$$D(z) = D(s)\big|_{s=\frac{z-1}{T}} \tag{5-13}$$

这种变换实质是将连续域中的微分用一阶前向差分近似，即

$$du(t)/dt = \{u[(k+1)T] - u(kT)\}/T \tag{5-14}$$

$$u[(k+1)T] = u(kT) + Te(kT) \tag{5-15}$$

同样，当采样频率足够高时，用泰勒级数将 $z = e^{sT}$ 展开也可以得到

$$z = e^{sT} = 1 + sT + \frac{1}{2!}(sT)^2 + \cdots \approx 1 + sT \tag{5-16}$$

即

$$s = \frac{z-1}{T} \tag{5-17}$$

前向差分变换中 s 平面与 z 平面的映射关系：令 $s = \sigma + j\omega$，由 s 与 z 之间的变换关系式 (5-17) 可以得到

$$z = 1 + sT = (1 + \sigma T) + j\omega T \tag{5-18}$$

上式两端取模

$$|z|^2 = (1 + \sigma T)^2 + (\omega T)^2 \tag{5-19}$$

令 $|z| = 1$（单位圆），则对应到 s 平面上一个圆，即

$$1 = (1 + \sigma T)^2 + (\omega T)^2 \tag{5-20}$$

或

$$\frac{1}{T^2} = \left(\frac{1}{T} + \sigma\right)^2 + \omega^2 \tag{5-21}$$

映射关系如图 5-2 所示。由图中可以看出，只有当 $D(s)$ 的所有极点位于左半平面以点 $(-1/T, 0)$ 为圆心，$1/T$ 为半径的圆内时，离散化后 $D(z)$ 的极点才位于 z 平面单位圆内。

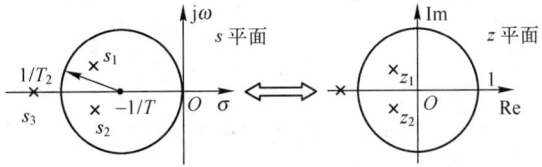

图 5-2 前向差分变换的映射关系

所以，当采样周期 T 较大时，前向差分变换映射畸变严重，另外，$D(s)$ 稳定并不能保证 $D(z)$ 一定稳定。与后向差分法类似，这种方法使用简单方便，需在采样周期较小时应用。

5.1.3 双线性变换法（突斯汀变换）

若连续传递函数为 $D(s)$，双线性变换离散化公式为

$$D(z) = D(s)|_{s=\frac{2}{T}\frac{z-1}{z+1}} \tag{5-22}$$

这种变换也是 z 变换的一种近似。当采样周期较小时，根据 z 变换定义式进行泰勒展开，忽略高次项可以得到

$$z = e^{sT} = \frac{e^{\frac{sT}{2}}}{e^{-\frac{sT}{2}}} = \frac{1 + \frac{sT}{2} + \cdots}{1 - \frac{sT}{2} + \cdots} \approx \frac{1 + \frac{sT}{2}}{1 - \frac{sT}{2}} \tag{5-23}$$

从而有

$$s = \frac{2}{T}\frac{z-1}{z+1} = \frac{2}{T}\frac{1-z^{-1}}{1+z^{-1}} \tag{5-24}$$

从式（5-23）和式（5-24）可知，s 与 z 的关系是双线性函数，故称为双线性变换。为纪念英国工程师突斯汀对双线性变换研究的贡献，这种变换又称为突斯汀变换。

下面进一步分析双线性变换中 s 平面上点与 z 平面上点的映射关系。将 $s = \sigma + j\omega$ 代入式（5-24），得

$$z = \frac{1 + \frac{T}{2}s}{1 - \frac{T}{2}s} = \frac{\left(1 + \frac{T}{2}\sigma\right) + j\frac{\omega T}{2}}{\left(1 - \frac{T}{2}\sigma\right) - j\frac{\omega T}{2}} \tag{5-25}$$

两边取模的平方，得

$$|z|^2 = \frac{\left(1 + \frac{T}{2}\sigma\right)^2 + \left(\frac{\omega T}{2}\right)^2}{\left(1 - \frac{T}{2}\sigma\right)^2 + \left(\frac{\omega T}{2}\right)^2} \tag{5-26}$$

由式（5-26）可得如图 5-3 所示映射图。

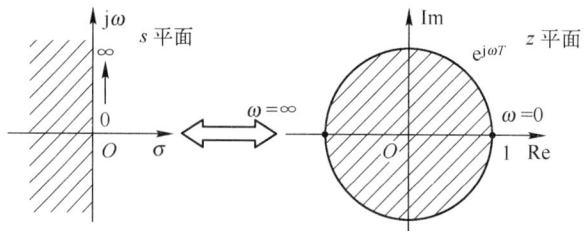

图 5-3 双线性变换映射关系

由图 5-3 可以看出：$\sigma = 0$（s 平面虚轴上的点）映射为 $|z| = 1$（z 平面单位圆上的点）；$\sigma < 0$（s 左半平面）映射为 $|z| < 1$（z 平面单位圆内）；$\sigma > 0$（s 右半平面）映射为 $|z| > 1$（z 平面单位圆外）。也就是说，双线性变换将整个 s 平面左半部映射到 z 平面单位圆内，而 s 平面右半部映射到单位圆外，s 平面虚轴映射为单位圆。所以，若 $D(s)$ 是稳定的，则离散后 $D(z)$ 也是稳定的。

当采样频率较高时，采用双线性变换，S 域和 Z 域的频率特性在低频段近似保持线性关系，因而在此频段内，双线性变换频率失真小，采样频率越高，线性段越宽。另外，双线性变换后环节的稳态增益保持不变，即

$$D(s)\big|_{s=0} = D(z)\big|_{z=1} \tag{5-27}$$

这表明采用双线性变换将连续控制器离散化后，稳态增益不必进行修正。离散化算法本身将自动保证稳态增益不变。双线性变换的另一个特点是，变换后 $D(z)$ 的阶次不变，且分子、分母具有相同的阶次。

双线性变换方法的优点是使用方便，且有一定的精度，在工程上应用较为普遍。但此方法在应用时高频特性失真较严重，因此主要用于低频环节的离散化，不宜用于高频环节。

5.2 数字 PID 控制

在生产过程控制中，将偏差的比例（Proportional）、积分（Integral）和微分（Derivative）通过线性组合构成控制量，对被控对象进行控制，简称为 PID 控制。PID 控制原理简单、易于实现、适用面广，在工业过程控制中得到了最为广泛的应用。数字 PID 控制则以连续 PID 调节器为基础，与计算机的计算与逻辑功能结合起来，不但继承了模拟 PID 调节器的优点，而且由于软件实现的灵活性，PID 算法可以得到修正而更加完善，使之变得更加灵活多样，满足生产过程中提出的各种控制要求。

5.2.1 PID 控制器组成

PID 控制器是一种线性调节器，这种调节器是将给定值 $r(t)$ 与实际输出值 $y(t)$ 进行比较构成控制偏差

$$e(t) = r(t) - y(t) \tag{5-28}$$

并将偏差的比例、积分和微分通过线性组合方式构成控制量，如图 5-4 所示，所以简称 PID 控制器（调节器）。

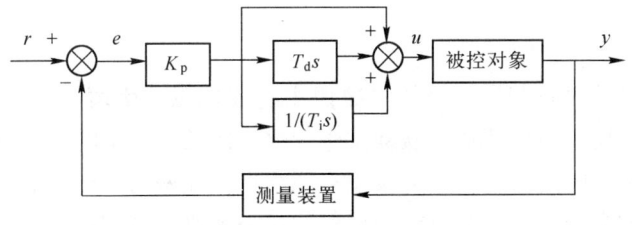

图 5-4 模拟 PID 控制系统方框图

连续 PID 控制器的一般控制规律为

$$u(t) = K_p \Big[e(t) + \frac{1}{T_i} \int_0^t e(t)\,\mathrm{d}t + T_d \frac{\mathrm{d}e(t)}{\mathrm{d}t} \Big] \tag{5-29}$$

式中，$u(t)$ 为控制量（控制器输出）；$e(t)$ 为被控量与给定值的偏差，即 $e(t) = r(t) - y(t)$；K_p 为比例系数；T_i 表示积分时间常数；T_d 表示微分时间常数。PID 控制器所对应的连续时间系统传递函数为

$$D(s) = \frac{U(s)}{E(s)} = K_p\left(1 + \frac{1}{T_i s} + T_d s\right) \tag{5-30}$$

在实际应用中，PID 控制可以根据被控对象的特性和控制要求进行灵活组合，如：比例控制规律（P）、比例积分控制规律（PI）、比例微分控制规律（PD），及比例积分微分控制规律（PID）等。

1. 比例控制器

比例控制器（P）是最简单的控制器形式，其控制规律为

$$u(t) = K_p e(t) \tag{5-31}$$

比例调节器对于偏差是即时反应的，偏差一旦产生，控制器立即产生控制作用使被控量朝着减小偏差的方向变化。误差越大则调节作用也越大。增大 K_p 可以加快系统的响应速度并减少稳态误差。但比例调节一般不能消除静差，另外过大的 K_p 有可能加大系统超调，产生振荡，甚至导致闭环系统不稳定。

2. 比例积分控制（PI）

为了消除系统静差，可在比例控制的基础上加上积分控制作用，构成比例积分控制器（PI），其控制规律为

$$u(t) = K_p\left[e(t) + \frac{1}{T_i}\int_0^t e(t)\,dt\right] \tag{5-32}$$

PI 控制器对偏差的作用有两个部分：一是按比例变化的部分；另一个是带有积分控制部分的作用。只要偏差存在，积分将起作用，将偏差累积对控制量产生影响，并使偏差减小，直至偏差为零，积分作用才会停止。因此，加入积分环节将有助于消除系统的静差，改善系统的稳态性能。

积分调节的引入，可以消除或减少控制系统的静差。但是积分的引入，有可能使系统的响应变慢，并有可能使系统不稳定。增加 T_i 即减少积分作用，有利于增加系统的稳定性，减少超调，但系统静态误差的消除也随之变慢。T_i 的大小应根据被控对象特性来选定，对于管道压力、流量等滞后不大的对象，T_i 可选得小一些，对于像温度等滞后较大的对象，T_i 可选得大一些。

3. 比例微分（PD）控制

比例积分控制对于时间滞后的被控对象使用不够理想。所谓"时间滞后"是指：当被控对象受到扰动作用后，被控变量不立即发生变化，而是有一个时间上的延迟，此时比例积分控制显得迟钝、不及时。为此，人们设想：能否根据偏差的变化趋势来做出相应的控制动作呢？例如有经验的操作人员，既可根据偏差的大小来改变阀门的开度（比例作用），又可根据偏差变化的速度大小来预计将要出现的情况，提前进行过量控制，"防患于未然"。这就是具有"超前"控制作用的比例微分（PD）控制规律。PD 控制规律形式为

$$u(t) = K_p\left[1 + T_d \frac{de(t)}{dt}\right]$$

微分控制器输出的大小取决于输入偏差变化的速度。微分输出只与偏差的变化速度有关，而与偏差的大小无关。微分时间常数 T_d 越大，微分作用越强；反之则越弱。

微分控制作用的特点是：动作迅速，具有超前调节功能，可有效改善被控对象有较大时间滞后的控制品质，但是它不能消除静差。尤其是对于恒定偏差输入，此时微分作用为 0，

因此，不能单独使用微分控制规律。比例和微分作用结合，可以改善系统的动态性能，减小动偏差的幅度，减少调节时间。微分作用的引入会降低系统的抗干扰能力。

4. 比例积分微分控制器（PID）

积分调节作用的加入，虽然可以消除静差，但不能改善系统的动态性能。为了加快控制过程，有必要在偏差出现或变化的瞬间，不但对偏差量做出反应（比例控制作用），而且对偏差量的变化做出反应，也就是按偏差变化的趋势进行控制，使偏差在萌芽状态被抑制。为了实现这一控制目的，可以在PI控制器的基础上加入微分控制作用，即构造比例积分微分控制器（PID控制器）。PID控制器的控制规律为

$$u(t) = K_p \left[1 + \frac{1}{T_i} \int_0^t e(t) \mathrm{d}t + T_d \frac{\mathrm{d}e(t)}{\mathrm{d}t} \right] \tag{5-33}$$

式中，T_d 称为微分时间。由 PID 控制器的微分环节

$$u_d = K_p T_d \frac{\mathrm{d}e(t)}{\mathrm{d}t}$$

可见，它对偏差的任何变化都产生控制作用，以调整系统的输出，阻止偏差的变化。偏差变化越快，控制量 u_d 越大，反馈校正量就越大。故微分作用的加入，起到一个类似于早期校正的作用，有助于减少超调量，克服振荡，使系统趋于稳定。微分作用可以加快系统的动作速度，减小调整时间，从而改善系统的动态性能。但微分作用有可能放大系统的噪声，降低系统的抗干扰能力。另外，理想的微分器是不能物理实现的，必须采用适当的方式近似。

在工业过程控制中，模拟 PID 控制器有电动、气动、液动等多种类型。这类模拟调节仪表采用硬件来实现 PID 控制规律。将计算机引入 PID 控制，可以利用计算机软件来实现 PID 控制算法，不仅可以实现模拟调节仪表的功能，而且可以延伸出更为灵活的控制算法。

5.2.2 数字PID控制算法

在连续生产过程控制系统中，PID 控制器对应的传递函数表达式为

$$\frac{U(s)}{E(s)} = K_p \left(1 + \frac{1}{T_i s} + T_d s \right) \tag{5-34}$$

对应的控制算法表达式为

$$u(t) = K_p \left[1 + \frac{1}{T_i} \int_0^t e(t) \mathrm{d}t + T_d \frac{\mathrm{d}e(t)}{\mathrm{d}t} \right] \tag{5-35}$$

式中，K_p 为比例增益；T_i 为积分时间常数；T_d 为微分时间常数；u 为控制量；e 为被控量 y 与给定量的偏差。

为了采用计算机实现 PID 算法，必须将模拟 PID 算法离散化，变为数字 PID 算法形式。离散化时，可以将积分运算利用部分和代替，微分运算用差分方程表示，即

$$\int_0^t e(t) \mathrm{d}t \approx \sum_{j=0}^k T e(j) \tag{5-36}$$

$$\frac{\mathrm{d}e(t)}{\mathrm{d}t} \approx \frac{e(k) - e(k-1)}{T} \tag{5-37}$$

式中，T 为采样周期；k 为采样周期的序号（$k = 0, 1, 2, \cdots$）；$e(k-1)$ 和 $e(k)$ 分别为第 $k-1$

和第 k 个采样时刻的偏差。

将式（5-36）和式（5-37）代入式（5-35），可得 PID 控制器输出差分方程为

$$u(k) = K_p \left\{ e(k) + \frac{T}{T_i} \sum_{j=0}^{k} e(j) + \frac{T_d}{T}[e(k) - e(k-1)] \right\} \tag{5-38}$$

式中，$u(k)$ 为第 k 个采样时刻的控制量。如果采样周期 T 与被控对象时间常数相比较小，那么这种近似是合理的，与连续控制的效果接近。

模拟调节器难以实现理想的微分运算 $de(t)/dt$，而利用计算机很容易实现式（5-38）所示的差分运算，所以式（5-38）也称为理想微分 PID 数字控制器。

1. 位置型算法

式（5-38）中，$u(k)$ 是全量值输出，每次的输出值都与执行机构的位置（如控制阀门的开度）一一对应，所以称为位置型 PID 算法。算法流程图如图 5-5 所示。

通过流程图可以看出，采用计算机实现位置型算法式（5-38）时，由于积分作用是偏差信号的累加，需要较多的变量存储单元，因此对算法进行修改，采用增量型算法。

2. 增量型算法

由式（5-38）可知第 $k-1$ 个采样时刻的控制量 $u(k-1)$ 为

$$u(k-1) = K_p \left\{ e(k-1) + \frac{T}{T_i} \sum_{j=0}^{k-1} e(j) + \frac{T_d}{T}[e(k-1) - e(k-2)] \right\} \tag{5-39}$$

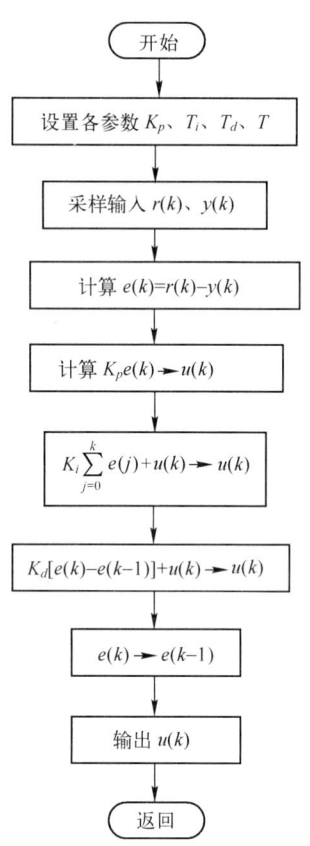

图 5-5 位置型算法流程图

将式（5-38）与式（5-39）相减，得到第 k 个采样时刻控制量的增量 $\Delta u(k)$

$$\begin{aligned}\Delta u(k) &= K_p \left\{ e(k) - e(k-1) + \frac{T}{T_i}e(k) + \frac{T_d}{T}[e(k) - 2e(k-1) + e(k-2)] \right\} \\ &= K_p[e(k) - e(k-1)] + K_i e(k) + K_d[e(k) - 2e(k-1) + e(k-2)]\end{aligned} \tag{5-40}$$

式中，K_p 称为比例增益；$K_i = K_p \dfrac{T}{T_i}$ 称为积分系数；$K_d = K_p \dfrac{T_d}{T}$ 称为微分系数。

由于式（5-40）中，$\Delta u(k)$ 对应于第 k 个采样控制量的增量，故称此式为增量型算法。第 k 个采样时刻实际控制量为

$$u(k) = u(k-1) + \Delta u(k) \tag{5-41}$$

为了程序编写方便，可以将式（5-40）进一步改写为

$$\Delta u(k) = q_0 e(k) + q_1 e(k-1) + q_2 e(k-1) \tag{5-42}$$

式中

$$q_0 = K_p \left(1 + \frac{T}{T_i} + \frac{T_d}{T} \right)$$

$$q_1 = -K_p \left(1 + \frac{2T_d}{T} \right)$$

$$q_2 = K_p \frac{T_d}{T}$$

修改后，利用 $\Delta u(k)$ 和 $u(k-1)$ 计算 $u(k)$，只需用到 $e(k-1)$、$e(k-2)$ 和 $u(k-1)$ 三个历史数据。程序占用存储单元少，编程简单，运算速度快。增量型算法的程序流程图如图 5-6 所示。

值得注意的是，增量型仅仅是算法设计上的改进，它并没有改变位置型算法的本质。即它仍然反映执行机构的位置开度。数字 PID 控制器的输出控制量 $u(k)$ 通常都是通过 D/A 转换器输出的，在 D/A 转换器中将数字信号转换成模拟信号（4~20 mA 的电流信号或 0~5 V 的电压信号），然后通过放大驱动装置作用于执行机构，信号作用的时间持续到下一个控制量到来。

上面的离散化方法，实际上采用的就是后向差分变换方法。可以直接采用后向差分离散化变换公式得到

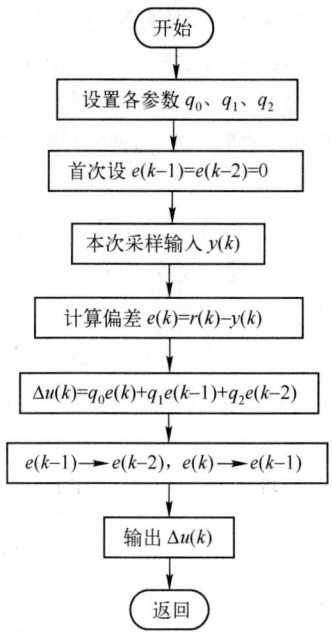

图 5-6 增量型算法流程图

$$D(z) = \frac{U(s)}{E(s)}\bigg|_{s=\frac{1-z^{-1}}{T}} = K_p\left(1 + \frac{1}{T_i s} + T_d s\right)\bigg|_{s=\frac{1-z^{-1}}{T}} \quad (5-43)$$
$$= K_p + \frac{K_p T}{T_i(1-z^{-1})} + K_p T_d \frac{1-z^{-1}}{T}$$

由 $D(z) = \dfrac{U(z)}{E(z)}$，式（5-43）可变换为

$$TT_i(1-z^{-1})U(z) = K_p TT_i(1-z^{-1})E(z) + K_p T^2 E(z) + K_p T_d T_i(1-2z^{-1}+z^{-2})E(z) \quad (5-44)$$

进行 Z 反变换，写出式（5-44）的差分方程，用 k 表示 kT，得

$$\begin{aligned}TT_i u(k) - TT_i u(k-1) &= K_p TT_i e(k) - K_p TT_i e(k-1) + K_p T^2 e(k) \\ &+ K_p T_d T_i e(k) - 2K_p T_d T_i e(k-1) + K_p T_d T_i e(k-2)\end{aligned} \quad (5-45)$$

整理后，得

$$\begin{aligned}u(k) - u(k-1) &= K_p e(k) - K_p e(k-1) + \frac{K_p T}{T_i} e(k) \\ &+ \frac{K_p T_d}{T} e(k) - 2\frac{K_p T_d}{T} e(k-1) + \frac{K_p T_d}{T} e(k-2)\end{aligned} \quad (5-46)$$

式（5-46）与式（5-40）一致。

5.2.3 数字 PID 控制算法的改进

由于计算机控制系统中的数字 PID 算法是通过软件实现的，改进算法只需改进软件，而不像模拟调节器需更换硬件。所以根据被控对象的要求，可以对数字 PID 基本算法进一步改进，更好地适应生产过程控制的需要。PID 控制是比例、积分、微分三种控制作用的组合，所以在改进算法上要从分析各个环节的作用入手提出改进方案。

1. 微分作用的改进

PID 控制中，微分的作用是扩大稳定域，改善系统动态性能，但是微分有放大信号噪声的缺点。所以在控制系统中，纯微分极少应用。而且在模拟 PID 调节器中，由于受硬件装置的限制，理想微分难以工程实现。实际应用中是采用一阶惯性环节加微分作用代替理想微分环节。

（1）不完全微分 PID 控制

由于理想微分项有放大噪声的问题，通常在计算机控制系统中采用不完全微分的方式。所谓不完全微分，是指串联一个低通滤波器（通常是一阶惯性环节）来抑制噪声。这种改进有两种形式，相应的控制器结构如图 5-7a、b 所示。图 5-7a 中惯性环节只加在微分项上，图 5-7b 中惯性环节则与整个 PID 调节器串联。

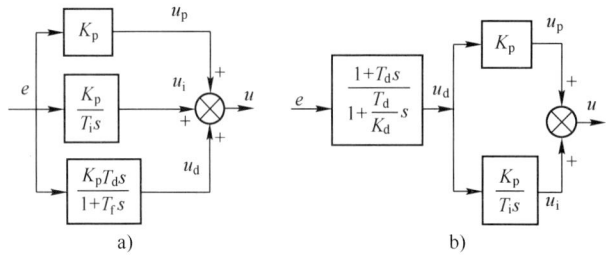

图 5-7 不完全微分 PID 控制器框图

图 5-7a 对应的传递函数式为

$$D(s) = K_p \left(1 + \frac{1}{T_i s} + \frac{T_d s}{1 + T_f s} \right) \tag{5-47}$$

其中，K_p 为比例增益；T_i 为积分时间常数；T_d 为微分时间常数；T_f 为惯性环节时间常数。

下面推导式（5-47）的数字算法

$$U(s) = \left(K_p + \frac{K_p}{T_i s} + K_p T_d \frac{s}{1 + T_f s} \right) E(s) = U_p(s) + U_i(s) + U_d(s) \tag{5-48}$$

其中，$U_p(s)$、$U_i(s)$ 与基本 PID 算法完全一致，仅 $U_d(s)$ 算法有改变，即

$$U_d(s) = K_p T_d \frac{s}{1 + T_f s} E(s) \tag{5-49}$$

$$u_d(k) = \frac{K_p T_d}{T + T_f} [e(k) - e(k-1)] + \lambda u_d(k-1) \tag{5-50}$$

其中，$\lambda = \frac{T_f}{T + T_f} < 1$。上式中的 $u_d(k)$ 加上基本 PID 算法中的 $u_p(k)$、$u_i(k)$ 就构成了不完全微分的数字 PID 算法。

$$u(k) = u_p(k) + u_i(k) + u_d(k) \tag{5-50}$$

同理可以得到对应的增量式

$$\Delta u(k) = \Delta u_p(k) + \Delta u_i(k) + \Delta u_d(k) \tag{5-51}$$

图 5-7b 对应的传递函数为

$$\frac{U(s)}{E(s)} = \frac{1 + T_d s}{1 + \frac{T_d}{K_d'} s} K_p \left(1 + \frac{1}{T_i s} \right) \tag{5-52}$$

微分作用部分

$$u_d(k) = \frac{1}{K_d T + T_d}[T_d u_d(k-1) + K_d(T+T_d)e(k) - K_d T_d e(k-1)] \quad (5-53)$$

为了便于编程，将式（5-53）改写为

$$u_d(k) = a_1 u_d(k-1) + a_2 e(k) + a_3 e(k-1) \quad (5-54)$$

其中

$$a_1 = \frac{T_d}{K_d T + T_d}$$

$$a_2 = \frac{K_d(T+T_d)}{K_d T + T_d}$$

$$a_3 = -\frac{K_d T_d}{K_d T + T_d}$$

积分作用部分

$$u_i(k) = u_i(k-1) + \frac{K_p T}{T_i} u_d(k) = u_i(k-1) + a_4 u_d(k) \quad (5-55)$$

其中

$$a_4 = \frac{K_p T}{T_i}$$

比例作用部分

$$u_p(k) = K_p u_d(k) \quad (5-56)$$

PID 控制作用输出为

$$u(k) = u_i(k) + u_p(k) \quad (5-57)$$

在阶跃输入的情况下，不完全微分控制的微分作用可持续多个周期，其作用是逐渐减弱的，不易引起振荡，可改善控制效果。两种 PID 算法的控制作用比较如图 5-8 所示，在 $e(k)$ 发生阶跃突变时，完全微分作用仅在控制作用发生的一个周期内起作用，微分作用强，容易引起饱和；而不完全微分在第 1 个采样周期内输出幅度小得多，调节器输出十分近似于理想微分调节器。

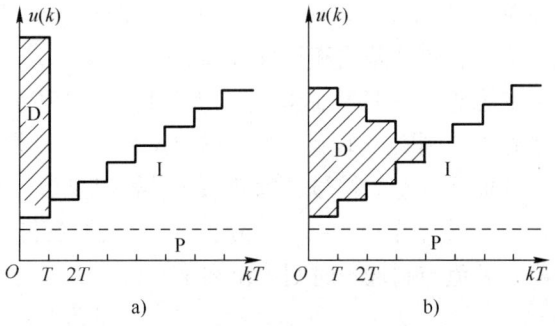

图 5-8 完全微分和不完全微分的阶跃响应

从改善系统动态性能的角度看，不完全微分 PID 算法除了有滤除高频噪声的作用外，控制质量也比较好，因此，在控制质量要求较高的场合，常采用不完全微分 PID 算法。

(2) 微分先行 PID 控制

当控制系统的给定值 $r(k)$ 发生阶跃变化时,微分动作将导致控制量 $u(k)$ 有较大的变化,不利于系统的稳定运行。因此,此种情况下,在微分作用中可不考虑给定值 $r(k)$,只对测量值 $y(k)$(被控量)进行微分。考虑到在正反作用下,偏差的计算方法不同,即

$$e(k) = y(k) - r(k) \quad \text{(正作用)} \tag{5-58}$$

$$e(k) = r(k) - y(k) \quad \text{(反作用)} \tag{5-59}$$

参照 PID 微分项

$$\Delta u_d(k) = K_p \frac{T_d}{T}[e(k) - 2e(k-1) + e(k-2)] \tag{5-60}$$

改进后的微分项算式为

$$\Delta u_d(k) = K_p \frac{T_d}{T}[y(k) - 2y(k-1) + y(k-2)] \quad \text{(正作用)} \tag{5-61}$$

$$\Delta u_d(k) = -K_p \frac{T_d}{T}[y(k) - 2y(k-1) + y(k-2)] \quad \text{(反作用)} \tag{5-62}$$

2. 积分作用的改进

在 PID 控制中,积分的作用是消除静差,使系统实现无静差控制。由于计算机控制系统在实现积分作用时会受到计算机字长和执行机构性能的影响,会对积分作用造成影响,从而影响到系统控制性能。例如:对于位置型 PID 算法,在偏差信号发生突变时,容易出现积分饱和现象;对于增量型 PID 算法,当偏差信号太小时,有可能出现积分不灵敏区,此时,应对积分作用进行改进。

(1) 抗积分饱和

在自动控制系统中,当给定值突变、负载突变或系统启动和停机时,系统的偏差较大,在积分项的作用下,可能会使控制量 $u(k)$ 很大,甚至超过执行机构由机械或物理性能所确定的极限,即控制量达到了饱和,从而使执行机构工作在极限状态(例如:调节阀的全开或全关)。称这种计算机输出量超出正常运行范围的状态为饱和状态,其主要是由积分作用引起的,所以称其为"积分饱和"。积分饱和使系统超调量增加,调节时间变长,控制品质变坏。这种现象对大惯性对象(如温度、成分等变化缓慢的过程)更为严重。防止积分饱和的办法有遇限削弱积分法、有效偏差法和积分分离法等。

遇限削弱积分法的基本思想是一旦控制量进入饱和区,则停止进行增大积分的运算。具体方法:在计算控制量时,先判断一下上一个采样时刻的控制量是否已经超出限定范围,如果已经超出限定范围,就根据偏差的符号,判断系统的输出是否已进入超调区域,由此决定是否将相应的偏差计入积分项。若 $u(k-1) > u_{max}$,则只累加负偏差;若 $u(k-1) < u_{min}$,则只累加正偏差。这样可以避免控制量长时间停留在饱和区。

(2) 积分分离控制

积分分离算法的思想是在 $e(t)$ 较大时,取消积分作用;而在 $e(t)$ 较小时将积分作用投入。为此要根据系统情况设置分离用的门限值 β(也称阈值),当 $|e(t)| \leq \beta$,即偏差值 $e(t)$ 比较小时,采用 PID 控制,可保证系统的控制精度,消除静差;当 $|e(t)| > \beta$,即偏差 $e(t)$ 比较大时,采用 PD 控制,可降低超调量。

积分分离值 β 应根据具体对象及要求确定。若 β 值过大，达不到积分分离的目的；若 β 值过小，一旦被控量 $y(t)$ 无法跳出积分分离区，只进行 PD 控制，将会出现静差（残差），如图 5-9 曲线 b 所示。

为了实现积分分离，编程时应对 PID 基本算法，即式（5-40）进行修改

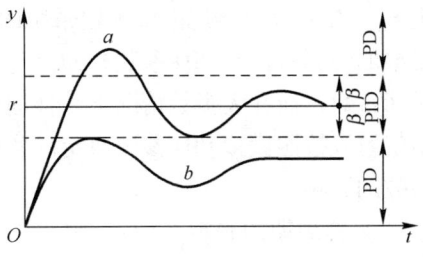

图 5-9 积分分离曲线

$$\Delta u_{\text{pd}}(k) = K_{\text{p}} \left\{ [e(k) - e(k-1)] + \frac{T_{\text{d}}}{T}[e(k) - 2e(k-1) + e(k-2)] \right\} \quad (5\text{-}63)$$

$$\Delta u_{\text{i}}(k) = K_{\text{p}} \frac{T}{T_{\text{i}}} e(k) \quad (5\text{-}64)$$

$$u(k) = u(k-1) + \Delta u_{\text{pd}}(k) + \Delta u_{\text{i}}(k) \quad (5\text{-}65)$$

当积分分离时，则取

$$u(k) = u(k-1) + \Delta u_{\text{pd}}(k) \quad (5\text{-}66)$$

为了保证引入积分作用后系统稳定性不变，在投入积分作用的同时，比例增益 K_{p} 应该相应减小。利用数字 PID 很容易实现，只要在编写 PID 算法程序时，根据是否有积分作用选取不同的比例增益即可。

(3) 消除积分不灵敏区

在 PID 数字控制器增量式算法中，积分作用的输出为

$$\Delta u_{\text{i}}(k) = K_{\text{p}} \frac{T}{T_{\text{i}}} e(k) \quad (5\text{-}67)$$

由于计算机字长的限制，当计算机的运算字长较短、采样周期 T 较小，而积分时间 T_{i} 又较长时，容易出现 $\Delta u_{\text{i}}(k)$ 小于计算机字长所能表示的精度的情况，当运算结果小于字长所能表示的精度时，计算机就将此数作为"零"丢掉。当 Δu_{i} 小于字长所能表示的精度而丢失后，此时就没有积分作用，称为积分不灵敏区。

例如，某温度控制系统，温度量程为 $0 \sim 1275\,\text{℃}$，A/D 转换为 8 位，并采用单字节定点运算。设 $K_{\text{p}} = 1$，$T_{\text{i}} = 10\,\text{s}$，$T = 1\,\text{s}$，$e(k) = 50\,\text{℃}$，根据式（5-67）计算

$$\Delta u_{\text{i}}(k) = K_{\text{p}} \frac{T}{T_{\text{i}}} e(k) = \frac{1}{10}\left(\frac{255}{1275} \times 50\right) = 1$$

这说明，若偏差 $e(k) < 50\,\text{℃}$，则 $\Delta u_{\text{i}}(k) < 1$，计算机就会作为零丢掉，控制器输出就没有积分作用。只有当偏差信号 $e(k) > 50\,\text{℃}$ 时，才会出现积分作用。这样就会使控制系统出现静差。

为了消除积分不灵敏区，一种办法是提高 A/D 转换器精度，另一种办法是将积分项出现小于输出精度的控制量累加起来，当累加值大于输出精度时，输出控制量，同时将累加器清零。

5.2.4 PID 参数的整定

所谓 PID 控制器参数整定，就是通过调整 K_{p}、T_{i}、T_{d} 参数，使控制器的特性与被控过程的特性相匹配，以满足生产过程的控制性能指标。数字 PID 控制器的参数整定，除了需要

确定 K_p、T_i、T_d 外，还需要确定系统的采样周期 T。因为数字 PID 的控制品质不仅取决于被控对象的动态特性和 PID 参数，而且与采样周期 T 的大小有关。由于生产过程一般具有较大的时间常数，而在大多数情况下采样周期比生产过程的时间常数小得多，所以数字 PID 的参数整定可以按照模拟 PID 参数整定的各种方法进行，然后适当调整，并考虑采样周期 T 对整定参数的影响。

1. 采样周期的确定

采样周期 T 是计算机控制系统的一个重要参数。从信号的保真度来考虑，采样周期 T 不宜太大，也就是采样角频率 ω_s 不能太低。香农定理给出了采样下限频率即 $\omega_s \geq 2\omega_{max}$，其中 ω_{max} 是输入信号的最高频率。由于被控对象的物理过程及参数变化复杂，致使模拟信号的最高频率 ω_{max} 难以确定。因此，采样定理仅从理论上给出了采样周期的上限，即在满足采样周期定理的条件下，系统可真实地恢复原来的连续信号，而实际采样周期的选取要受到多方面因素的制约，如从系统控制品质要求来看，采样周期应取得小些，这样更接近于连续系统，不仅控制性能好，而且可采用模拟 PID 控制参数的整定方法。从控制系统抗干扰和快速响应的要求来看，却希望采样周期长些，这样可以减小计算机运算负担，采样速率降低也有利于降低硬件成本。从执行机构特性来看，通常执行机构存在惯性且响应速度有限，若采样周期过短，执行机构有可能来不及响应，从而影响控制性能。所以采样周期并不是越短越好。实际上，通常按一定的原则，结合使用经验来选择采样周期 T。选取采样周期时，一般应考虑以下因素。

（1）扰动信号情况。如果系统的干扰信号是高频的，则要适当地选择采样周期，使得干扰信号的低频处于采样器频带之外，从而使系统具有足够的抗干扰能力。如果干扰信号是频率已知的低频干扰，则可采用数字滤波的方法进行信号滤波。

（2）对象的动态特性。若被控对象是慢速的热工或化工对象，采样周期一般取得较大，若被控对象是较快速的运动系统，采样周期应取得较小。根据被控对象的性能选择采样周期请参考表 5-1。

表 5-1 数字 PID 控制系统采样周期选择参考

被控对象	采样周期 $T(s)$	说 明
流量	1~5	优选 1~2 s
压力	3~10	
液位	6~8	优先选用 7 s
温度	15~20	取纯滞后时间常数
成分	15~20	优先选用 18 s

（3）计算机所承担的工作量。如果控制的回路较多，计算负担较大，采样周期长些；反之，可以短些。

（4）对象所要求的控制品质。一般而言，在计算机运算速度允许的情况下，采样周期越短，控制品质越高。因此，当系统的给定频率较高时，采样周期 T 相应减少，以使给定的改变能迅速地得到反映。

（5）计算机及 A/D、D/A 转换器性能。计算机字长越长，计算速度越快，A/D、D/A

转换器的速度越快，则采样周期可减小，控制性能也较高，但计算机等硬件费用增加，所以应结合系统经济性综合考虑。

（6）执行机构的响应速度。通常执行机构惯性较大，采样周期 T 应能与之相适应。如果执行机构响应速度较慢，那么过短的采样周期就失去意义。

2. 按简易工程整定法整定参数

在连续控制系统中，模拟调节器的参数整定方法较多，但简单易行的方法还是简易工程法。这种方法的优点在于，整定参数时不必依赖被控对象的数学模型，从而对那些难以得到准确数学模型的控制系统也适用。简易工程整定法是由经典的频率法简化而来的，简单易行，适于现场应用。数字 PID 控制时，采样周期比生产过程的时间常数小得多，所以数字 PID 的参数整定可以按照模拟 PID 参数整定的方法进行。

（1）扩充临界比例度法

扩充临界比例度法是以模拟调节器参数整定中使用的临界比例度法为基础的一种数字 PID 参数整定方法。具体参数整定步骤如下：

1）选择一个足够短的采样周期 T。如选择采样周期为被控对象纯滞后时间的十分之一以下。

2）用选定的采样周期使系统工作。此时调节器只作纯比例控制，给定值 r 作阶跃输入。数字控制器去掉积分作用和微分作用，只保留比例作用。然后逐渐加大比例系数 K_p（即减小比例度 $\delta(\delta=1/K_p)$），直到系统发生持续等幅振荡。记下系统发生振荡时的临界比例度 δ_k 及系统的临界振荡周期 T_k。

3）选择控制度。控制度 Q 的定义是数字调节器和模拟调节器所对应的过渡过程的误差平方的积分之比，即

$$Q = \frac{\left[\int_0^\infty e^2(t)\,dt\right]_D}{\left[\int_0^\infty e^2(t)\,dt\right]_A} \tag{5-68}$$

控制度是数字调节器和模拟调节器控制效果相比较的一种性能评价指标，实际应用中并不需要计算出两个误差平方面积，控制度仅表示控制效果的物理概念。例如，当控制度为 1.05 时，数字调节器与模拟调节器的控制效果相当；当控制度为 2.0 时，数字调节器的控制质量比模拟控制差 1 倍。

4）根据选定的控制度，查表 5-2，求得 T、K_p、T_i、T_d 的值。

表 5-2 扩充临界比例度法 PID 控制器参数选择

控 制 度	控制规律	T	K_p	T_i	T_d
1.05	PI	$0.03T_k$	$0.53\delta_k$	$0.88T_k$	
	PID	$0.014T_k$	$0.63\delta_k$	$0.49T_k$	$0.14T_k$
1.2	PI	$0.05T_k$	$0.49\delta_k$	$0.91T_k$	
	PID	$0.043T_k$	$0.47\delta_k$	$0.47T_k$	$0.16T_k$
1.5	PI	$0.14T_k$	$0.42\delta_k$	$0.99T_k$	
	PID	$0.09T_k$	$0.34\delta_k$	$0.43T_k$	$0.20T_k$
2.0	PI	$0.22T_k$	$0.36\delta_k$	$1.05T_k$	
	PID	$0.16T_k$	$0.27\delta_k$	$0.40T_k$	$0.22T_k$

5)按照求得的整定参数,将系统投入运行,观察控制效果,若有必要再适当进行参数调整,直到获得满意的控制效果。

(2)扩充响应曲线法

在计算机控制系统中,扩充响应曲线法是对模拟调节器中使用的响应曲线法的扩充,也是一种实验经验法。用扩充响应曲线法整定 T、K_p、T_i 和 T_d 的步聚如下。

1)断开数字调节器,使系统处于手动操作状态。将被调量调节到给定值附近并稳定后突然改变给定值,即给对象输入一个阶跃信号。

2)用记录仪表记录被调量在阶跃输入下的整个变化过程曲线,如图5-10所示。

3)在曲线最大斜率处作切线,求得滞后时间 τ、被控对象时间常数 T_τ,以及它们的比值 T_τ/τ。

4)由求得的 τ 和 T_τ,以及它们的比值 T_τ/τ,查表5-3,即可得数字控制器的 K_p、T_i、T_d 及采样周期 T。

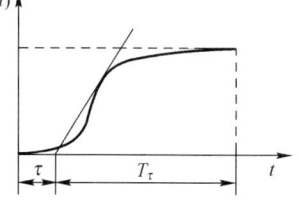

图 5-10 阶跃响应曲线

表 5-3 数字 PID 扩充响应曲线法参数整定

控 制 度	控制规律	T	K_p	T_i	T_d
1.05	PI	0.1τ	$0.84T_\tau/\tau$	0.34τ	
	PID	0.05τ	$1.15T_\tau/\tau$	2.0τ	0.45τ
1.2	PI	0.2τ	$0.78T_\tau/\tau$	3.6τ	
	PID	0.16τ	$1.0T_\tau/\tau$	1.9τ	0.55τ
1.5	PI	0.5τ	$0.68T_\tau/\tau$	3.9τ	
	PID	0.34τ	$0.85T_\tau/\tau$	1.62τ	0.65τ
2.0	PI	0.8τ	$0.57T_\tau/\tau$	4.2τ	
	PID	0.6τ	$0.6T_\tau/\tau$	1.5τ	0.82τ

(3)PID 归一参数的整定法

调节器参数的整定是一项繁琐而又费时的工作,当一台计算机控制数十乃至数百个控制回路时,参数整定工作量更是巨大。前面介绍的方法需要整定 T、K_p、T_i、T_d 四个参数。为了减少整定参数的数目、简化参数整定工作,1974年,Roberts 提出了一种简化扩充临界比例度法。该方法只需要整定一个参数即可,因此又称为归一参数整定法。

PID 增量式算法为

$$\Delta u(k) = K_p\left\{e(k)-e(k-1)+\frac{T}{T_i}e(k)+\frac{T_d}{T}[e(k)-2e(k-1)+e(k-2)]\right\} \\ = K_p[e(k)-e(k-1)]+K_ie(k)+K_d[e(k)-2e(k-1)+e(k-2)] \tag{5-69}$$

为了减少 PID 调节器在线整定参数的数目,人们根据大量实际经验的总结,人为假设约束的条件,以减少独立变量的个数。例如 Ziegler – Nichols 整定式,取 $T\approx 0.1T_s$,$T_i\approx 0.5T_s$,$T_d\approx 0.125T_s$,其中 T_s 是纯比例控制时的临界振荡周期。

将上述关系代入 PID 的增量式,得

$$\Delta u(k)=K_p[(1+T/T_i+T_d/T)e(k)-(1+2T_d/T)e(k-1)+(T_d/T)e(k-2)] \tag{5-70}$$

整理得

$$\Delta u(k) = K_p[2.45e(k) - 3.5e(k-1) + 1.25e(k-2)] \tag{5-71}$$

上式将对四个参数的整定简化成了对一个参数 K_p 的整定，使问题明显简化。

5.3 数字控制器的直接设计

前面介绍的连续域离散化设计方法和模拟 PID 调节器的数字化设计方法，是立足于连续系统的设计，并在计算机上采用数字模拟的方法实现，因此被认为是数字控制器的间接设计方法。其优点是可以充分运用工程设计者所熟悉的各种连续系统的设计方法和经验，将它移植到数字计算机上予以实现，从而达到满意的控制效果。但是，模拟化设计方法选定的采样周期必须足够小，除了必须满足采样定理外，还要求采样周期的变化对系统性能的影响不大。当所选择的采样周期较大或对控制的质量要求较高时，可以从被控对象的特性出发，直接根据采样系统理论来设计数字控制器，这种方法称为数字控制器直接设计法。

直接设计法是根据采样控制理论对控制系统进行分析和综合，导出相应的控制规律，然后利用计算机软件实现控制规律。下面介绍直接设计法中常用的最少拍设计方法。

5.3.1 最少拍控制的基本原理

典型离散控制系统的结构框图如图 5-11 所示。

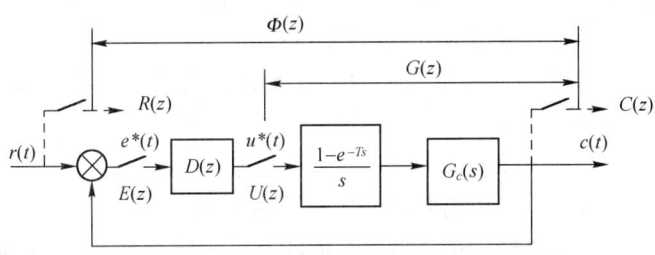

图 5-11 离散控制系统结构框图

图中 $G_c(s)$ 为被控对象；称 $G(z) = Z\left[\dfrac{1-e^{-Ts}}{s}G_c(s)\right]$ 为广义对象的脉冲传递函数，其中 $\dfrac{1-e^{-Ts}}{s}$ 代表零阶保持器；$D(z)$ 代表被设计的数字控制器；$\Phi(z)$ 为系统闭环脉冲传递函数，其表达式为

$$\Phi(z) = \frac{C(z)}{R(z)} = \frac{D(z)G(z)}{1+D(z)G(z)} \tag{5-72}$$

系统设计的目标是设计一个数字控制器 $D(z)$，利用它来控制被控对象，达到期望的性能指标。由式（5-72）可得

$$D(z) = \frac{1}{G(z)}\frac{\Phi(z)}{1-\Phi(z)} \tag{5-73}$$

根据式（5-73），当 $G(z)$ 已知时，只要根据设计性能指标要求选择好 $\Phi(z)$，就可以求得 $D(z)$。因此，在已知对象特性的前提下，最少拍设计的方法步骤为：

1）求得带零阶保持器的被控对象的广义脉冲传递函数 $G(z)$。
2）根据系统性能指标要求以及实现的约束条件构造闭环 z 传递函数 $\Phi(z)$。

3) 依据式 (5-73) 确定数字控制器的传递函数 $D(z)$。

4) 由 $D(z)$ 确定控制算法并编制程序。

最少拍控制,是指在典型的控制输入信号作用下,系统能在最少个采样周期内达到稳态无静差状态。最少拍控制实质上是一种时间最优控制,系统的性能指标是调节时间最短(或调节时间尽可能短)。因此,最少拍控制系统闭环传递函数应具有如下形式:

$$\Phi(z) = m_1 z^{-1} + m_2 z^{-2} + \cdots + m_n z^{-n} \tag{5-74}$$

式中,n 是可能情况下的最小正整数。式 (5-74) 表明,闭环系统的脉冲响应在 n 个采样周期后变为零,也就是系统在 n 拍后到达稳态。下面讨论典型输入信号作用下的最少拍设计方法。

典型输入信号的 Z 变换可以统一表示为 $R(z) = \dfrac{A(z^{-1})}{(1-z^{-1})^q}, q = 1, 2, \cdots$ 的形式,如:

单位阶跃信号　　　　$r(t) = 1, R(s) = \dfrac{1}{s}, R(z) = \dfrac{1}{1-z^{-1}}$

单位速度信号　　　　$r(t) = t, R(s) = \dfrac{1}{s^2}, R(z) = \dfrac{Tz^{-1}}{(1-z^{-1})^2}$

单位加速度信号　　　$r(t) = \dfrac{1}{2}t^2, R(s) = \dfrac{1}{s^3}, R(z) = \dfrac{T^2 z^{-1}(1+z^{-1})}{2(1-z^{-1})^3}$

其中,$A(z^{-1})$ 为不包含 $(1-z^{-1})$ 因子的关于 z^{-1} 的多项式。

最少拍控制系统设计还应满足以下基本要求:

1) 准确性要求。对典型的参考输入信号,在到达稳态后,系统在采样时刻的输出值能准确跟踪输入信号,不存在静差,即稳态误差 $e_{ss} = 0$。

2) 快速性要求。在各种能使系统在有限拍内达到稳态的设计中,最少拍控制就是使系统能准确跟踪输入信号所需的采样周期数最少的控制方案。

3) 稳定性要求。数字控制器 $D(z)$ 必须在物理上可实现,且闭环系统必须是稳定的。

下面详细讨论最少拍无差系统设计的基本原理。

1. 典型输入下理想最少拍控制器设计原理

由图 5-11 可知,系统的误差传递函数为

$$\Phi_e(z) = \frac{E(z)}{R(z)} = \frac{R(z) - C(z)}{R(z)} = 1 - \frac{C(z)}{R(z)} = 1 - \Phi(z) \tag{5-75}$$

$$E(z) = \Phi_e(z) R(z) = [1 - \Phi(z)] R(z) \tag{5-76}$$

在典型输入信号作用下

$$E(z) = \Phi_e(z) \frac{A(z^{-1})}{(1-z^{-1})^q} \tag{5-77}$$

根据准确性要求,要求系统无稳态误差,于是由终值定理有

$$\begin{aligned} e(\infty) &= \lim_{z \to 1}\left[\frac{z-1}{z} E(z)\right] = \lim_{z \to 1}\left[\frac{z-1}{z} \Phi_e(z) R(z)\right] \\ &= \lim_{z \to 1}\left[\frac{z-1}{z} \Phi_e(z) \frac{A(z^{-1})}{(1-z^{-1})^q}\right] \end{aligned} \tag{5-78}$$

为了使稳态误差为零,即 $e(\infty) = 0$ 成立。由式 (5-78) 可以推出 $\Phi_e(z)$ 的表达式中必须含有因子 $(1-z^{-1})^q$,即

$$\Phi_e(z) = 1 - \Phi(z) = (1-z^{-1})^p F(z) \tag{5-79}$$

其中，$p \geqslant q$，q 为对应于典型输入函数 $R(z)$ 中分母 $(1-z^{-1})$ 因子的阶次；$F(z)$ 是不包含零点 $z=1$ 的 z^{-1} 的多项式。根据最少拍，即时间最少的要求，故取 $p=q$，且 $F(z)=1$。

所以，对于典型输入，有

$$\Phi_e(z) = (1-z^{-1})^q \tag{5-80}$$

$$\Phi(z) = 1 - \Phi_e(z) = 1 - (1-z^{-1})^q \tag{5-81}$$

① 单位阶跃输入的情况

输入函数 $\qquad r(t)=1(t)$，$R(z)=\dfrac{1}{1-z^{-1}}$，$q=1$

根据式（5-80）和式（5-81），有

$$\Phi_e(z) = 1 - z^{-1} \tag{5-82}$$

$$\Phi(z) = 1 - \Phi_e(z) = z^{-1} \tag{5-83}$$

$$E(z) = R(z)\Phi_e(z) = \dfrac{1}{1-z^{-1}}(1-z^{-1}) = 1 \tag{5-84}$$

即

$$E(z) = 1 + 0 \cdot z^{-1} + 0 \cdot z^{-2} + \cdots$$

进行 Z 反变换，有

$$e(0)=1,\ e(1)=e(2)=\cdots=0$$

这说明系统只需要一拍（一个采样周期），就可以实现输出跟踪输入。

此时

$$C(z) = \Phi(z)R(z) = \dfrac{1}{1-z^{-1}}$$

进行 Z 反变换得到

$$c(k)=1,\quad k\geqslant 1,\quad c(0)=0$$

输出序列如图 5-12 所示。

将式（5-82）和式（5-83）代入式（5-73）得

$$D(z) = \dfrac{z^{-1}}{G(z)(1-z^{-1})} \tag{5-85}$$

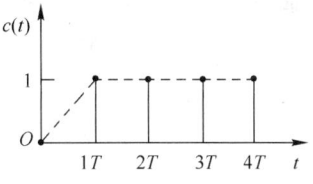

图 5-12 阶跃响应输出

式（5-85）就是所要设计的数字控制器。将其转化为差分方程形式，进行 Z 反变换后就可以进行计算机编程得到相应的控制算法。

② 单位速度输入的情况

输入函数 $\qquad r(t)=t$，$R(z)=\dfrac{Tz^{-1}}{(1-z^{-1})^2}$，$q=2$

根据式（5-80）和式（5-81），有

$$\Phi_e(z) = (1-z^{-1})^2 \tag{5-86}$$

$$\Phi(z) = 2z^{-1} - z^{-2} \tag{5-87}$$

$$E(z) = R(z)\Phi_e(z) = Tz^{-1} \tag{5-88}$$

由上式可知

$$e(0)=0\quad e(1)=T\quad e(2)=e(3)=\cdots=0$$

这说明系统只需要两拍（即两个采样周期），采样时刻的偏差等于零，也就是输出可以跟踪输入信号。系统输出为

$$C(z) = R(z)\Phi(z) = \frac{Tz^{-1}(2z^{-1} - z^{-2})}{(1-z^{-1})^2} = 2Tz^{-2} + 3Tz^{-3} + 4Tz^{-4} + \cdots \quad (5-89)$$

从而有

$$c(0)=0,\ c(1)=0,\ c(2)=2T,$$
$$c(3)=3T,\ c(4)=4T,\ \cdots$$

输出序列如图 5-13 所示。

数字控制器为

$$D(z) = \frac{z^{-1}(2-z^{-1})}{G(z)(1-z^{-1})^2} \quad (5-90)$$

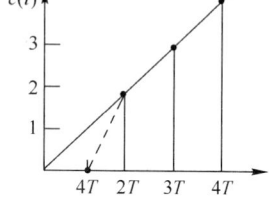

图 5-13 单位速度输入时的响应

③ 单位加速度输入的情况

输入函数 $r(t) = \frac{1}{2}t^2$，$R(z) = \frac{1}{2}T^2\frac{z^{-1}(1+z^{-1})}{(1-z^{-1})^3}$，$q=3$

根据式（5-80）和式（5-81）得

$$\Phi_e(z) = (1-z^{-1})^3 \quad (5-91)$$

$$\Phi(z) = 1 - \Phi_e(z) = 3z^{-1} - 3z^{-2} + z^{-3} \quad (5-92)$$

$$E(z) = R(z)\Phi_e(z) = \frac{T^2}{2}z^{-1} + \frac{T^2}{2}z^{-2} \quad (5-93)$$

由上式可知

$$e(0)=0、e(1)=\frac{T^2}{2}、e(2)=\frac{T^2}{2}、e(3)=e(4)=\cdots=0$$

系统误差曲线和输出曲线如图 5-14 所示。

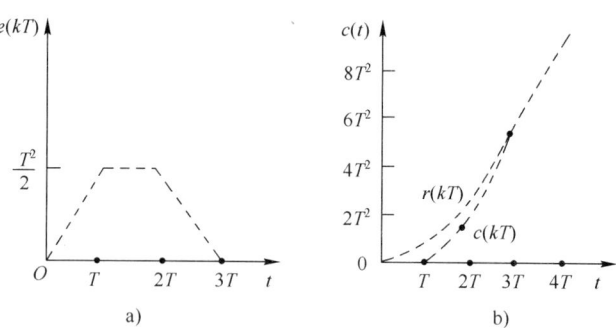

图 5-14 单位加速度输入时的误差曲线和输出曲线
a) 误差曲线 b) 输出响应曲线

由图可以看出，系统过渡过程只需要三个采样周期，就可以实现输出在采样时刻无差跟踪输入。系统输出为

$$C(z) = R(z)\Phi(z) = \frac{1}{2}T^2\frac{z^{-1}(1+z^{-1})(3z^{-1}-3z^{-2}+z^{-3})}{(1-z^{-1})^3} \quad (5-94)$$

对应的数字控制器为

$$D(z) = \frac{z^{-1}(3-3z^{-1}+z^{-2})}{G(z)(1-z^{-1})^3} \quad (5-95)$$

综合上述不同输入情况可知，对于同一个被控对象，如果系统的输入不同，则其最少拍控制的结构不同，过渡过程时间（节拍数或采样周期）也不同。不同典型信号下，理想最少拍控制器的结构如表5-4所示。在设计工程意义上的最少拍控制系统时，都是以理想情况为基础进行设计的。

表5-4 典型信号下理想最少拍控制器设计

$r(t)$	$R(z)$	q	$\Phi_e(z)$	$\Phi(z)$	$D(z)$	调节时间
1	$\dfrac{1}{1-z^{-1}}$	1	$1-z^{-1}$	z^{-1}	$\dfrac{z^{-1}}{G(z)(1-z^{-1})}$	T
t	$\dfrac{Tz^{-1}}{(1-z^{-1})^2}$	2	$(1-z^{-1})^2$	$2z^{-1}-z^{-2}$	$\dfrac{z^{-1}(2-z^{-1})}{G(z)(1-z^{-1})^2}$	$2T$
$\dfrac{1}{2}t^2$	$\dfrac{T^2z^{-1}(1+z^{-1})}{2(1-z^{-1})^3}$	3	$(1-z^{-1})^3$	$3z^{-1}-3z^{-2}+z^{-3}$	$\dfrac{z^{-1}(3-3z^{-1}+z^{-2})}{G(z)(1-z^{-1})^3}$	$3T$

2. 最少拍控制器物理可实现性和稳定性要求

（1）物理可实现性要求

所谓物理可实现性是指控制器当前的输出信号，只能与当前时刻的输入信号、以前时刻的输入和输出信号相关，而与将来时刻的输入信号无关。设控制器 $D(z)$ 的传递函数为

$$D(z)=\frac{U(z)}{E(z)}=\frac{b_0z^m+b_1z^{m-1}+\cdots+b_m}{a_0z^n+a_1z^{n-1}+\cdots a_n} \tag{5-96}$$

式中，$a_0\neq 0$，由物理可实现性要求，应有 $n\geqslant m$。

另外，如果被控对象 $G(z)$ 含有纯滞后因子 z^{-p}，根据式（5-73），$D(z)=\dfrac{1}{G(z)}\dfrac{\Phi(z)}{1-\Phi(z)}$ 求取 $D(z)$ 时，$D(z)$ 将包含超前因子 z^p，这在物理上也是不可实现的，因此，必须将 z^{-p} 保留在 $\Phi(z)$ 中，也就是

$$\Phi(z)=z^{-p}(m_1z^{-1}+m_2z^{-2}+\cdots+m_lz^{-l}) \tag{5-97}$$

这样就可以在工程意义上实现了。

（2）稳定性要求

在最少拍控制系统中，不但要保证输出量在采样点上的稳定，而且要保证控制变量收敛，方能使闭环系统在物理上真正稳定。

由采样控制系统结构图5-11可知

$$R(z)\Phi(z)=U(z)G(z)=C(z) \tag{5-98}$$

从而得到

$$U(z)=\frac{\Phi(z)}{G(z)}R(z) \tag{5-99}$$

如果被控对象 $G(z)$ 的所有零极点都在单位圆内，那么控制器输出 $u(kT)$ 是稳定的；如果 $G(z)$ 有单位圆上或圆外的零极点，即 $G(z)$ 和 $U(z)$ 含有不稳定的极点，则控制变量 u 的输出也不稳定。由

$$\Phi(z)=\frac{C(z)}{R(z)}=\frac{D(z)G(z)}{1+D(z)G(z)}$$

可以看出，在系统的闭环脉冲传递函数中，$D(z)$ 是和 $G(z)$ 成对出现的，但不能简单地用

$D(z)$ 的相关极点和零点去抵消 $G(z)$ 中单位圆上或圆外的零极点。

因为若要使 $G(z)$ 在单位圆上或圆外的零极点被抵消，则 $D(z)$ 必然含有单位圆上或圆外的零极点，从而导致 $D(z)$ 不稳定。这样在理论上可以得到一个稳定的控制系统，但这种稳定是建立在 $G(z)$ 的不稳定极点被 $D(z)$ 的零点准确抵消基础上的。在实际控制系统中，由于存在对系统参数辨识的误差及参数受外界环境影响随时变化，这种精确对消是不可能实现的，从而使系统不能真正稳定。因此，要想使系统通过补偿成为真正稳定的系统，就必须修改闭环脉冲传递函数 $\Phi(z)$。由式（5-73）

$$D(z) = \frac{1}{G(z)} \frac{\Phi(z)}{1-\Phi(z)} = \frac{1}{G(z)} \frac{\Phi(z)}{\Phi_e(z)}$$

可知，要避免 $G(z)$ 在单位圆外或圆上的零极点与 $D(z)$ 的零极点抵消，则必须使

① 当 $G(z)$ 有单位圆上或圆外的零点时，在 $\Phi(z)$ 中应将 $G(z)$ 的这些零点作为零点保留。

② 当 $G(z)$ 有单位圆上或圆外的极点时，在 $\Phi_e(z)$ 中应将 $G(z)$ 的这些极点作为零点保留。

上述也是最少拍系统设计时的稳定性约束条件。下面分别介绍工程上真正可实现的最少拍有波纹设计和无波纹设计方法。

5.3.2 最少拍有波纹控制系统设计

综合上述最少拍控制系统的设计要求，下面讨论最少拍有波纹控制系统设计的一般方法。设广义被控对象的脉冲传递函数为

$$G(z) = Z\left[\frac{1-\mathrm{e}^{-sT}}{s}G_c(s)\right] = \frac{z^{-r}\prod_{j=1}^{m_1}(1-z_jz^{-1})}{\prod_{i=1}^{n_1}(1-p_iz^{-1})}G_1(z) \tag{5-100}$$

式中，$G_c(s)$ 为被控对象传递函数；$G_1(z)$ 是 $G(z)$ 中单位圆内零极点部分；z^{-r} 为延迟环节；$\prod_{j=1}^{m_1}(1-z_jz^{-1})$ 是 $G(z)$ 中全部单位圆外和单位圆上的零点部分；$\prod_{i=1}^{n_1}(1-p_iz^{-1})$ 是广义对象 $G(z)$ 中单位圆外和单位圆上极点部分。

根据前面讨论的最少拍系统的稳定性和物理可实现性要求，设计控制器 $D(z)$，设计步骤如下：

① 确定 $\Phi_e(z)$。$\Phi_e(z)$ 的零点中应包含 $G(z)$ 所有单位圆上和单位圆外的极点，即

$$\Phi_e(z) = 1 - \Phi(z) = \left[\prod_{i=1}^{n_1}(1-p_iz^{-1})\right](1-z^{-1})^q F_1(z) \tag{5-101}$$

式中，$F_1(z)$ 是关于 z^{-1} 的多项式。

② 确定 $\Phi(z)$。$\Phi(z)$ 的零点中应包含 $G(z)$ 所有单位圆上和单位圆外的零点，即

$$\Phi(z) = z^{-r}\left[\prod_{i=1}^{m_1}(1-z_iz^{-1})\right]F_2(z) \tag{5-102}$$

式中，$F_2(z)$ 是关于 z^{-1} 的多项式。

上面 $\Phi_e(z)$ 和 $\Phi(z)$ 中的 $F_1(z)$ 和 $F_2(z)$，是为了构造 $\Phi_e(z)$ 和 $\Phi(z)$ 时，满足约束条件 $\Phi_e(z) = 1 - \Phi(z)$ 而分别增加的调整项。根据最少拍系统的调节时间最短原则，$F_1(z)$ 和

$F_2(z)$ 应取满足条件中的最低阶结构。考虑上述条件后，数字控制器中不再包含 $G(z)$ 在单位圆上和圆外的零极点，在物理上具有可实现性。

③ 根据 $\Phi_e(z) = 1 - \Phi(z)$，建立系数方程，确定 $F_1(z)$、$F_2(z)$、$\Phi_e(z)$ 和 $\Phi(z)$。

④ 确定控制器结构

$$D(z) = \frac{1}{G(z)} \frac{\Phi(z)}{1 - \Phi(z)} = \frac{1}{G(z)} \frac{\Phi(z)}{\Phi_e(z)} \tag{5-103}$$

⑤ 检验控制器 $D(z)$ 的稳定性、可实现性，检查控制量 $U(z)$ 的收敛性。

⑥ 检验输出响应系列是否满足设计要求。

⑦ 将 $D(z)$ 转换为差分方程形式，设计控制算法进行编程。

例 5-1 在图 5-15 所示计算机控制系统中，已知被控对象传递函数

$$G_c(s) = \frac{10}{s(s+1)}$$

采样周期 $T = 1\text{s}$，输入为单位速度输入函数，试设计最少拍有纹波控制系统数字控制器 $D(z)$。

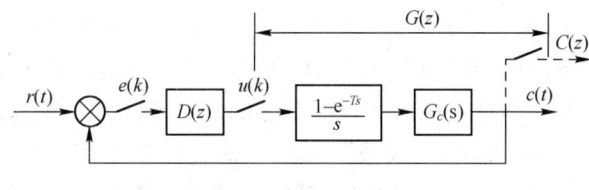

图 5-15　例 5-1 图

解： 由系统框图知，系统广义被控对象的传递函数为

$$G(z) = (1 - z^{-1})Z\left[\frac{10}{s^2(s+1)}\right]$$

由于已知采样周期 $T = 1\text{s}$，所以

$$G(z) = \frac{3.68z^{-1}(1 + 0.718z^{-1})}{(1 - z^{-1})(1 - 0.368z^{-1})}$$

输入为单位速度信号，故 $q = 2$

设

$$\Phi(z) = z^{-1}(\Phi_0 + \Phi_1 z^{-1})$$
$$\Phi_e(z) = (1 - z^{-1})^2 \varphi_1$$

由 $\Phi_e(z) = 1 - \Phi(z)$，根据系数方程组解得 $\Phi_0 = 2$，$\Phi_1 = -1$，$\varphi = 1$

得到闭环脉冲传递函数为

$$\Phi(z) = z^{-1}(2 - z^{-1})$$
$$\Phi_e(z) = (1 - z^{-1})^2$$

控制器脉冲传递函数为

$$D(z) = \frac{1}{G(z)} \frac{\Phi(z)}{\Phi_e(z)} = \frac{0.545(1 - 0.5z^{-1})(1 - 0.368z^{-1})}{(1 - z^{-1})(1 + 0.718z^{-1})}$$

从而

$$\frac{U(z)}{E(z)} = D(z) = \frac{0.545(1 - 0.5z^{-1})(1 - 0.368z^{-1})}{(1 - z^{-1})(1 + 0.718z^{-1})}$$

$$(1-z^{-1})(1+0.718z^{-1})U(z)=0.545(1-0.5z^{-1})(1-0.368z^{-1})E(z)$$
$$U(z)=(0.282z^{-1}+0.718z^{-2})U(z)+(0.545-0.473z^{-1}+0.1z^{-2})E(z)$$

上式进行 Z 反变换，得到

$$u(k)=0.282u(k-1)+0.718u(k-2)+0.545e(k)-0.473e(k-1)+0.1e(k-2)$$

上述差分方程所表示的控制律，可以利用计算机直接编程实现。

由 $C(z)=R(z)\Phi(z)$ 求得本例的输出为

$$C(z)=\Phi(z)R(z)=\frac{Tz^{-1}}{(1-z^{-1})}(2z^{-1}-z^{-2})$$
$$=2z^{-2}+3z^{-3}+4z^{-4}+\cdots$$

通过系统输出的 Z 变换式，可以看到系统输出从第三采样周期开始能够在采样时刻完全跟踪输入信号。

由 $C(z)=U(z)G(z)$ 可得数字控制器的输出为

$$U(z)=\frac{C(z)}{G(z)}=\frac{Tz^{-1}}{(1-z^{-1})}(2z^{-1}-z^{-2})\frac{(1-z^{-1})(1-0.368z^{-1})}{3.68z^{-1}(1+0.718z^{-1})}$$
$$=0.54z^{-1}-0.316z^{-2}+0.4z^{-3}-0.115z^{-4}+0.25z^{-5}+\cdots$$

系统输出波形和控制器输出波形如图 5-16 所示。可以看出，系统的输出虽然在采样时刻能够完全跟踪输入信号，但是在两个采样时刻之间却并不能完全跟踪输入信号，而是围绕给定输入上下波动，这就是所谓的"纹波"现象，这类控制系统称为最少拍有纹波控制系统。据此所设计的控制器称为有纹波最少拍控制器，控制器输出值为正负交替的波形。控制器的这种输出，意味着执行机构在采样时刻会出现很大的动作变化，不仅消耗能量，而且会造成机械磨损。

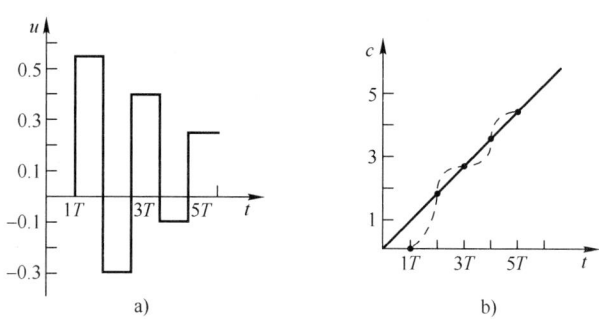

图 5-16 例 5-1 输出序列波形图
a) 数字控制器输出波形 b) 系统输出波形

按最少拍控制设计原则进行数字控制系统设计，其设计控制器结构简单，设计方法直观简便，求得的数字控制器也易于在计算机上实现，但在设计中应注意以下几个方面。

（1）系统的适应性问题

最少拍控制器 $D(z)$ 的设计是根据某类典型输入信号设计的，所设计的系统通常也只是针对该类信号是最少拍，在其他类型的输入信号不一定是最少拍，甚至会产生很大的超调和静差。也就是说，当系统输入形式改变，尤其是存在随机扰动时，系统的性能变坏。

例如，对一阶广义被控对象 $G(z)=\dfrac{0.5z^{-1}}{1-0.5z^{-1}}$，按单位速度输入设计（$T=1\mathrm{s}$）最少拍

控制器 $D(z) = \dfrac{4(1-0.5z^{-1})^2}{(1-z^{-1})^2}$，相应地，$\Phi(z) = 2z^{-1} - z^{-2}$。

在单位速度输入信号作用下，系统输入为
$$C(z) = 2z^{-2} + 3z^{-3} + 4z^{-4} + \cdots$$

两拍后，输出准确跟踪输入信号，系统对单位速度输入具有最少拍响应。

采用同一控制器，输入信号为单位阶跃输入和单位加速度输入时，输出情况分别如下：

当输入为单位阶跃输入时，$r(t) = 1(t)$，$R(z) = \dfrac{1}{1-z^{-1}}$

系统输出为
$$C(z) = R(z)\Phi(z) = \dfrac{2z^{-1} - z^{-2}}{1-z^{-1}} = 2z^{-1} + z^{-2} + z^{-3} + \cdots$$

系统输出在第二拍才能跟踪输入，显然这已不是最少拍；而且在第一个采样时刻，系统输出是输入信号的 2 倍，也就是说，系统的超调量达到了 100%。如图 5-17 所示。

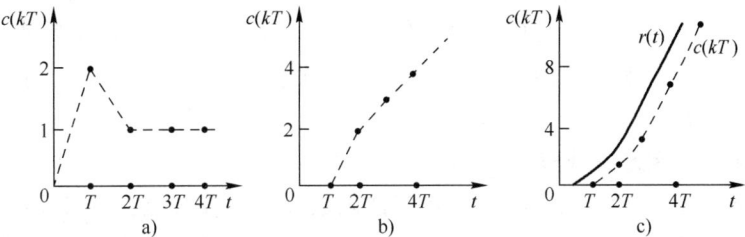

图 5-17　按速度输入最少拍控制系统在不同输入下的响应曲线
a) 单位阶跃输入　b) 单位速度输入　c) 单位加速度输入

当输入为单位加速度输入时，$r(t) = \dfrac{1}{2}t^2$，$R(z) = \dfrac{1}{2}T^2\dfrac{z^{-1}(1+z^{-1})}{(1-z^{-1})^3}$

系统输出为
$$C(z) = R(z)\Phi(z) = \dfrac{T^2 z^{-1}(1+z^{-1})(2z^{-1}-z^{-2})}{2(1-z^{-1})^3} = T^2 z^{-2} + 3.5T^2 z^{-3} + 7T^2 z^{-4} + \cdots$$

当取 $T=1$ 时，系统输出在各采样时刻的值为：0，0，1，3.5，7，11.5，$\cdots$，与期望值 0，0.5，2，4.5，8，12.5，$\cdots$相比，达到稳定时存在静差 $e_{ss} = 1$。

(2) 对参数变化的灵敏度大

最少拍设计是在结构和参数不变的条件下得到的理想结果。所设计的系统对参数的变化非常敏感，当系统的参数产生漂移，或辨识的参数有误差时，会引起系统性能下降或不稳定。

(3) 采样周期的选择

最少拍控制系统实际上是时间最优系统。调节时间 t_s 与采样周期 T 有关，从理论上讲，采样周期越小，调整时间越短，但在工程实际中是不可能的。因为在最少拍设计中并未对控制量作出限制，而实际执行机构所能提供的控制作用是有限的。当采样周期很小时，系统的控制作用有可能超出执行机构的范围，对象的饱和特性限制了采样上限频率。所以在最少拍设计时，必须合理选择采样周期的大小。通常，选择采样周期 $T \leq T_m/16$，T_m 为对象的惯性时间常数。

5.3.3 最少拍无纹波控制系统设计

在 5.3.2 节最少拍系统设计中,可以保证系统在采样点上的稳态误差为零,而在采样点之间的输出响应则可能会存在波动,也就是通常所说的"纹波"。纹波不仅造成采样点之间存在偏差,而且消耗功率,浪费能量,增加机械磨损。

最少拍无纹波设计的要求是使系统在典型信号输入作用下,经过尽可能少的采样周期,达到稳态,并且到达稳态后输出响应在采样点之间没有纹波。因此,应对最少拍控制器设计附加约束条件。

为了使系统在稳态过程中获得无纹波的平滑输出,过渡过程结束后,被控对象 $G_c(s)$ 必须有能力给出与系统输入 $r(t)$ 相同的、平滑的输出 $c(t)$。因此,针对特定输入函数来设计无纹波系统,其必要条件是被控对象 $G_c(s)$ 中必须含有无纹波系统所必须的积分环节数。例如对于单位速度输入进行设计,则稳态过程中 $G_c(s)$ 的输出必须也是单位速度函数,过渡过程结束后应有 $dc(t)/dt = 0$。为了产生这样的单位速度输出,$G_c(s)$ 的传递函数中必须至少有一个积分环节,使得在常值的控制信号作用下,其稳态输出也是所要求的单位速度变化量。同理,对于单位加速度输入函数,$G_c(s)$ 中至少有两个积分环节,且进入稳态后满足 $\ddot{c}(t) = 0$。

1. 纹波产生的原因及设计要求

造成纹波的原因是控制变量 $u(k)$ 的 Z 变换函数存在非零极点,即数字控制器的输出序列 $u(k)$ 经过若干拍(采样周期)后,不为常值或零,而是振荡收敛的。所以要使系统输出为最少拍无波纹,就必须使系统到达稳态后 $u(k)$ 为常值或零。

设最少拍系统结构如图 5-11 所示。设广义被控对象的脉冲传递函数 $G(z)$ 是关于 z^{-1} 的有理分式

$$G(z) = \frac{P(z)}{Q(z)} \tag{5-104}$$

式中,$P(z)$ 和 $Q(z)$ 分别为 $G(z)$ 的零点多项式和极点多项式。

由系统结构图 5-11 可以得到

$$U(z) = \frac{\Phi(z)}{G(z)} R(z) = \frac{\Phi(z) Q(z)}{P(z)} R(z) \tag{5-105}$$

要使控制量 $u(t)$ 在稳态过程中为零或常数值,必须使多项式 $\dfrac{\Phi(z) Q(z)}{P(z)}$ 是关于 z^{-1} 的有限多项式,因此,此时闭环脉冲传递函数 $\Phi(z)$ 必须包含 $G(z)$ 的分子多项式 $P(z)$,即包含 $G(z)$ 的全部零点,不仅包括单位圆上或圆外的零点,还包括单位圆内的零点,即

$$\Phi(z) = P(z) A(z) \tag{5-106}$$

式中,$A(z)$ 是关于 z^{-1} 的多项式。

所以,最少拍无纹波系统的设计要求除了满足最少拍有波纹系统的一切设计条件外,还必须使 $\Phi(z)$ 包含 $G(z)$ 的全部零点。这样,才能消除控制量 $u(k)$ 的 Z 变换式中引起振荡的非零极点。相比有纹波设计,这样做会增加 $\Phi(z)$ 中的 z^{-1} 的幂次,也就是增加了调节时间,增加的拍数等于 $G(z)$ 中包含的单位圆内零点的个数。因此,无纹波设计是在调节时间上做出有限让步而取得更好的设计性能。

2. 最少拍无纹波控制器设计方法

由上面分析可知最少拍无纹波系统设计的必要条件是：被控对象 $G_c(s)$ 中含有无纹波系统所需的积分环节数。要消除系统的纹波，必须使 $u(k)$ 的过渡过程在有限拍内结束，也就是 $\Phi(z)$ 的零点中包含 $G(z)$ 的所有零点。因此，可选择闭环脉冲传递函数 $\Phi(z)$ 为

$$\Phi(z) = z^{-r} \prod_{i=1}^{m}(1 - z_i z^{-1}) \cdot F_2(z) \tag{5-107}$$

式中，r 为广义被控对象 $G(z)$ 的滞后环节；m 为 $G(z)$ 的零点个数。最少拍无纹波设计时 $\Phi(z)$ 应包含 $G(z)$ 的全部零点；而有纹波设计时，$\Phi(z)$ 只包含 $G(z)$ 的圆外零点，这是两者唯一的区别，其他准则均与最少拍有纹波设计相同。

例 5-2 针对例 5-1 所示系统，试设计单位速度输入时的最少拍无纹波控制器。

解： 被控对象的传递函数为 $G_c(s) = \dfrac{10}{s(s+1)}$，有一个积分环节，说明它有能力平滑地产生单位速度输出响应，满足无纹波设计的必要条件。

由例 5-1 知，系统的广义被控对象脉冲传递函数为

$$G(z) = \frac{3.68z^{-1}(1 + 0.718z^{-1})}{(1 - z^{-1})(1 - 0.368z^{-1})}$$

由于是单位速度输入，所以 $q = 2$。

设

$$\Phi(z) = z^{-1}(1 + 0.718z^{-1})(a_0 + a_1 z^{-1})$$
$$\Phi_e(z) = (1 - z^{-1})^2(1 + b_1 z^{-1})$$

根据 $\Phi(z) = 1 - \Phi_e(z)$，解系数方程求得

$$a_0 = 1.407, \quad a_1 = -0.826, \quad b_1 = 0.592$$

所以

$$\Phi(z) = z^{-1}(1 + 0.718z^{-1})(1.407 - 0.826z^{-1})$$
$$\Phi_e(z) = (1 - z^{-1})^2(1 + 0.592z^{-1})$$

数字控制器的脉冲传递函数为

$$D(z) = \frac{1}{G(z)} \frac{\Phi(z)}{\Phi_e(z)} = \frac{0.382(1 - 0.368z^{-1})(1 - 0.587z^{-1})}{(1 - z^{-1})(1 + 0.592z^{-1})}$$

闭环系统的输出为

$$C(z) = R(z)\Phi(z) = \frac{Tz^{-1}}{(1 - z^{-1})^2} z^{-1}(1 + 0.718z^{-1})(1.407 - 0.826z^{-1})$$

$$= 1.41z^{-2} + 3z^{-3} + 4z^{-4} + 5z^{-5} + \cdots$$

数字控制器的输出序列为

$$U(z) = \frac{C(z)}{G(z)}$$

$$= \frac{Tz^{-1}}{(1 - z^{-1})^2} z^{-1}(1 + 0.718z^{-1})(1.407 - 0.826z^{-1}) \frac{(1 - z^{-1})(1 - 0.368z^{-1})}{3.68z^{-1}(1 + 0.718z^{-1})}$$

$$= 0.38z^{-1} + 0.02z^{-2} + 0.10z^{-3} + 0.10z^{-4} + \cdots$$

可知，从第三拍开始，控制器输出 $u(k)$ 为常数，系统输出无纹波。所设计无纹波系统的控制器和系统输出波形如图 5-18 所示。

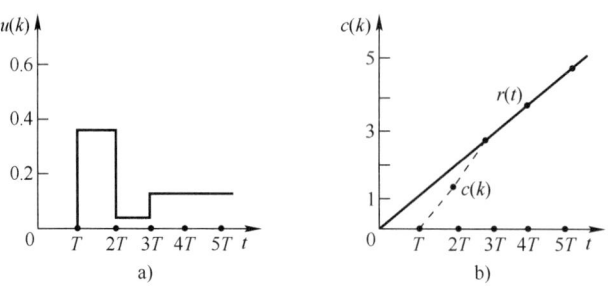

图 5-18 无纹波设计系统输出序列波形图
a）数字控制器输出波形 b）系统输出波形

比较例 5-1 和例 5-2 的输出波形可以看出，有纹波系统的调节时间为 2 拍；而无纹波系统的调节时间为 3 拍，比有纹波系统增加 1 拍。

5.4 纯滞后对象的控制

在一些实际生产过程中（如热工、化工过程），被控对象具有较大的纯滞后时间。被控对象的纯滞后时间 τ 对系统的控制性能极为不利。当被控对象的纯滞后时间 τ 与时间常数 T_c 之比 $\tau/T_c \geq 0.5$ 时，被称为大纯滞后过程，采用常规的比例积分微分（PID）控制来克服大纯滞后比较困难，通常难以得到满意的控制效果。长期以来，人们对纯滞后对象的控制进行了大量的研究。目前，对纯滞后系统的控制比较有代表性的方法有大林算法和史密斯预估控制。

5.4.1 大林算法

假设纯滞后对象的计算机控制系统结构如图 5-19 所示。$G_c(s)$ 为纯滞后对象特性，$D(z)$ 为待设计的数字控制器。

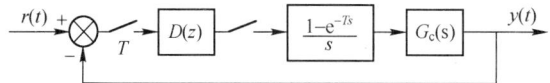

图 5-19 计算机控制系统结构框图

大多数工业被控对象通常为一阶或二阶惯性环节，即

$$G_c(s) = \frac{Ke^{-\tau s}}{T_1 s + 1} \tag{5-108}$$

或

$$G_c(s) = \frac{Ke^{-\tau s}}{(T_1 s + 1)(T_2 s + 1)} \tag{5-109}$$

式中，τ 为纯滞后时间；T_1、T_2 为时间常数；K 为放大系数。$\tau \approx NT$，N 为正整数，即纯滞后时间 τ 是采样周期的整数倍。

大林算法的设计目的是构造闭环系统所期望的传递函数 $\Phi(s)$，闭环系统 $\Phi(s)$ 具有时间滞后的一阶惯性环节特性，且滞后时间与被控对象的滞后时间相同。即系统的闭环传递函数结构为

$$\Phi(s) = \frac{1}{T_\tau s + 1} e^{-\tau s} \tag{5-110}$$

式中，T_τ 为要求的等效惯性时间常数。

式 (5-110) 对应的脉冲传递函数为

$$\Phi(z) = Z\left[\frac{1-e^{-\tau s}}{s} \frac{e^{-\tau s}}{T_\tau s + 1}\right] = \frac{(1-e^{-T/T_\tau})z^{-(N+1)}}{1-e^{-T/T_\tau}z^{-1}} \tag{5-111}$$

因此，数字控制器的传递函数为

$$D(z) = \frac{1}{G(z)} \frac{\Phi(z)}{1-\Phi(z)} = \frac{1}{G(z)} \frac{z^{-N-1}(1-e^{-T/T_\tau})}{1-e^{-T/T_\tau}z^{-1}-(1-e^{-T/T_\tau})z^{-N-1}} \tag{5-112}$$

（1）被控对象为纯滞后一阶惯性环节的大林算法

$$G_c(s) = \frac{K e^{-\tau s}}{T_1 s + 1}, \quad \tau \approx NT$$

$$G(z) = Z\left[\frac{1-e^{-Ts}}{s} \frac{K e^{-\tau s}}{T_1 s + 1}\right] = K z^{-N-1} \frac{1-e^{-T/T_1}}{1-e^{-T/T_1}z^{-1}} \tag{5-113}$$

将上式代入式 (5-112) 得到

$$D(z) = \frac{(1-e^{-T/T_\tau})(1-e^{-T/T_1}z^{-1})}{K(1-e^{-T/T_1})[1-e^{-T/T_\tau}z^{-1}-(1-e^{-T/T_\tau})z^{-N-1}]} \tag{5-114}$$

（2）被控对象为纯滞后二阶惯性环节的大林算法

$$G_c(s) = \frac{K e^{-\tau s}}{(T_1 s + 1)(T_2 s + 1)}, \quad \tau \approx NT$$

广义被控对象的 Z 传递函数为

$$G(z) = Z\left[\frac{1-e^{-Ts}}{s} \frac{K e^{-\tau s}}{(T_1 s + 1)(T_2 s + 1)}\right]$$
$$= \frac{K z^{-N-1}(C_1 + C_2 z^{-1})}{(1-e^{-T/T_1}z^{-1})(1-e^{-T/T_2}z^{-1})} \tag{5-115}$$

其中

$$C_1 = 1 + \frac{1}{T_2 - T_1}(T_1 e^{-T/T_1} - T_2 e^{-T/T_2})$$

$$C_2 = e^{-T(\frac{1}{T_1}+\frac{1}{T_2})} + \frac{1}{T_2 - T_1}(T_1 e^{-T/T_2} - T_2 e^{-T/T_1})$$

将式 (5-115) 代入式 (5-112) 得到

$$D(z) = \frac{(1-e^{-T/T_\tau})(1-e^{-T/T_1}z^{-1})(1-e^{-T/T_2}z^{-1})}{K(C_1 + C_2 z^{-1})[1-e^{-T/T_\tau}z^{-1}-(1-e^{-T/T_\tau})z^{-N-1}]} \tag{5-116}$$

例 5-3 被控对象的传递函数为

$$G_c(s) = \frac{e^{-s}}{s(3.34s + 1)}$$

已知采样周期 $T = 1\,\text{s}$，试用大林算法设计数字控制器 $D(z)$。

解： 设期望的闭环系统为时间常数 $T_\tau = 2\,\text{s}$ 的一阶惯性环节，并带有 $N = 1$ 个采样周期的纯滞后，则期望的闭环脉冲传递函数为

$$\Phi(z) = \frac{0.3935 z^{-2}}{1 - 0.6065 z^{-1}}$$

广义被控对象脉冲传递函数为

$$G(z) = Z\left(\frac{1-e^{-sT}}{s}G_c(s)\right) = \frac{0.1358z^{-2}(1+0.9051z^{-1})}{(1-z^{-1})(1-0.7413z^{-1})}$$

数字控制器传递函数为

$$D(z) = \frac{1}{G(z)}\frac{\Phi(z)}{1-\Phi(z)} = \frac{2.8976(1-0.7413z^{-1})}{(1+0.9051z^{-1})(1+0.3935z^{-1})} \tag{5-117}$$

当输入为单位阶跃输入时，闭环系统输出为

$$Y(z) = \Phi(z)R(z) = \frac{0.3935z^{-2}}{(1-0.6065z^{-1})(1-z^{-1})}$$
$$= 0.3935z^{-2} + 0.6322z^{-3} + 0.7769z^{-4} + 0.8647z^{-5} + \cdots$$

控制器输出为

$$U(z) = \frac{Y(z)}{G(z)} = \frac{2.8976(1-0.7413z^{-1})}{(1-0.6065z^{-1})(1+0.9051z^{-1})}$$
$$= 2.8976z^{-1} - 3.0132z^{-2} + 3.6306z^{-3} - 4.0322z^{-4} + 3.7062z^{-5} - 3.9692z^{-6} + \cdots$$

控制效果如图5-20所示。

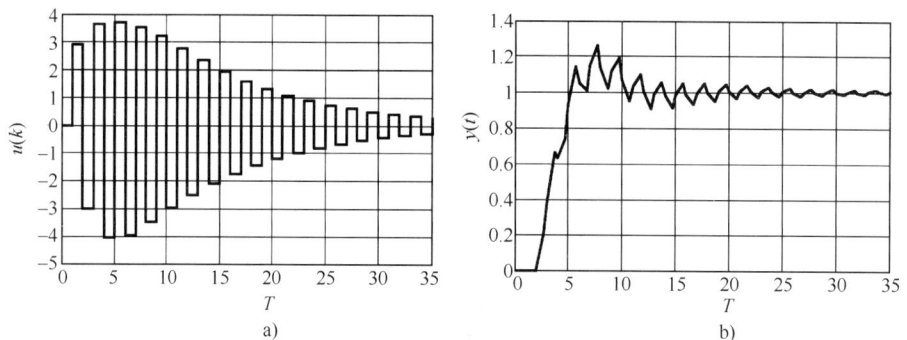

图 5-20 大林算法控制效果
a) 控制器输出 b) 系统响应输出曲线

由图5-20可以看出，在过渡过程中，控制量输出序列出现以2T为周期的大幅度上下振动现象，振动的频率是采样频率的1/2。把这种控制量以1/2的采样频率（即二倍采样周期）振荡的现象称为"振铃"现象。振铃现象的存在，会引起系统输出或控制量输出在采样点之间上下波动，这容易使执行机构大幅度动作，从而造成机构磨损，因此应尽量消除振铃现象。

振铃现象振荡的幅度用振铃幅度RA来表征。它定义为，数字调节器在单位阶跃作用下，第0拍与第1拍输出之差，即

$$RA = u(0) - u(T)$$

产生振铃的原因是数字调节器$D(z)$中含有左半平面的极点，而且极点离-1越近，振荡幅度越大，而单位圆内右半平面的实数极点会削弱振铃现象。

防止产生振铃的办法是设法消除$D(z)$在左半平面接近-1的极点。若$D(z)$在左半平面存在接近-1的极点，则令该结构因子中的$z=1$，于是振铃极点就消除了。根据终值定理，采用这种处理方法，系统的稳态输出可保持不变。

由图 5-20 可以看出，例 5-3 中所设计系统具有振铃现象。分析所设计控制律式 (5-117)，产生振铃的主要原因是存在靠近 -1 的极点 -0.9051，将控制器极点多项式中 $(1+0.9051z^{-1})$ 取 $z=1$，从而控制器修改为

$$D(z) = \frac{1.5206(1-0.7413z^{-1})}{(1+0.3935z^{-1})}$$

修改控制器 $D(z)$ 后，系统控制效果如图 5-21 所示。

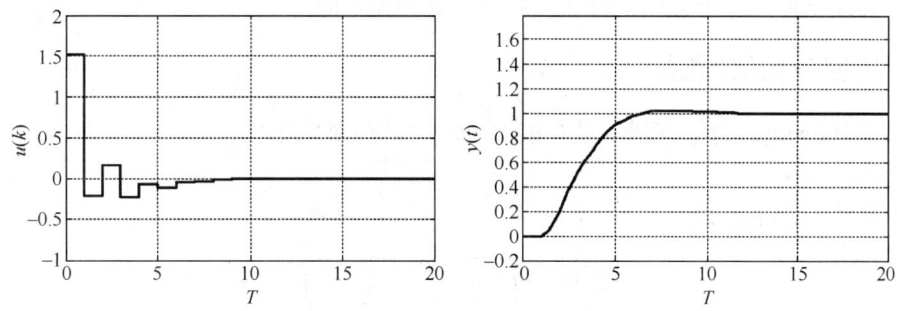

图 5-21 大林算法消除振铃的控制效果

由图 5-21 中系统输出曲线和控制器输出曲线可以看出，修改控制器结构后，振铃现象基本消除，而且控制效果得到了极大提高。超调量和调节时间都得到了显著改善。

例 5-4 设被控对象的传递函数 $G_c(s) = \dfrac{10}{s(s+1)} e^{-2.5s}$，采样周期 $T=0.5\,\mathrm{s}$，期望的闭环传递函数的一阶惯性环节的时间常数 $T_\tau = 0.5\,\mathrm{s}$，试按大林算法设计其数字控制器 $D(z)$。

解： 系统广义被控对象的传递函数为

$$G(z) = Z\left[\frac{1-e^{-Ts}}{s} \frac{10}{s(s+1)} e^{-2.5s}\right]$$

$$= 10z^{-6} \frac{(T+e^{-T}-1)+(1-Te^{-T}-e^{-T})z^{-1}}{1-(1+e^{-T})z^{-1}+e^{-T}z^{-2}} = \frac{1.06z^{-6}(1+0.858z^{-1})}{(1-z^{-1})(1-0.606z^{-1})}$$

系统闭环脉冲传递函数为

$$\Phi(z) = Z\left[\frac{1-e^{-Ts}}{s} \frac{e^{-2.5s}}{T_\tau s+1}\right] = \frac{(1-e^{-T/T_\tau})z^{-N-1}}{1-e^{-T/T_\tau}z^{-1}} = \frac{0.632z^{-6}}{1-0.368z^{-1}}$$

$$\Phi_e(z) = 1-\Phi(z) = \frac{1-0.368z^{-1}-0.632z^{-6}}{1-0.368z^{-1}}$$

在 $G(z)$ 中我们看到有一个零点 $z=-0.858$ 靠近 $z=-1$，所以如果不进行修正，必然会产生振铃现象。所以采用前面分析的方法对大林算法进行修正，令因子 $(1+0.858z^{-1})$ 中的 $z=1$，即

$$G(z) = \frac{1.06 \times 1.858z^{-6}}{(1-z^{-1})(1-0.606z^{-1})} = \frac{1.9695z^{-6}}{(1-z^{-1})(1-0.606z^{-1})}$$

从而得到数字控制器

$$D(z) = \frac{1}{G(z)} \frac{\Phi(z)}{1-\Phi(z)} = \frac{0.632z^{-6}(1-z^{-1})(1-0.606z^{-1})}{1.06 \times 1.858(1-0.368z^{-1}-0.632z^{-6})}$$

$$= \frac{0.32z^{-6}-0.515z^{-7}+0.194z^{-8}}{1-0.368z^{-1}-0.632z^{-6}}$$

控制器输出为

$$U(z) = D(z)E(z) = \frac{1}{G(z)}\frac{\Phi(z)}{\Phi_e(z)}E(z) = \frac{\Phi(z)}{G(z)}R(z)$$

$$= \frac{0.32(1-0.606z^{-1})}{1-0.368z^{-1}} = \frac{0.32 - 0.194z^{-1}}{1-0.368z^{-1}}$$

$$= 0.32 - 0.0762z^{-1} - 0.029z^{-2} - 0.01z^{-4} - 0.0039z^{-5} - \cdots$$

控制器输出值在一个方向上逐步衰减，振铃现象消除。

5.4.2 史密斯预估控制

史密斯（Smith）预估控制是具有较大纯滞后被控对象中使用较为广泛的一种纯滞后补偿控制方法。

设负反馈控制系统如图 5-22 所示。

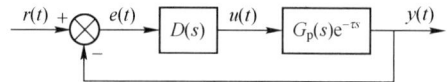

图 5-22 带纯滞后环节的控制系统

被控对象传递函数为

$$G(s) = G_p(s)e^{-\tau s}$$

其中，$G_p(s)$ 为被控对象中不包含纯滞后部分的传递函数；$e^{-\tau s}$ 为被控对象纯滞后部分的传递函数。系统闭环传递函数为

$$\Phi(s) = \frac{Y(s)}{R(s)} = \frac{D(s)G_p(s)e^{-\tau s}}{1+D(s)G_p(s)e^{-\tau s}}$$

系统特征方程为

$$1 + D(s)G_p(s)e^{-\tau s} = 0$$

由于滞后因子 $e^{-\tau s}$ 的存在，尤其是当滞后时间 τ 比较大时，常规控制律 $D(s)$ 很难使闭环系统获得满意的控制性能。史密斯预估控制的基本思想是，引入一个与被控对象并联的补偿环节，用来补偿被控对象中的纯滞后部分。加史密斯补偿器的控制系统结构如图 5-23 所示。

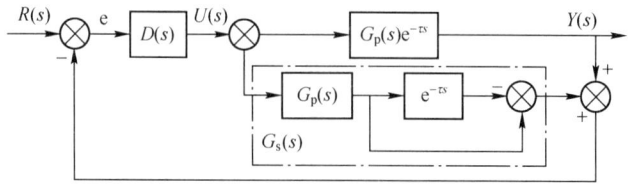

图 5-23 带史密斯补偿器的控制系统结构图

图中 $G_p(s)$ 为被控对象中不含纯滞后环节的传递函数。点画线框中的是史密斯补偿器，其等效传递函数 $G_s(s)$ 为

$$G_s(s) = G_p(s)(1-e^{-\tau s}) \tag{5-118}$$

经推导含史密斯补偿器的控制系统闭环传递函数为

$$\Phi(s) = \frac{D(s)G_\mathrm{P}(s)}{1+D(s)G_\mathrm{P}(s)}e^{-\tau s} \tag{5-119}$$

补偿后系统特征方程为

$$1+D(s)G_\mathrm{p}(s)=0$$

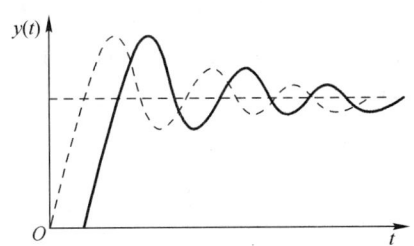

图 5-24　带史密斯补偿器的控制系统输出特性

这说明，经补偿后，系统将纯滞后环节 $e^{-\tau s}$ 排除在闭环控制回路之外，它将不会影响系统的稳定性。补偿后，$e^{-\tau s}$ 只是将控制作用在时间坐标上向后推移了一个时间 τ，控制系统的过渡过程及其他性能指标都与被控对象特性为 $G_\mathrm{p}(s)$（即没有纯滞后环节）时完全相同。经过这样的补偿，控制系统性能就可以按无纯滞后的对象进行设计了。

史密斯补偿器实现时，是关联在负反馈调节器 $D(s)$ 上，因此，图 5-23 可以等效转换成图 5-25 的形式。因为采用计算实现，图中增加了零阶保持器环节。

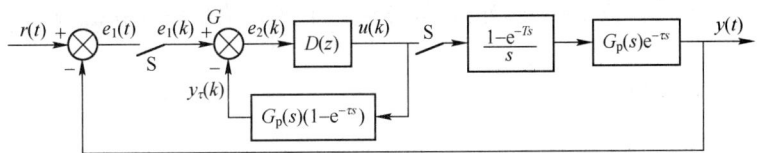

图 5-25　图 5-23 等效系统结构图

史密斯预估器是实现这种补偿控制方案的关键，其传递函数为

$$G_\mathrm{s}(s) = \frac{Y_\tau(s)}{U(s)} = G_\mathrm{p}(s)(1-e^{-\tau s}) = \frac{K}{T_\mathrm{c}s+1}(1-e^{-\tau s}) \tag{5-120}$$

史密斯预估器输出可按图 5-26 的顺序计算。图中，$u(k)$ 是数字控制器 $D(z)$ 的输出，$y_\tau(k)$ 是史密斯预估器的输出。

设采样周期为 T，由于纯滞后时间 τ 的存在，信号要延迟 $N(N=\tau/T)$ 个周期。为此，采用计算机编程实现时，要专门设定 N 个单元存放信号 $m(k)$ 的历史数据。具体设计方法为，在每个采样周期，先将 $N-1$ 号单元的数据移到 N 号单元，将 $N-2$ 号单元的数据

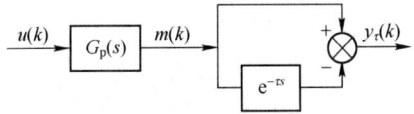

图 5-26　史密斯预估器框图

移到 $N-1$ 号单元，……，依次类推，将 0 号单元的数据移到 1 号单元，再将新得到的 $m(k)$ 存入 0 号单元。这样 N 号单元里的内容即为 $m(k)$ 滞后 N 个采样周期后的信号 $q[q=m(k-N)]$。

纯滞后补偿控制算法步骤如下：

(1) 计算反馈回路的偏差 $e_1(k)$

$$e_1(k) = r(k) - y(k)$$

(2) 计算纯滞后补偿器的输出 $y_\tau(k)$

将式（5-120）转化成微分方程式，则可写成

$$T_c \frac{dy_\tau(t)}{dt} + y_\tau(t) = K[u(t) - u(t-NT)]$$

相应的差分方程为

$$y_\tau(k) = e^{-T/T_c} y_\tau(k-1) + K(1 - e^{-T/T_c})[u(k-1) - u(k-N-1)]$$

上式为史密斯预估控制算式。

(3) 计算偏差 $e_2(k)$

$$e_2(k) = e_1(k) - y_\tau(k)$$

(4) 计算控制器的输出 $u(k)$。

史密斯补偿器是一种重要的纯滞后控制方法，但在应用中应注意下列情况。一是史密斯补偿器对系统受到的负荷干扰无补偿作用；二是史密斯补偿器的控制效果严重依赖于被控对象动态模型的精度，特别是纯滞后时间 τ，因此，在模型不匹配或运行条件改变时，控制效果会受到影响。针对这些问题，许多学者又在史密斯补偿器的基础上提出了不少改进方案。

5.5 数字控制器 $D(z)$ 的程序实现

前面几节介绍了几种数字控制器的设计方法，下面介绍采用计算机编程实现数字控制器 $D(z)$ 的方法。

数字调节器通常可以表示成

$$D(z) = \frac{U(z)}{E(z)} = \frac{b_0 + b_1 z^{-1} + \cdots + b_m z^{-m}}{1 + a_1 z^{-1} + \cdots + a_n z^{-n}} = \frac{\sum_{j=0}^{m} b_j z^{-j}}{1 + \sum_{i=1}^{n} a_i z^{-i}} \quad (m \leq n) \tag{5-121}$$

式中，$U(z)$ 是数字调节器输出；$E(z)$ 是数字调节器输入信号。

5.5.1 直接实现法

由式（5-121）可以得到数字调节器 $D(z)$ 输出量 $U(z)$ 的 Z 变换

$$\begin{aligned} U(z) &= (b_0 + b_1 z^{-1} + \cdots + b_m z^{-m}) E(z) - (a_1 z^{-1} + \cdots + a_n z^{-n}) U(z) \\ &= \sum_{j=0}^{m} b_j z^{-j} E(z) - \sum_{i=1}^{n} a_i z^{-i} U(z) \end{aligned} \tag{5-122}$$

对式（5-122）进行 Z 反变换，得到差分方程

$$u(kT) = \sum_{j=0}^{m} b_j e(kT - jT) - \sum_{i=1}^{n} a_i u(kT - iT) \tag{5-123}$$

式（5-123）很容易通过编写计算机程序实现。由式（5-123）可以看出，每计算一次 $U(kT)$，需要做 $m+n$ 次加减法运算、$(m+n+1)$ 次乘法运算和 $(m+n)$ 次数据传递运算。因为本次采样周期的 $u(k)$、$e(k)$，在下一个采样周期就变为 $u(k-1)$、$e(k-1)$；同理，$u(k-i)$、$e(k-j)$，在下一个采样周期就变为 $u(k-i-1)$、$e(k-j-1)$。

例 5-5 设数字控制器 $D(z) = \dfrac{2z^3 + 3z^2 + 4z}{z^3 + 2z^2 + 3z + 4}$，试用直接实现法写出实现 $D(z)$ 的表达式。

解：将 $D(z)$ 做如下变换：

$$D(z) = \frac{U(z)}{E(z)} = \frac{2 + 3z^{-1} + 4z^{-2}}{1 + 2z^{-1} + 3z^{-2} + 4z^{-3}}$$

从而得到直接法实现时，相应的差分方程表达式为

$$u(kT) = 2e(kT) + 3e(kT-T) + 4e(kT-2T) \\ - 2u(kT-T) - 3u(kT-2T) - 4u(kT-3T)$$

直接实现法方法简单，不需做任何变换。但是当控制器中任一系数存在误差时，则会使控制器所有的零极点产生相应的变化。直接实现法的结构图如图 5-27 所示。

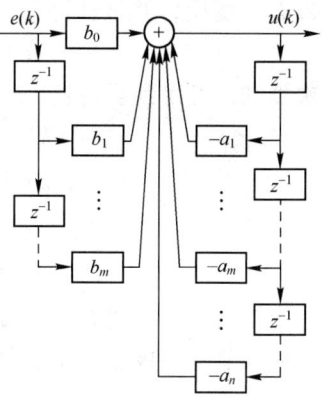

图 5-27 直接实现法结构图

5.5.2 串接实现法

当数字调节器 $D(z)$ 具有较高阶次时，可以把 $D(z)$ 化作一些简单的一阶或二阶环节的串联，即

$$D(z) = d_0 \prod_{i=1}^{l} D_i(z) \quad (l < n) \tag{5-124}$$

式中，$D_i(z)$ 为简单一阶或二阶环节，可表示为

$$D_i(z) = \frac{U_i(z)}{E_i(z)} = \frac{1 + \beta_i z^{-1}}{1 + \alpha_i z^{-1}} \tag{5-125}$$

或

$$D_i(z) = \frac{U_i(z)}{E_i(z)} = \frac{1 + \beta_{i1} z^{-1} + \beta_{i2} z^{-2}}{1 + \alpha_{i1} z^{-1} + a_{i2} z^{-2}} \tag{5-126}$$

这些简单的一阶、二阶环节可以采用直接法实现。串接实现法的结构框图如图 5-28 所示。

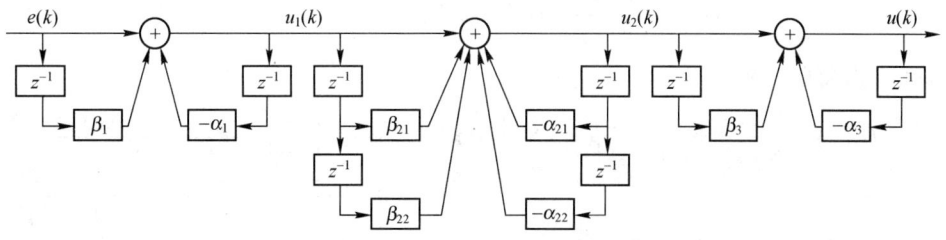

图 5-28 串接实现法结构图

为了计算 $u(k)$，可先求出 $u_1(k)$，然后依次求出 $u_2(k)$，$u_3(k)$，…，最后求出 $u(k)$。具体计算方法如下。

为简单起见，假设 $D_i(z)$ 为一阶环节（二阶环节原理相同），由

$$D_1(z) = \frac{U_1(z)}{E_1(z)} = \frac{1 + \beta_1 z^{-1}}{1 + \alpha_1 z^{-1}}$$

得到

$$(1 + \alpha_1 z^{-1}) U_1(z) = (1 + \beta_1 z^{-1}) E_1(z)$$

进行 Z 反变换，并整理得

$$u_1(k) = e(k) + \beta_1 e(k-1) - \alpha_1 u_1(k-1) \tag{5-127}$$

依次类推，可得到下列表达式：

$$\begin{aligned} u_1(k) &= e(k) + \beta_1 e(k-1) - \alpha_1 u_1(k-1) \\ u_2(k) &= u_1(k) + \beta_2 u_1(k-1) - \alpha_2 u_2(k-1) \\ &\vdots \\ u(k) &= d_0 u_{l-1}(k-1) + \beta_l u_{l-1}(k-1) - \alpha_l u(k-1) \end{aligned} \tag{5-128}$$

串接实现法的优点是，当低阶控制器中某一系数存在误差或发生变化时，只会影响到与其对应环节的零极点，而不会使整个系统的零极点都受到影响。

例 5-6 设数字控制器 $D(z) = \dfrac{z^2 + 3z - 4}{z^2 + 5z + 6}$，试用串接实现法写出实现 $D(z)$ 的表达式。

解：

$$D(z) = \frac{(z+4)(z-1)}{(z+2)(z+3)} = \frac{(1+4z^{-1})(1-z^{-1})}{(1+2z^{-1})(1+3z^{-1})}$$

令

$$D_1(z) = \frac{U_1(z)}{E(z)} = \frac{(1+4z^{-1})}{(1+2z^{-1})}, \quad D_2(z) = \frac{U(z)}{U_1(z)} = \frac{(1-z^{-1})}{(1+3z^{-1})}$$

将 $D_1(z)$、$D_2(z)$ 进行 Z 反变换，并整理得

$$u_1(k) = e(k) + 4e(k-1) - 2u_1(k-1)$$
$$u(k) = u_1(k) - u_1(k-1) - 3u(k-1)$$

5.5.3 并接实现法

对于较高阶次的 $D(z)$，采用部分分式法分简为多个一阶或二阶环节相加的形式，即

$$D(z) = \frac{U(z)}{E(z)} = D_1(z) + D_2(z) + \cdots + D_l(z) \tag{5-129}$$

式中，$D_i(z)$ 为简单一阶或二阶环节

$$D_i(z) = \frac{U_i(z)}{E_i(z)} = \frac{\gamma_i}{1 + \alpha_i z^{-1}} \tag{5-130}$$

或

$$D_i(z) = \frac{U_i(z)}{E_i(z)} = \frac{\gamma_{i0} + \gamma_{i1} z^{-1}}{1 + \alpha_{i1} z^{-1} + \alpha_{i2} z^{-2}} \tag{5-131}$$

并接实现法的结构图如图 5-29 所示。

一阶、二阶环节采用直接法实现，求出 $u_1(k), u_2(k), \cdots, u_l(k)$ 后，便可得到

$$u(k) = u_1(k) + u_2(k) + \cdots u_l(k) \tag{5-132}$$

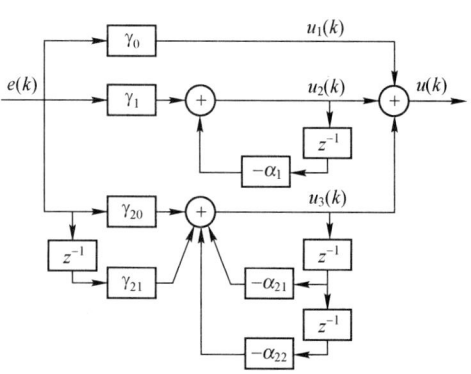

图 5-29 并接实现法结构图

例 5-7 设数字控制器 $D(z) = \dfrac{3 + 3.6z^{-1} + 0.6z^{-2}}{1 + 0.1z^{-1} - 0.2z^{-2}}$，试用并接实现法写出实现 $D(z)$ 的表达式。

解：

$$D(z) = \frac{U(z)}{E(z)} = -3 - \frac{1}{1 + 0.5z^{-1}} + \frac{7}{1 - 0.4z^{-1}}$$

令

$$D_1(z) = \frac{U_1(z)}{E(z)} = -3,$$

$$D_2(z) = \frac{U_2(z)}{E(z)} = -\frac{1}{1 + 0.5z^{-1}}, \quad D_3(z) = \frac{U_3(z)}{E(z)} = \frac{7}{(1 + 3z^{-1})}$$

将 $D_1(z)$、$D_2(z)$、$D_3(z)$ 进行 Z 反变换，并整理得

$$u_1(k) = -3e(k), \quad u_2(k) = -e(k) - 0.5u_2(k-1)$$

$$u_3(k) = 7e(k) - 3u_3(k-1)$$

从而得到 $u(k) = u_1(k) + u_2(k) + u_3(k)$。

并接实现法的优点与串接实现法类似，当低阶控制器中某一系数存在误差或发生变化时，也只会影响到与其对应环节的零极点。但是采用串接和并接法进行程序实现时，需要将高阶函数分解成一阶或二阶环节，直接实现则无需进行分解，实现方法简单。

5.6 离散控制系统的 MATLAB 分析与仿真

1. 脉冲传递函数模型

若已知连续系统传递函数模型，其离散化模型可以通过 c2d( ) 函数求取。c2d 函数的调用形式为

$$\mathrm{SYSD = C2D(SYSC,Ts,METHOD)}$$

3 个参数中，SYSC 为对应的连续系统模型；Ts 为采样周期；METHOD 为所选用的离散化方法，省略时，表示带零阶保持器的离散化。

例 5-8 已知控制系统传递函数为

$$G(s) = \frac{s^2 + 2s + 1}{s^4 + 5s^3 + 3s^2 + 8s + 9}$$

采样周期 $T = 1s$，求带零阶保持器的广义被控对象的脉冲传递函数。

解： MATLAB 程序代码如下：

```
>> num = [1 2 1];
den = [1 5 3 8 9];
Ts = 1;
G1 = tf(num,den);
G = c2d(G1,Ts)
```

运行结果：

Transfer function:

0.2509 z^3 - 0.03379 z^2 - 0.07753 z + 0.0206
―――――――――――――――――――――――――――――――――――――――
z^4 - 0.9607 z^3 + 2.11 z^2 - 0.7144 z + 0.006738

Sampling time: 1

零极点模型可以通过 ZPK( ) 函数进一步求解，如进一步输入 matlab 指令 >> zpk(G)，得到

Zero/pole/gain:

0.25092 (z + 0.6032) (z - 0.37) (z - 0.3679)
―――――――――――――――――――――――――――――――――――――――
(z - 0.3679) (z - 0.009709) (z^2 - 0.5832z + 1.887)

Sampling time: 1

例 5-9 已知系统的脉冲传递函数为

$$G(z) = \frac{z^2 + 2z + 3}{z^3 + 4z^2 + 6z + 9}$$

在 MATLAB 环境下获得其采样时间为 Ts = 4 s 的传递函数形式模型。

解：MATLAB 程序代码如下：

```
>> num = [1 2 3];
den = [1 4 6 9];
Ts = 4;
G = tf(num,den,Ts)
```

运行结果：

Transfer function:

z^2 + 2 z + 3
―――――――――――――――
z^3 + 4 z^2 + 6 z + 9

Sampling time: 4

离散系统的阶跃响应曲线、脉冲响应曲线，可以通过 MATLAB 命令 dstep 和 dimpulse 得到。

2. 离散系统的 Simulink 仿真

下面通过一个例子来说明使用 Simulink 对离散系统进行建模与仿真的方法。

例 5-10 已知采样控制系统如图 5-30 所示。

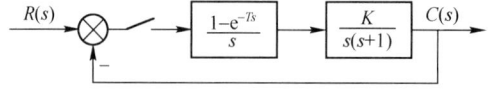

图 5-30 离散系统框图

已知 $K=10$，采样周期 $T=0.1\,\mathrm{s}$，用 Simulink 仿真，求系统的单位阶跃响应。

解：用 Simulink 中模型离散化工具 Model Discretizer 来求系统在 $T=0.1\,\mathrm{s}$ 时，单位阶跃响应。步骤如下：

1）建立连续系统模型如图 5-31 所示。

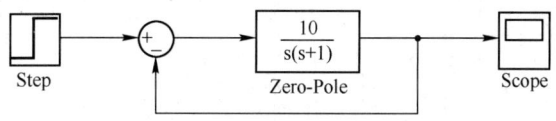

图 5-31　连续系统仿真图

2）选择 Model Discretizer 命令，路径为 Tools｜Control Design｜Model Discretizer，如图 5-32 所示。

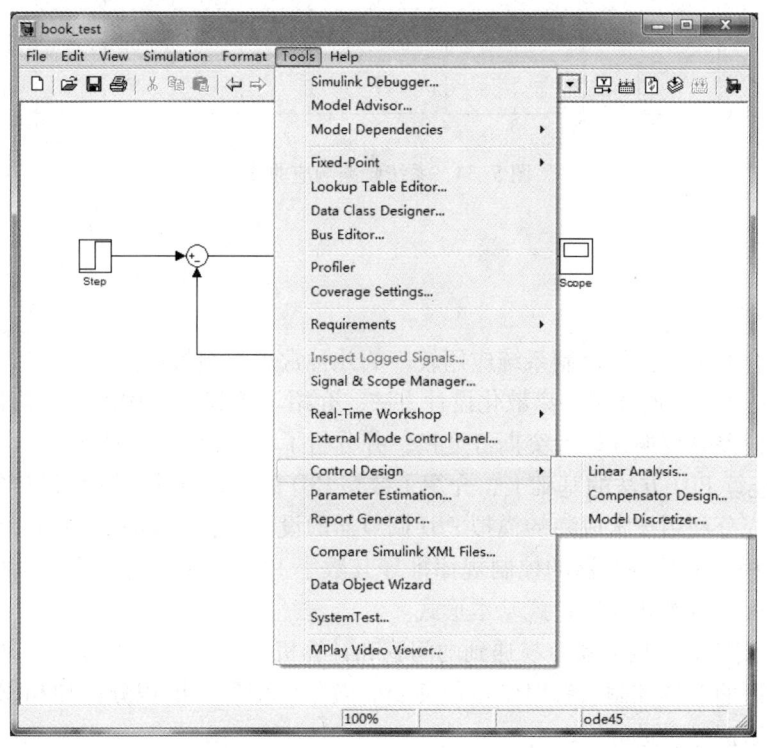

图 5-32　选择 Model Discretizer 命令

3）单击 Model Discretizer，在新打开的界面里，在 Transform Method 中选择 zero – order hold；在 Sample Time 中，输入采样周期 T = 0.1；在 Replace Current Selection with 中，选择 Discrete Blocks（Enter parameters in z – domain）；单击图标 s 到 z 转换图标。得到离散化后的系统模型如图 5-33 所示。

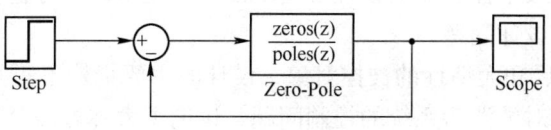

图 5-33　离散系统模型

4）单击仿真命令后，单击示波器图标，就可以看到系统阶路响应曲线了。如图5-34所示。

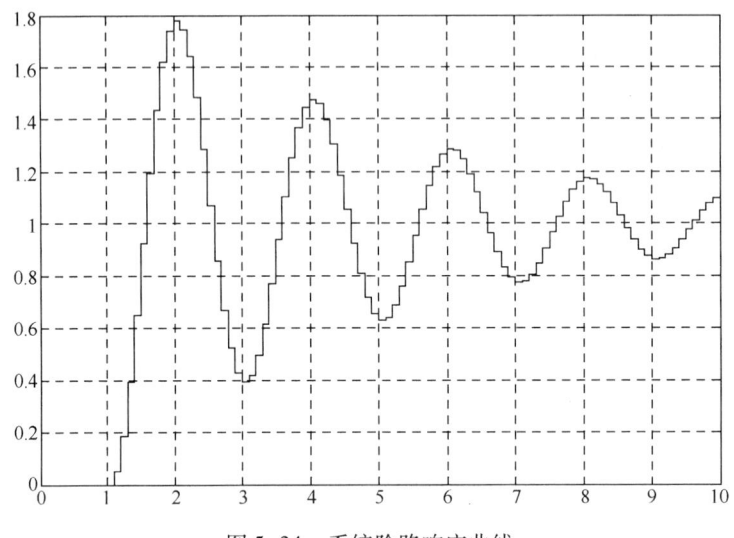

图5-34 系统阶路响应曲线

本章小结

本章主要介绍了计算机控制系统应用较广的几种常规控制策略。

5.1节主要介绍了连续域—离散化设计方法。介绍了工程上常用的几种离散化方法：前向差变换、后向差分变换，以及突斯汀变换，并分析了各变换方法的特点。

5.2节在连续PID方法的基础上，介绍了数字PID的设计方法。这种设计的最方便之处在于人们可以充分利用技术成熟的模拟PID调节器的设计经验。具体内容有：

（1）根据模拟PID调节器的控制规律推导其数字PID实现方法，根据执行元件和控制对象的特性，得到位置式和增量式基本形式。

（2）根据模拟PID调节器容易遇到的问题和计算机控制的特点，讨论了PID改进方法，如：带微分限制的PID控制、针对给定值突变的微分项变形、抗积分饱和和积分分离控制、消除积分不灵敏区等改进方案。

（3）简单介绍了工业生产过程中常用的简易工程整定法和扩充比例度法等PID参数整定方法。

5.3节介绍了数字控制器的直接设计方法，分析了最少拍设计的基本原理。然后讨论了有纹波最少拍设计和无纹波最少拍设计的具体设计方法和步骤。

最少拍控制是一种时间最优控制，系统必须在保证控制系统稳定性的基础上实现系统响应的快速性，同时保证数字控制器的物理可实现性。在此基础上分析了最少拍有波纹系统和最少拍无波纹控制系统设计问题。

5.4节针对带纯滞后和大惯性的被控对象，设计的主要指标不再是快速性，而是保证系统的稳定和准确性。针对纯滞后系统的控制问题，讨论了大林算法及振铃现象消除方法。纯滞后补偿设计，是针对纯滞后系统提出的一种补偿控制方案，其设计思想是通过史密斯补偿器，将纯滞后环节排除在闭环回路之外，这样闭环部分就可以按照无滞后系统的设计方法进行控制器设计了。

5.5 节进一步介绍了数学调节器 $D(z)$ 的编程实现方法。

计算机控制系统控制策略的研究是计算机控制技术研究的核心问题之一，随着计算机技术、自动控制技术、信息技术的飞速发展和学科之间的交叉和融合，许多先进控制策略不断出现，例如模糊控制、模糊神经网络控制、自适应控制、最优控制等方法也逐步应用于生产过程之中。关于这部分知识大家可以参阅后续的章节和相关的文献资料学习。

思考题与习题

5-1 数字控制器与模拟调节器比较有什么优点？

5-2 按一定性能指标要求对某控制系统综合校正后得到其应加的校正装置为

$$D(s) = \frac{1}{s(s+a)}$$

1）试按模拟调节规律离散化的方法实现此调节规律的数字控制器的算式（设输入为 $e(t)$，输出为 $u(t)$）。

2）画出该数字控制器算法实现程序的流程图。

5-3 已知连续系统传递函数 $D(s) = \dfrac{s}{(s+1)^2}$，采样周期 $T = 1\,\text{s}$，试分别采用一阶后向差分法、一阶前向差分法、突斯汀变换法求其等效的脉冲传递函数 $D(z)$，并写出相应的差分方程。

5-4 什么是积分饱和现象？它是怎样引起的？可以采用什么办法消除积分饱和现象？

5-5 简述 PID 调节器的参数 K、T_i、T_d 及采样周期 T 对控制性能各有什么影响？

5-6 已知某连续控制器的传递函数为

$$D(s) = \frac{1 + 0.17s}{0.085s}$$

试分别写出其相应的位置型和增量型 PID 算法输出表达式。已知采样周期 $T = 1\,\text{s}$。

5-7 简述扩充临界比例度法、扩充响应曲线法整定 PID 参数的步骤。

5-8 已知一被控对象的传递函数为

$$G_c(s) = \frac{10}{s(1+0.1s)(1+0.05s)}$$

设采用零阶保持器，采样周期为 $T = 0.2\,\text{s}$。试针对单位速度输入，设计最少拍有波纹系统控制器 $D(z)$，计算采样瞬间数字控制器和系统的输出响应，并绘制响应曲线。

5-9 针对上题被控对象，针对单位速度输入，设计最少拍无波纹系统控制器 $D(z)$，计算采样瞬间数字控制器和系统的输出响应并绘制响应"曲线"。

5-10 被控对象的传递函数为 $G_c(s) = \dfrac{10}{s(0.1s+1)}$，采用零阶保持器，采样周期 $T = 0.1\,\text{s}$，试设计单位速度输入的最少拍无纹波数字控制器 $D(z)$，写出系统输出系列和控制器输出系列。校验一下所设计的系统是否满足快速无纹波的要求。

5-11 某电阻炉的传递函数可以近似为带纯滞后的一阶惯性环节

$$G_c(s) = \frac{K_d}{1+T_d s}e^{-\tau s}$$

用飞升曲线法测得电阻炉的有关参数如下：$K_d = 1.16$，$\tau = 30\,\text{s}$，$T_d = 680\,\text{s}$，若采用零阶保持器，取采样周期 $T = 6\,\text{s}$，要求闭环系统的时间常数 $T_\tau = 350\,\text{s}$，试用大林算法求对电阻炉实现温度控制的数字控制器算式。

5-12 已知控制系统的被控对象的传递函数为

$$G_c(s) = \frac{e^{-s}}{(2s+1)(s+1)}$$

采样周期 $T = 1\,\text{s}$，若选闭环系统的时间常数 $T_\tau = 0.1\,\text{s}$，问是否会出现振铃现象？试用大林算法设计数字控制器 $D(z)$。

5-13 某温度控制系统采用数字 PID 算法进行温度控制，温度测量范围为 $-50 \sim +50\,℃$，A/D 转换器字长为 12 位，温度设定值为 $20\,℃$，问所测温度在什么范围内进入积分不灵敏区？若 A/D 转换器字长不能增加，应采取什么措施改善积分不灵敏区的影响？

5-14 什么是振铃？振铃是怎么引起的？如何消除振铃？

5-15 已知数字控制器的传递函数为 $D(z) = \dfrac{z^{-2}}{(1+2z^{-1})^2}$

（1）采用直接实现法写出控制器的输出表达式 $u(kT)$。

（2）写出串接实现法实现 $D(z)$ 的表达式。

第6章 先进控制策略

传统的控制方式是基于被控对象精确数学模型的控制方式，它们采用固定的控制算法，控制系统性能严重依赖于设计时所采用模型的精确性。随着工业生产的发展和技术的进步，被控对象越来越复杂，常常表现为高度的非线性、动态突变性和不确定性，系统模型难以用精确的数学模型描述。另外，分散的传感器/执行器、分层的决策机构、复杂的信息结构等进一步增加了控制系统设计的复杂性。基于精确模型的传统控制技术难以解决上述现实问题。近年来，随着电子技术、计算机技术的迅猛发展，一系列新型控制策略应运而生并迅速在实际中得到应用、改进和发展。

本章主要介绍模糊控制技术、神经网络控制技术和其他先进控制技术，用来解决那些使用传统控制方法难以解决的复杂对象、复杂环境、复杂任务的控制问题。

6.1 模糊控制

传统控制方法都是建立在被控对象精确数学模型基础上的，然而，随着系统复杂程度的提高，对于那些多变量，非线性、时变的大系统很难建立精确的数学模型。在工程实践中，人们发现，一些复杂的控制系统可由操作人员凭着丰富的实践经验得到满意的控制效果。这说明，如果通过模拟人脑的思维方法设计控制器，可以实现复杂系统的控制，由此产生了模糊控制。

1965 年美国控制论专家 L. A. Zadeh 教授创立了模糊集合论，从而为描述、研究和处理模糊性现象提供了新的工具。一种利用模糊集合的理论来建立系统模型、设计控制器的新型方法——模糊控制也随之问世了。

1974 年，英国马莉皇后学院的 Mamdani 教授首次用模糊逻辑和模糊推理实现了世界上第一个实验性的蒸汽机压力和速度控制系统，揭开了模糊理论在控制领域应用的新篇章。

1980 年丹麦工科大学的 Ostergaard 等人对水泥窑的模糊控制进行了研究，F. L. Smith 公司随后制造了专用的模糊控制器，采用该模糊控制器控制水泥窑并且正式投入运行。

1985 年日本仙台地铁采用模糊控制器实现自动运行，同时在家电领域、汽车控制、电梯、水泥生产和核电供水等系统模糊控制技术得到广泛应用。

模糊控制是以模糊集合理论为基础的一种新兴的控制策略，它是模糊系统理论和模糊技术与自动控制技术相结合的产物。自诞生以来，它产生了许多探索性甚至是突破性的研究与应用成果。

模糊控制的核心就是利用模糊集合理论，把人的控制策略的自然语言转化为计算机能够接受的算法语言。在模糊控制系统中，能够将人的控制经验和知识包含进来，这种方法不仅能实现自动控制，而且能够模拟人的思维方式，对一些无法构造精确数学模型的被控对象进行有效的控制。从这个意义上说,模糊控制是一种智能控制。模糊控制为自动控制技术摆脱精确数学模型提供了手段,从而使控制系统像人一样基于定性的模糊的知识进行控制决策成为可能。

模糊控制技术具有一些鲜明的特征:

1) 它是一种非线性的控制方法,工作范围广,特别适用于非线性、时变、滞后系统的控制。

2) 它不依赖于被控对象的精确数学模型,对于无法建模或难以建模的复杂对象,能够模拟人的经验知识来设计模糊控制器完成控制任务。

3) 它具有极强的鲁棒性,对被控对象的特性变化不敏感。

4) 它的算法简单,执行快,能进行实时控制。

5) 它不需要很多的控制理论知识,容易推广普及。

正因为模糊控制具有以上显著的优点,很多国际著名的专家学者指出:"模糊控制是 21 世纪的控制技术",将有非常广阔的发展前途和产品市场。

6.1.1 模糊集合

在现实生活中的一些概念有着明确意义,比如说"男人""女人""大于 6 的自然数"等概念,对于这些明确的概念,在数学中常常用经典集合来表示。但是现实生活中不是每个概念都是很明确的,比如说"青年人"这个概念,显然难以在年龄轴上划两条范围线,表明在范围线内的是青年人,而在线外的就不是青年人。因为人的生命是一个连续的过程,一个人从少年走向青年是一日一日积累的,同样,一个人从青年步入中年也是一个渐变的过程。另外,像"冷""热""老年人"等,我们把这样一类只能进行定性描述的概念称为模糊概念。模糊集合理论就是处理这些模糊概念的。"模糊"是人类感知万物,获取知识,思维推理,决策实施的重要特征。"模糊"比"清晰"所拥有的信息容量更大,内涵更丰富,更符合客观世界。

1. 模糊集合和隶属函数

数学上经常用到集合的概念,如集合 $A = \{x_1, x_2, x_3\}$,$A = \{x \mid x \in R, 0 \leq x \leq 1.0\}$。以上两个集合是确定性的,对于任意元素 x,只有两种可能:要么属于集合,要么不属于集合。这种特性可以用特征函数 $\mu_A(x)$ 来描述,即

$$\mu_A(x) = \begin{cases} 0, & x \notin A \\ 1, & x \in A \end{cases}$$

为了描述定性的模糊概念,引入模糊集合和隶属函数。模糊集合 $\tilde{A}$ 的隶属函数定义为

$$\mu_A(x) = \begin{cases} 0, & x \notin \tilde{A} \\ (0,1], & x \in \tilde{A} \text{ 的程度} \end{cases}$$

式中,隶属函数 $\mu_A(x)$ 表示元素 $x \in \tilde{A}$ 的程度,在区间 $(0,1]$ 上取值。

设 X 是对象 x 的集合,则 X 上的模糊集合 A 可定义为有序对的集合,即

$$A = \{(x, \mu_A(x) \mid x \in X)\}$$

式中,$\mu_A(x)$ 为模糊集合 A 的隶属函数;X 称为论域。

隶属函数的性质:

1)定义为有序对形式。
2)隶属函数在0和1之间取值,完全不属于集合时取0,完全属于集合时取1。
3)其值的确定具有主观性和个人的偏好。

显然,模糊集合是经典集合的简单推广,经典集合的特征函数取值只能为1或0,而模糊集合的隶属函数取值可以在0至1之间连续变化。

2. 模糊集合的表示

模糊集合的表示方法分为离散论域和连续论域表示法。

例6-1 $X=\{0,1,2,3,4,5,6\}$ 为一个家庭希望拥有的自行车数目,则模糊集合 $A=$ "一个家庭希望拥有的自行车数目"可以表示为

$$A=\{(0,0),(1,0.3),(2,0.6),(3,1),(4,0.5),(5,0.2),(6,0)\} \qquad (6-1)$$

或

$$A=\frac{0}{0}+\frac{0.3}{1}+\frac{0.6}{2}+\frac{1}{3}+\frac{0.5}{4}+\frac{0.2}{5}+\frac{0}{6} \qquad (6-2)$$

或

$$A=(0,0.3,0.6,1,0.5,0.2,0) \qquad (6-3)$$

式(6-1)称为序偶表示法;式(6-2)称为Zadeh表示法;式(6-3)称为向量表示法。

例6-2 $X \in [0,100]$ 是人类可能的年龄论域,则模糊集合 $A=$ "老年人"可以表示成

$$A=\int_X \frac{\mu_A(x)}{x} \qquad (6-4)$$

其中,

$$\mu_A(x)=\begin{cases} 0 & x \leqslant 50 \\ \dfrac{1}{1+\left(\dfrac{5}{x-50}\right)^2} & x > 50 \end{cases}$$

以上两个例子的模糊集合表示在图6-1中。

注意,式(6-2)不是分式求和,这仅是一种表示法的符号,其分母表示论域 X 中的元素,分子表示相应元素的隶属度;式(6-4)不是积分运算和除法运算,而是表示对论域中的每个元素 x 都定义了相应的隶属函数。

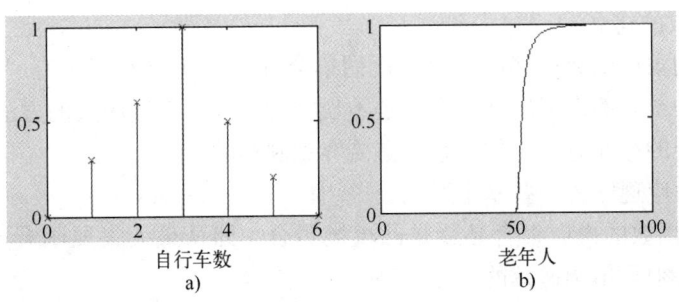

图6-1 模糊集合
a)离散论域 b)连续论域

(1) 模糊集合的运算

设 A、B 为 X 中的两个模糊集合，隶属函数分别为 $\mu_A(x)$、$\mu_B(x)$，则模糊集合 A、B 的并集 $A \cup B$，交集 $A \cap B$ 和补集 $\bar{A}$ 实际上就是逐点对隶属函数进行相应的运算。

1) 并集

若 C 是 A 和 B 的并集，则

$$\mu_C(x) = \mu_A(x) \vee \mu_B(x)$$

其中，"$\vee$"表示二者比较后取大值。

2) 交集

若 C 是 A 和 B 的交集，则

$$\mu_C(x) = \mu_A(x) \wedge \mu_B(x)$$

其中，"$\wedge$"表示二者比较后取小值。

3) 补集

$$\mu_{\bar{A}}(x) = 1 - \mu_A(x)$$

例 6-3 设论域 $X = \{x_1, x_2, x_3, x_4\}$ 上的模糊集合 A、B 分别是：

$$A = \frac{0}{x_1} + \frac{0.3}{x_2} + \frac{0.6}{x_3} + \frac{1}{x_4}, B = \frac{0.2}{x_1} + \frac{0.5}{x_2} + \frac{0.4}{x_3} + \frac{0.1}{x_4}$$

求模糊集合的并集 $A \cup B$，交集 $A \cap B$ 和补集。

解：

$$A \cup B = \frac{0 \vee 0.2}{x_1} + \frac{0.3 \vee 0.5}{x_2} + \frac{0.6 \vee 0.4}{x_3} + \frac{1 \vee 0.1}{x_4}$$

$$= \frac{0.2}{x_1} + \frac{0.5}{x_2} + \frac{0.6}{x_3} + \frac{1}{x_4}$$

$$A \cap B = \frac{0 \wedge 0.2}{x_1} + \frac{0.3 \wedge 0.5}{x_2} + \frac{0.6 \wedge 0.4}{x_3} + \frac{1 \wedge 0.1}{x_4}$$

$$= \frac{0}{x_1} + \frac{0.3}{x_2} + \frac{0.4}{x_3} + \frac{0.1}{x_4}$$

$$\bar{A} = \frac{1-0}{x_1} + \frac{1-0.3}{x_2} + \frac{1-0.6}{x_3} + \frac{1-1}{x_4}$$

$$= \frac{1}{x_1} + \frac{0.7}{x_2} + \frac{0.4}{x_3}$$

(2) 隶属函数的建立

模糊集合是用隶属函数描述的，由于模糊集合理论的研究对象具有"模糊性"和经验性，因此找到一种统一的隶属度计算方法是不现实的。确定隶属函数的方法具有主观性，但主观的反映和客观的存在有一定的联系，是受客观制约的。

确定隶属函数应遵守的一些基本原则：

1) 表示隶属函数的模糊集合必须是凸模糊集合，即从最大隶属函数点向两边延伸时，其隶属函数的值必须是单调递减的。

2) 变量所取隶属函数通常是对称和平衡的，模糊空间语言值个数适中，一般为 3~9 个（奇数），语言值的个数和规则数成正比。

3) 隶属函数要符合人们的语言顺序，相邻的两个语言集要有一定的重叠率，0.3

~0.7为宜；避免不恰当的重叠，即间隔的两个模糊集合隶属函数尽量不相交。隶属函数示意图如图6-2所示。

通常确立隶属函数的做法是，初步确立粗略的隶属函数，然后再通过"学习"和不断的实践来修整、完善。

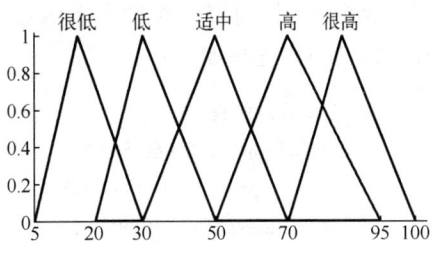

图6-2 隶属函数示意图

6.1.2 隶属函数的参数化

隶属函数很好地描述了事物的模糊性，隶属函数的确定对模糊控制系统性能的好坏至关重要。但是目前还没有成熟的方法来确定隶属函数，主要还停留在经验和实验的基础上。下面介绍几种常用的隶属函数。

（1）高斯形隶属函数

$$f(x;c,\sigma) = e^{-\frac{1}{2}\left(\frac{x-c}{\sigma}\right)^2}$$

高斯形隶属函数的形状由两个参数 c 和 σ 确定，式中 c 确定曲线的中心，σ 确定曲线的宽度。在MATLAB中表示为gaussmf(x,[σ,c])。

（2）三角形隶属函数

$$f(x;a,b,c) = \begin{cases} 0 & x \leq a \\ \dfrac{x-a}{b-a} & a \leq x \leq b \\ \dfrac{c-x}{c-b} & b \leq x \leq c \\ 0 & c \leq x \end{cases}$$

三角形隶属函数的形状由3个参数 a、b、c 确定，式中 a、c 确定三角形的脚，b 确定三角形的顶。在MATLAB中表示为trimf(x,[a,b,c])。

（3）广义钟形隶属函数

$$f(x;a,b,c) = \frac{1}{1+\left|\dfrac{x-c}{a}\right|^{2b}}$$

广义钟形隶属函数的形状由3个参数 a、b、c 确定，式中 a、b 确定曲线的形状，c 确定曲线的中心。在MATLAB中表示为gbellmf(x,[a,b,c])。

（4）梯形隶属函数

$$f(x,a,b,c,d) = \begin{cases} 0 & x \leq a \\ \dfrac{x-a}{b-a} & a \leq x \leq b \\ 1 & b \leq x \leq c \\ \dfrac{d-x}{d-c} & c \leq x \leq d \\ 0 & d \leq x \end{cases}$$

梯形隶属函数的形状由4个参数 a、b、c、d 确定，式中 a、d 确定梯形的脚，b、c 确定梯形的肩。在MATLAB中表示为trapmf(x,[a,b,c,d])。

例 6-4 针对以上 4 种隶属函数用 MATLAB 进行仿真,隶属函数的参数化如图 6-3 所示。MATLAB 程序如下:

```
x = 0:1:100;
Y1 = trimf(x,[20 60 80]);
Y2 = trapmf(x,[10 20 60 90]);
Y3 = gaussmf(x,[20 50]);
Y4 = gbellmf(x,[20 4 50]);
subplot(221);
plot(x,Y1)
subplot(222);
plot(x,Y2)
subplot(223);
plot(x,Y3)
subplot(224);
plot(x,Y4)
```

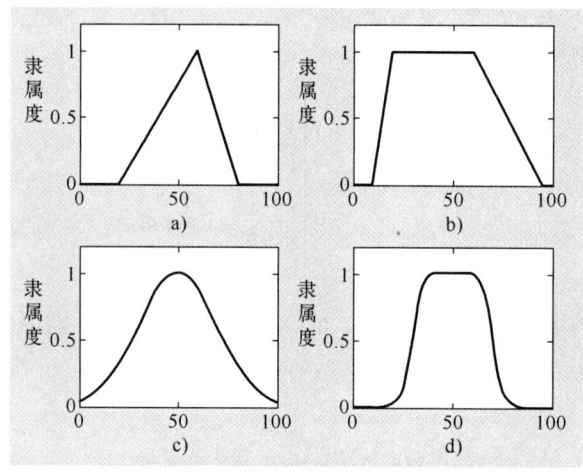

图 6-3 隶属函数的参数化

其他常用隶属函数还有 S 形隶属函数、Z 形隶属函数等。

(5) S 形隶属函数

$$f(x,a,c) = \frac{1}{1 + e^{-a(x-c)}}$$

S 形隶属函数的形状由参数 a 和 c 确定,参数 a 的正负决定了 S 形隶属函数的开口向左还是向右,可用来表示正大或负大的概念。MATLAB 表示为 sigmf(x,[a,c])

Z 形隶属函数因其呈现 Z 形状而得名,MATLAB 表示为 zmf(x,[a,b])。

6.1.3 模糊关系及其运算

集合论中的"关系"刻画了事物间的精确性联系,"精确关系"表示两个或两个以上集合元素之间关联、交互、互连是否存在,属二值逻辑。而模糊关系在概念上是精确关系的推广，表示两个或两个以上模糊集合元素之间关联、交互、互连是否存在或不存在的程度。模糊关系表现了事物间更广泛的联系，从更深刻的意义上看接近人的思维。

例 6-5 设 X 为家庭成员中的子女，Y 为家庭成员中的父母，对于"子女与父母长得像"的模糊关系 $R = X \times Y$ 可以用如下的模糊矩阵表示：

$$R = \begin{matrix} \\ 子 \\ 女 \end{matrix} \begin{matrix} 父 & 母 \\ \begin{bmatrix} 0.8 & 0.2 \\ 0.3 & 0.7 \end{bmatrix} \end{matrix}$$

模糊矩阵也是模糊集合，其元素均为隶属函数，它们在 [0, 1] 之间取值。因此，模糊矩阵也可以进行模糊集合的求并、求交和求补等运算。模糊关系矩阵的求并、求交和求补运算是针对其对应隶属度函数的运算。

例 6-6 设 $R = \begin{bmatrix} 0.3 & 0.2 \\ 0.8 & 0.1 \end{bmatrix}$，$S = \begin{bmatrix} 0.1 & 0.7 \\ 0.5 \\ 1 \end{bmatrix}$，则

$$R \cup S = \begin{bmatrix} 0.3 \vee 0.1 \\ 0.8 \vee 0.5 \end{bmatrix}$$

$$= \begin{bmatrix} 0.3 \\ 0.8 \end{bmatrix}$$

$$R \cap S = \begin{bmatrix} 0.3 \wedge 0.1 \\ 0.8 \wedge 0.5 \end{bmatrix}$$

$$= \begin{bmatrix} 0.1 & 0.2 \\ 0.5 & 0.1 \end{bmatrix}$$

$$\overline{R} = \begin{bmatrix} 0.7 & 0.8 \\ 0.2 & 0.9 \end{bmatrix}$$

6.1.4 模糊关系的合成

定义：设 R 是 X 到 Y 的模糊关系，S 是 Y 到 Z 的模糊关系，则 $P = R \circ S$ 称为 R 和 S 的模糊关系合成，P 是 X 到 Z 的模糊关系。下面给出模糊关系合成运算中最常用的 max – min 合成算法：

$$\mu_{R \circ S}(x,z) = \vee (\mu_R(x,y) \wedge \mu_S(y,z))$$

例 6-7 设子女与父母"长得像"模糊关系矩阵为 R，父母与祖父母、外祖父母"长得像"关系模糊矩阵为 S。求子女与祖父母、外祖父母"长得像"的模糊关系 P。

$$R = \begin{matrix} \\ 子 \\ 女 \end{matrix} \begin{matrix} 父 & 母 \\ \begin{bmatrix} 0.8 & 0.2 \\ 0.1 & 0.7 \end{bmatrix} \end{matrix}$$

$$S = \begin{matrix} \\ 父 \\ 母 \end{matrix} \begin{matrix} 祖父 & 祖母 & 外祖父 & 外祖母 \\ \begin{bmatrix} 0.5 & 0.7 & 0.1 & 0.1 \\ 0.1 & 0 & 0.2 & 0.8 \end{bmatrix} \end{matrix}$$

解：

$$P = R \circ S = \begin{matrix} 子 \\ 女 \end{matrix} \begin{bmatrix} 祖父 & 祖母 & 外祖父 & 外祖母 \\ 0.5 & 0.7 & 0.2 & 0.2 \\ 0.1 & 0.1 & 0.2 & 0.7 \end{bmatrix}$$

其中，模糊矩阵 P 的第1项和第2项计算如下：

$p_{11} = (0.8 \wedge 0.5) \vee (0.2 \wedge 0.1) = 0.5 \vee 0.1 = 0.5$ 表示孙子与祖父长得像的隶属函数。

$p_{12} = (0.8 \wedge 0.7) \vee (0.2 \wedge 0) = 0.7 \vee 0 = 0.7$ 表示孙子与祖母长得像的隶属函数。

一般情况下，两个模糊关系矩阵 A、B 合成时，$A \circ B \neq B \circ A$。

6.1.5 模糊推理

推理是根据一定的原则，从一个或几个已知判断中引申出一个新判断的思维过程。推理的形式也是多种多样的，如直接推理和间接推理，间接推理又分演绎推理、归纳推理、类比推理等。其中，最常用的是演绎推理中的假言推理，即通常所说的"三段论"推理模式，其一般形式包括大前提、小前提和结论三部分。

模糊推理是指根据已知模糊命题（包括大前提和小前提），推出新的模糊命题作为结论的过程。模糊推理是一种近似推理，常用的模糊推理形式是模糊条件句。

句型1：如果 x 是 A，那么 y 是 B，否则是 C；

  If A then B else C；

句型2：如果 x 是 A 和 y 是 B，那么 z 是 C。

  If A and B then C

模糊推理中最常用的是 Mamdani 推理法，虽然它的计算并不是基于因果关系，而是出于计算的简单性，但保留了因果关系，因此称为工程隐含。Mamdani 推理法本质上是一种合成推理法，其计算公式如下。

句型1：如果 x 是 A，那么 y 是 B；对于给定的 A'，则可推理出结论 B'：

$$B' = A' \circ R = \vee [\mu_{A'}(x) \wedge \mu_A(x) \wedge \mu_B(y)] \tag{6-5}$$

句型2：如果 x 是 A 和 y 是 B，那么 z 是 C；对于给定的 A' 和 B'，则可推理出结论 C'：

$$\begin{aligned} C' &= (A' \times B') \circ R = \vee [\mu_{A'}(x) \wedge \mu_{B'}(y)] \wedge [\mu_A(x) \wedge \mu_B(y) \wedge \mu_C(x)] \\ &= \{\vee[\mu_{A'}(x) \wedge \mu_A(x)]\} \wedge \{\vee[\mu_{B'}(y) \wedge \mu_B(y)]\} \wedge \mu_C(x) \end{aligned} \tag{6-6}$$

在式（6-5）中，定义 $\omega = \vee[\mu_{A'}(x) \wedge \mu_A(x)]$ 为模糊集合 A' 和 A 的兼容度，则

$$\mu_{B'}(x) = \omega \wedge \mu_B(x)$$

在式（6-6）中，定义 $\omega_A = \vee[\mu_{A'}(x) \wedge \mu_A(x)]$ 为模糊集合 A' 和 A 的兼容度，

定义 $\omega_B = \vee[\mu_{B'}(x) \wedge \mu_B(x)]$ 为模糊集合 B' 和 B 的兼容度，则

$$\mu_{C'}(x) = \omega_A \wedge \omega_B \wedge \mu_C(x)$$

例6-8 人工调节炉温经验规则"若炉温低，则加高电压"，求炉温略低时应施加什么电压？已知

$$A_{炉温低} = \frac{1}{20} + \frac{0.8}{40} + \frac{0.5}{60} + \frac{0.2}{80} + \frac{0}{100}$$

$$B_{高电压} = \frac{0}{1} + \frac{0.1}{2} + \frac{0.4}{3} + \frac{0.7}{4} + \frac{1}{5}$$

$$A'_{炉温略低} = \frac{1}{20} + \frac{0.9}{40} + \frac{0.7}{60} + \frac{0.4}{80} + \frac{0.2}{100}$$

解：方法一：模糊规则"若炉温低，则加高电压"的模糊关系蕴涵矩阵为 $R = A \times B$
即

$$A \times B = \begin{bmatrix} 1 \\ 0.8 \\ 0.5 \\ 0.2 \\ 0 \end{bmatrix} \wedge \begin{bmatrix} 0 & 0.1 & 0.4 & 0.7 & 1 \end{bmatrix} = \begin{bmatrix} 0 & 0.1 & 0.4 & 0.7 & 1 \\ 0 & 0.1 & 0.4 & 0.7 & 0.8 \\ 0 & 0.1 & 0.4 & 0.5 & 0.5 \\ 0 & 0.1 & 0.2 & 0.2 & 0.2 \\ 0 & 0 & 0 & 0 & 0 \end{bmatrix}$$

$$B' = A' \circ R = \begin{bmatrix} 1 & 0.9 & 0.7 & 0.4 & 0.2 \end{bmatrix} \circ \begin{bmatrix} 0 & 0.1 & 0.4 & 0.7 & 1 \\ 0 & 0.1 & 0.4 & 0.7 & 0.8 \\ 0 & 0.1 & 0.4 & 0.5 & 0.5 \\ 0 & 0.1 & 0.2 & 0.2 & 0.2 \\ 0 & 0 & 0 & 0 & 0 \end{bmatrix}$$

从而

$$B' = \begin{bmatrix} 0 & 0.1 & 0.4 & 0.7 & 1 \end{bmatrix}$$

模糊推理结果表明炉温略低时也应施加高电压。

方法二：先求出模糊集合 A' 和 A 的兼容度 ω

$$\omega = \vee \left(\frac{1 \wedge 1}{20} + \frac{0.9 \wedge 0.8}{40} + \frac{0.7 \wedge 0.5}{60} + \frac{0.4 \wedge 0.2}{80} + \frac{0.2 \wedge 0}{100} \right)$$

$$\omega = \vee \left(\frac{1}{20} + \frac{0.8}{40} + \frac{0.5}{60} + \frac{0.2}{80} + \frac{0}{100} \right)$$

$$= 1$$

则

$$\mu_{B'}(x) = \omega \wedge \mu_B(x)$$

$$= 1 \wedge \left(\frac{0}{1} + \frac{0.1}{2} + \frac{0.4}{3} + \frac{0.7}{4} + \frac{1}{5} \right)$$

$$= \frac{0}{1} + \frac{0.1}{2} + \frac{0.4}{3} + \frac{0.7}{4} + \frac{1}{5}$$

与方法一的结果一致，表明炉温略低时也应施加高电压。

例 6-9 已知下列模糊集：

$$A = \frac{1}{x_1} + \frac{0.4}{x_2} + \frac{0}{x_3}, \qquad B = \frac{0.1}{y_1} + \frac{0.6}{y_2} + \frac{1}{y_3},$$

$$C = \frac{0.3}{z_1} + \frac{0}{z_2} + \frac{1}{z_3}$$

多输入模糊推理条件句为：如果 x 是 A 和 y 是 B，那么 z 是 C。

现已知，$A' = \frac{0}{x_1} + \frac{0.5}{x_2} + \frac{0.7}{x_3}, B' = \frac{0.4}{y_1} + \frac{0.9}{y_2} + \frac{0}{y_3}$，求 C'。

解：先求出模糊集合 A' 和 A 的兼容度 ω_A

$$\omega_A = \vee \left(\frac{0 \wedge 1}{x_1} + \frac{0.5 \wedge 0.4}{x_2} + \frac{0.7 \wedge 0}{x_3} \right)$$

$$= \vee \left(\frac{0}{x_1} + \frac{0.4}{x_2} + \frac{0}{x_3} \right) = 0.4$$

再求出模糊集合 B' 和 B 的兼容度 ω_B

$$\omega_B = \vee \left(\frac{0.4 \wedge 0.1}{y_1} + \frac{0.9 \wedge 0.6}{y_2} + \frac{0 \wedge 1}{y_3} \right)$$

$$= \vee \left(\frac{0.1}{y_1} + \frac{0.6}{y_2} + \frac{0}{y_3} \right) = 0.6$$

则

$$C' = \omega_A \wedge \omega_B \wedge \mu_C(x)$$

$$= 0.4 \wedge 0.6 \wedge \left(\frac{0.3}{z_1} + \frac{0}{z_2} + \frac{1}{z_3} \right)$$

$$= \frac{0.3}{z_1} + \frac{0}{z_2} + \frac{0.4}{z_3}$$

6.1.6 模糊控制器的组成

模糊控制器主要由模糊化、知识库、模糊推理和去模糊化四部分组成，如图 6-4 所示。

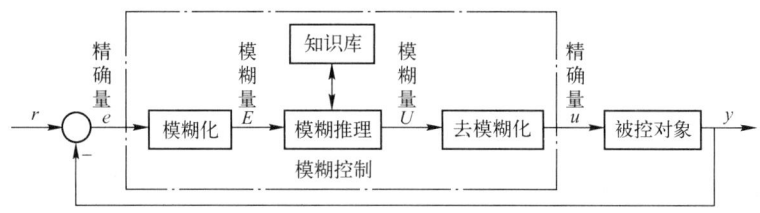

图 6-4 模糊控制系统

1. 模糊化部分

这部分的作用是将输入的精确量转化为一个模糊量，精确的输入量包括系统偏差 e 及偏差变化率 de/dt。模糊化部分完成以下两项功能。

（1）论域变换

e 和 de/dt 都是非模糊的普通变量，它们的论域是实数轴上的一个连续闭区间。在简单模糊控制器中，一般采用离散论域形式。例如，取值在 $[a,b]$ 上的连续量 x 可以经以下公式（6-7）变换为取值在 $[-3,3]$ 上的连续量 x，再将 x 模糊化为七级 $[-3, -2, -1, 0, 1, 2, 3]$：

$$x = \frac{6}{b-a} \left(e - \frac{a+b}{2} \right) \tag{6-7}$$

（2）模糊化

论域变换后，在模糊论域中分别定义若干个模糊集合，如"负大 NB""负小 NS""零 Z""正小 PS""正大 PB"。因此，模糊输入变量 x 的模糊子集为 $x = [NB, NS, Z, PS, PB]$。语言变量的取值如图 6-5 所示，模糊子集的隶属函数如表 6-1 所示。表中的数据为论域元素在对应模糊子集中的隶属函数。注意，这仅仅是一个示意性的表，实际的模糊子集要根据具体问题来规定。

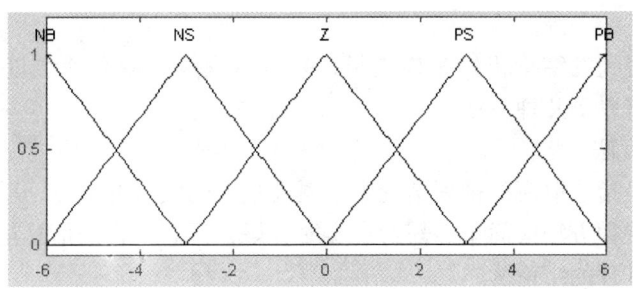

图 6-5　语言变量的取值

表 6-1　模糊子集的隶属函数表

	-3	-2	-1	0	1	2	3
NB	1	0.5	0	0	0	0	0
NS	0.5	1	0.5	0	0	0	0
Z	0	0	0.5	1	0.5	0	0
PS	0	0	0	0	0.5	1	0.5
PB	0	0	0	0	0	0.5	1

2. 知识库

知识库中存储着有关模糊控制器具体应用时要求的经验知识和控制目标，知识库又分为两部分，分别介绍如下：

1) 数据库包含各模糊子集的隶属函数，论域变换因子和模糊空间的分级数等。

2) 规则库包含了用模糊语言变量表示的一系列控制规则，它们反映了控制专家的经验和知识。模糊控制规则通常由一系列的关系词连接而成，如 if - then、else、and、or 等。例如，某模糊控制器的输入变量为偏差 E 和偏差变化率 EC，控制变量为 U，可给出下列一组模糊控制规则：

R1：if E is NB and EC is NB, then U is PB

R2：if E is NS and EC is NB, then U is PS

..

Rn：if E is PB and EC is PB, then U is NB

规则库中的 n 条规则是并列的，它们之间是"或"的逻辑关系，因此整个控制规则集的模糊关系为

$$R = \bigcup_{i=1}^{n} R_i$$

3. 模糊推理

模糊推理是模糊控制器的核心，模糊推理包括三个组成部分，即大前提、小前提和结论。大前提是多个模糊条件句，构成规则库；小前提是一个模糊判断句，又称事实；以模糊规则的蕴涵关系和输入变量为依据推理出新的模糊命题，称为结论。6.1.5 节已经介绍了模糊推理方法。

4. 去模糊化

通过模糊推理得到的结论仍然是模糊量,要进行现场控制必须经过去模糊化得到精确量。去模糊化通常有以下几种方法。

(1) 最大隶属度法

最大隶属度法是指选取模糊推理结论中隶属度最大的线段的中点,以其横坐标值作为去模糊化的精确量。这种方法最简单、易行、实时性好,但它包含的信息量较少。

例如,若模糊推理的结论为

$$C = \frac{0.3}{1} + \frac{0.6}{2} + \frac{1}{3} + \frac{0.5}{4} + \frac{0.2}{5} + \frac{0}{6}$$

则按最大隶属度法应取执行量为 $u=3$。

又如,若模糊推理的结论为

$$C = \frac{0.2}{1} + \frac{0.6}{2} + \frac{1}{3} + \frac{1}{4} + \frac{0.5}{5} + \frac{0.1}{6}$$

则按最大隶属度法取执行量为 $u=(3+4)/2=3.5$。

(2) 加权平均法

加权平均法的输出控制量按下式计算,它类似于重心的计算,也称重心法:

$$u = \frac{\sum_{i=1}^{m} u_i \mu_i}{\sum_{i=1}^{m} \mu_i}$$

例如,若 $C = \frac{0.2}{1} + \frac{0.6}{2} + \frac{1}{3} + \frac{1}{4} + \frac{0.5}{5} + \frac{0.1}{6}$,则可计算出控制量 u 为

$$u = \frac{1 \times 0.2 + 2 \times 0.6 + 3 \times 1 + 4 \times 1 + 5 \times 0.5 + 6 \times 0.1}{0.2 + 0.6 + 1 + 1 + 0.5 + 0.1} = 3.38$$

6.1.7 模糊控制器的设计步骤

模糊控制器的一种简单的实现方法是将一系列模糊控制规则离线转化为一个控制表,控制表存储在计算机中供在线实时控制时使用。这种模糊控制器结构简单,使用方便,是最基本、最常用的一种模糊控制形式。本节以二维模糊控制器(两个输入变量和一个输出变量)为例来介绍模糊控制器的设计方法,其设计思想是设计其他模糊控制系统的基础。

1. 确定模糊控制器的结构

一维模糊控制器是指一个模糊控制系统只具有一个输入变量和一个输出变量。一般输入变量是系统的偏差 e,输出变量是系统控制量的变化值 U。一维模糊控制系统的动态性能不佳,仅用于简单的一阶被控对象。

二维模糊控制器的输入量是偏差 e 和偏差变化率 de/dt,输出量仍然是控制量 U,它比一维模糊控制器有较好的控制效果,是最广泛采用的结构形式。三维及以上模糊控制器结构复杂,推理运算时间长,所以一般较少采用。二维位置式模糊控制系统如图 6-6 所示,二维增量式模糊控制系统如图 6-7 所示。

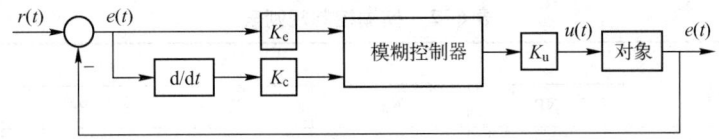

图 6-6　二维位置式模糊控制系统

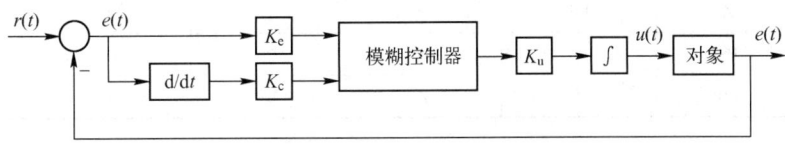

图 6-7　二维增量式模糊控制系统

2. 确定输入、输出变量的论域

一般来说，输入信号 e、de/dt 和输出信号 u 的变化范围是由实际控制系统决定的。我们可以通过改变比例因子 K_e、K_c、K_u 来适当调整模糊控制器的论域范围。例如

e、de/dt 的论域取为：$\{-3,-2,-1,0,1,2,3\}$

u 的论域取为：$\{-5,-4,-3,-2,-1,0,1,2,3,4,5\}$

3. 定义输入、输出隶属函数

模糊子集的个数一般选取为 3~9 奇数。模糊子集的分割个数越多，模糊控制器的灵敏度越好，控制效果越精细，但规则的数目成平方增长，控制规则复杂。确定模糊子集的个数后，需对模糊变量分别确定隶属函数。在模糊控制中，一般采用三角形或高斯形隶属函数。图 6-8a 为模糊分割较粗的情况，图 6-8b 为模糊分割较细的情况。一般情况下，模糊分割完全对称，满足正则化、完备性。

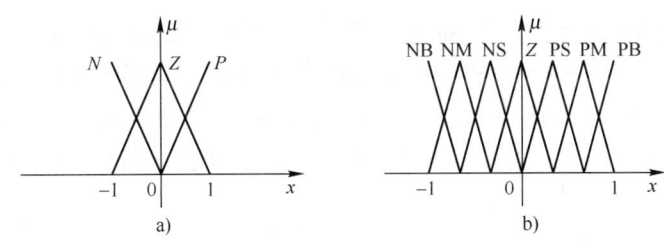

图 6-8　模糊分割

a）粗分　b）细分

4. 建立模糊控制规则

模糊控制规则的建立是设计模糊控制器的关键。模糊控制规则是基于人工控制经验，根据人的直觉思维推理，由系统输出产生的误差及误差变化率来设计消除系统误差的模糊控制语句。人工控制的作用同自动控制系统中的控制器的作用是基本相同的，所不同的是人工控制决策是基于操作者已有的经验和技术知识。利用模糊语言归纳人工经验控制策略的过程就是建立模糊控制器的模糊控制规则的过程。模糊控制规则一般由模糊条件句表示，详见 6.1.6 节的介绍。

前面建立的模糊控制规则可以采用表 6-2 来描述，表中共有 25 条模糊规则。

表 6-2 模糊控制规则表

U		E				
		NB	NS	Z	PS	PB
EC	NB	PB	PB	PS	Z	Z
	NS	PB	PS	Z	Z	NS
	Z	PS	PS	Z	NS	NS
	PS	PS	Z	Z	NS	NB
	PB	Z	Z	NS	NB	NB

6.1.8 基于 MATLAB 的模糊控制系统设计

温度是工业生产中需要精确控制的一种重要参数，大多数温度控制对象可以用一阶惯性环节加纯滞后环节近似表示。但是，温度被控对象的时间常数和纯滞后时间随着时间和环境温度不断变化，而且有时建立被控对象的精确数学模型难以实现。此时采用传统的控制方法难以得到满意的控制性能指标。而模糊控制不需要建立被控对象的精确数学模型，模糊控制器是以人对被控对象的控制经验为依据进行设计的，特别适合对存在复杂的非线性、时变性和不确定性的对象或过程进行有效控制。

已知某温度被控对象数学模型如下：

$$G(s) = \frac{10}{24s+1}e^{-10s}$$

MATLAB 模糊控制工具箱功能强大，借助工具箱可以很方便地完成模糊控制器设计。下面，我们详细介绍采用 MATLAB 仿真算法语言中的模糊逻辑工具箱进行模糊控制系统设计的方法。

首先运行 MATLAB 软件，点击 Simulink 图标，打开 Simulink Library Browser 仿真图库，新建模型文件 File\new\model，按照图 6-7 模糊控制 MATLAB 系统框图从 Continuous、Math Operations、Sinks、Sources 等库中找到相关单元，模糊控制器模块在 Fuzzy Logic Toolbox 库中。按图 6-9 连接好后，输入相关参数，其中纯滞后时间设为 10s，饱和非线性 -0.03 和 +0.03（调试后确定）。

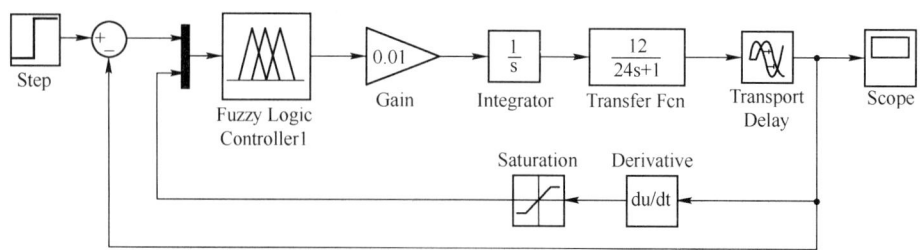

图 6-9 模糊控制 MATLAB 系统框图

在 MATLAB 命令窗口中，输入关键字 Fuzzy，打开模糊推理系统编辑器。本例采用二维模糊控制器，需要增加输入变量。在 FIS Editor 界面中，新增加变量 Edit\Add Avariable\Input，保存为 fuzzyok.fis 文件 File\Export\To Disk。

按照图 6-10～图 6-13 建立偏差 e、偏差变化率 ec 和控制输出量 u 的隶属函数。将输入输出变量名 input1、input2 和 output1 改名为 e、ec 和 u。双击曲线 e 图标，e 的论域范围取为 [-1,1]，隶属函数取 3 个高斯型函数，模糊子集分别取名为 n, o, p；ec 的论域范围取为 [-0.03,0.03]，隶属函数也取为 3 个高斯型函数，模糊子集分别取名为 n, o, p；u 论域范围取为 [-1,1]，隶属函数取 5 个三角形函数，模糊子集分别取名为 nb, ns, o, ps, pb；

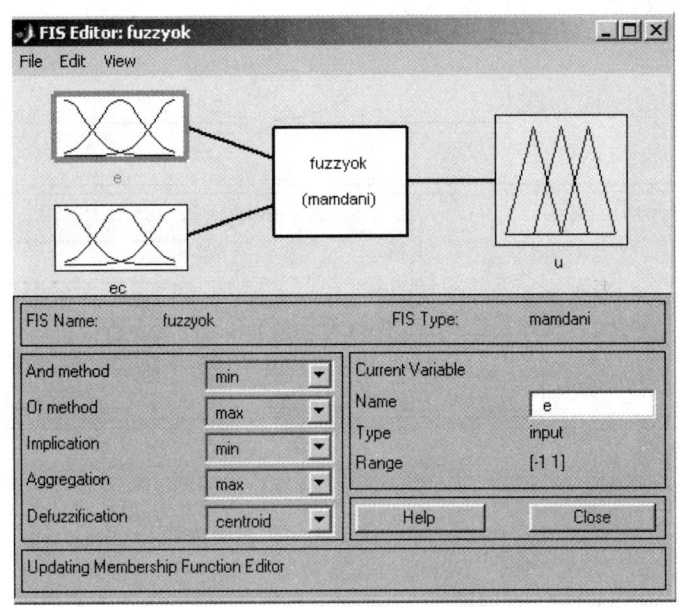

图 6-10　模糊推理系统编辑器

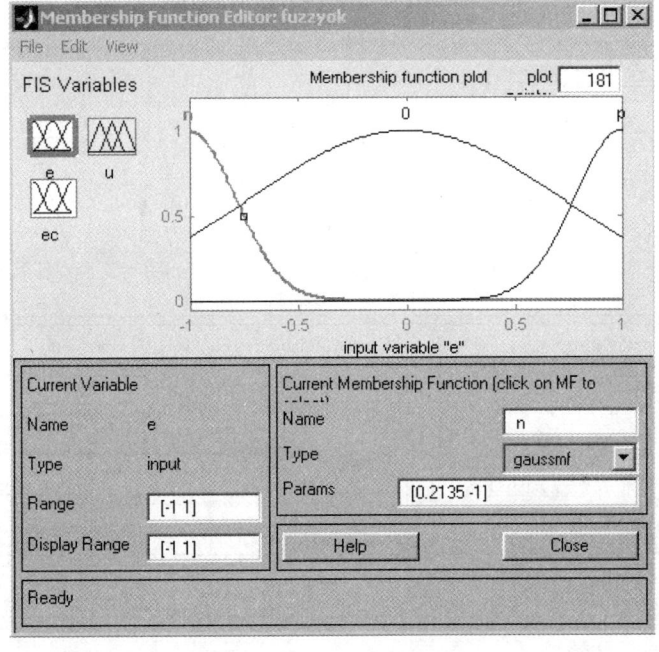

图 6-11　偏差 e 的隶属函数

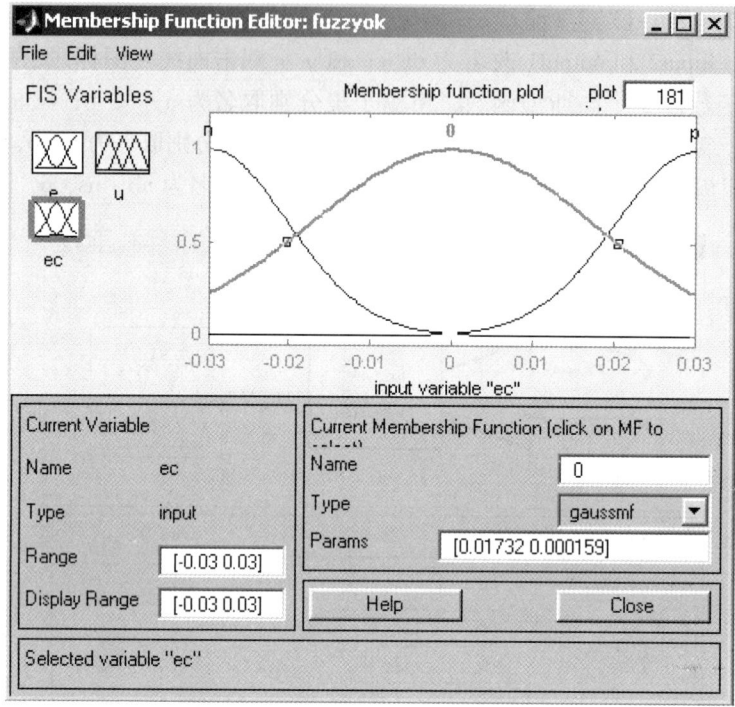

图 6-12 偏差变化率 ec 的隶属函数

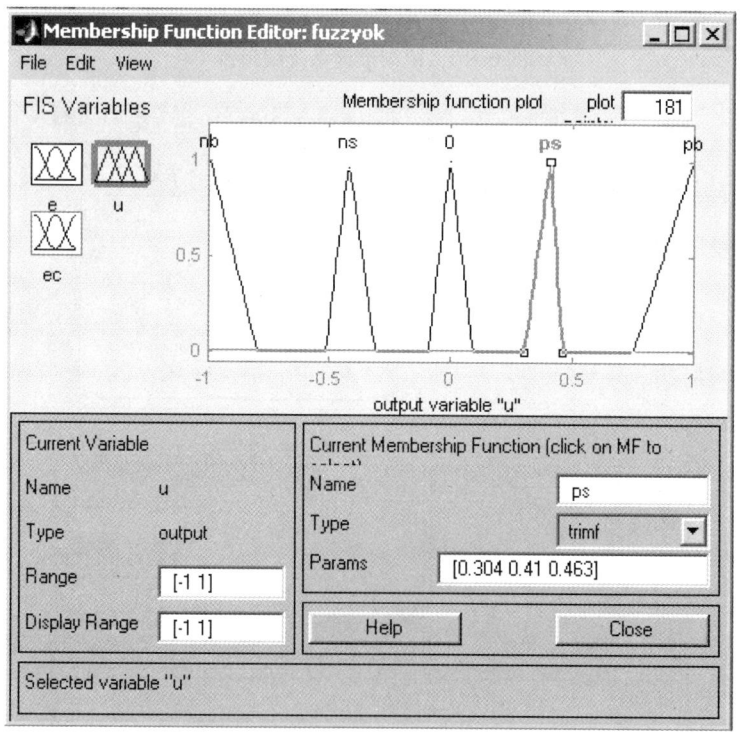

图 6-13 控制量 u 的隶属函数

按照图 6-14 建立模糊控制规则。在 FIS Editor 界面中，双击 fuzzyok（mamdani）图标，进入 Rule Editor 模糊控制规则编辑器界面，增加以下规则：

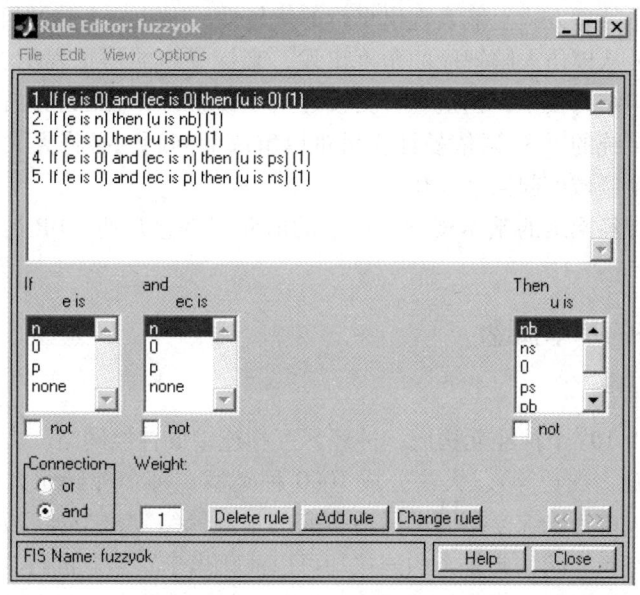

图 6-14　模糊控制规则编辑器

If e is o and ec is o,then u is o;

If e is n,then u is nb;

If e is p,then u is pb;

If e is o and ec is n,then u is ps;

If e is o and ec is p,then u is ns.

完成以上工作后，注意保存 fuzzyok.fis 文件 File\Export\To Disk。要在 MATLAB 中运行模糊控制系统，需要将 fis 文件输出到 MATLAB 工作空间 Workspace，即 File\Export\To Workspace。

回到模型文件 fuzzyok 窗口，设置仿真参数 Simulation\Simulation parameters\Stop time 150，将仿真时间定为 150 s，其他采用默认参数。点击 Start simulation 开始仿真，双击 Scope 图标可以看到仿真结果，如图 6-15 所示，图中模糊控制系统输出量延迟 10 s 后迅速上升，上升时间约 50 s，超调量 3%，稳态误差小于 0.02。

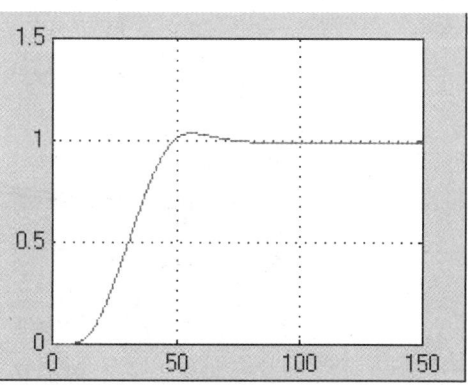

图 6-15　模糊控制系统仿真结果

6.2　神经网络控制

现代计算机有很强的计算和信息处理能力，但是计算机对于在复杂环境中做出决策、模式识别和感知等问题的处理能力远不如人，计算机只能按人们事先编好的程序机械地执行，缺乏向环境学习、适应的能力。人脑在这些方面的能力远远超过了计算机。现代计算机中每个电子元件的计算速度为纳秒（ns）级，人脑中神经细胞的反映时间只是毫秒（ms），但是人脑在结构上和信息处理方式上能表现出卓越的优越性。因此，人脑的组织结构和运行机制必有其绝妙的特点，从模仿人脑智能的角度出发，来探寻新的信息表示、存储和处理方式，设计新的计算机处理结构模型，构造一种更接近人类智能的信息处理系统，来解决实际工程和科学研究领域中传统的冯·诺依曼计算机难以解决的问题，必将大大促进科学进步，并会在人类生活的各个领域引起巨大变化。

本节主要介绍神经网络的基本概念，典型的前向网络感知器、BP 神经网络的 MATLAB 仿真算法。

6.2.1 神经网络的基本概念

1. 生物神经元模型

人的大脑大约由 10^{12} 个神经元构成，神经元互相连接成神经网络。大脑皮层由许多功能区组成（运动、听觉、视觉等），大约分成 1000 种类型，每个神经元大约与 $10^2 \sim 10^4$ 个其他神经元连接，形成极为错综复杂而又灵活多变的神经网络。每个神经元虽然都十分简单，但是如此大量的神经元之间如此复杂的连接却可以演化出丰富多彩的行为方式。

一个生物神经元模型的示意图如图 6-16 所示。神经系统的基本构造是神经元（神经细胞），它是处理人体内各部分之间信息传递的基本单元。每个神经元都由一个细胞体、一个连接其他神经元的轴突和一些向外伸出的较短分支——树突组成。轴突的功能是将本神经元的输出信号（兴奋）传递给别的神经元，其末端的许多神经末梢使得兴奋可以同时传递给多个神经元。树突的功能是接收来自其他神经元的兴奋。神经元细胞体将接收到的所有信号进行简单的处理，由轴突输出。神经元的轴突与其他神经元相连的部分称为突触。

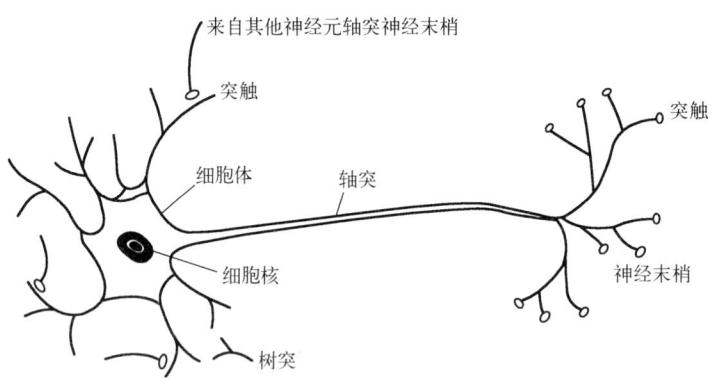

图 6-16 生物神经元模型

生物神经元作为控制和处理信息的基本单元，具有一些重要的功能和特性。

（1）时空整合功能。神经元对于不同时间通过同一突触传入的神经冲动，具有时间整合功能；对于同一时间通过不同突触传入的神经冲动，具有空间整合功能。两种功能相互结合，具有时空整合的输入信息处理功能。所谓整合是指抑制或兴奋的受体电位或突触电位的代数和，即时间与空间的累加。

（2）兴奋与抑制状态。当传入冲动的时空整合结果使细胞膜电位升高，超过动作电位的阈值时，细胞进入兴奋状态，此时会产生神经冲动，由轴突输出；当传入冲动的时空整合结果是膜电位下降，低于动作电位的阈值时，细胞进入抑制状态，此时无神经冲动输出，满足"0-1"律。

（3）脉冲与电位转换。沿神经纤维传递的电脉冲信号为等幅、恒宽的离散信号，而细胞膜电位为连续变化的信号，在突触接口处进行了"数/模"转换。

（4）传导速度。因纤维的粗细、髓鞘的有无而有所不同，神经冲动沿神经传导的速度在 1~150 m/s 之间。

（5）不应期（死区）。在相邻的两次冲动之间需要一个时间间隔，约 3~5 ms，即不应期。

（6）不可逆性（单向性）。

（7）学习、遗忘和疲劳。由于结构的可塑性，突触的传递作用可增强、减弱和饱和，所以细胞具有相应的学习、遗忘或疲劳等效应。

2. 人工神经元模型

人工神经网络是以大量的具有相同结构的简单单元的连接来模拟人类大脑的结构和思维方式的一种可实现的物理系统，可通过计算机进行模拟实现。模拟并不是完全一样地复制生物神经网络，而是采纳有利的部分来克服目前计算机或其他系统不能解决的问题，如学习、识别、控制等方面的问题。人工神经网络功能的提高依赖于以下两点：①物理器件或软件系统的水平；②对大脑中网络结构和机制认识的水平。

人工神经元模型是对生物神经元的一种模拟和简化，它是神经网络的基本处理单元。

图 6-17 是一种简化的人工神经元结构模型，它是一个多输入、单输出的非线性元件，其输入、输出关系可描述为

$$y(t) = f(\sum_{i=1}^{n} w_i x_i(t) - \theta)$$

式中，x_1, x_2, $\cdots x_n$ 表示与该神经元相连接的所有神经元的输出，也即该神经元的输入。w_1, w_2, $\cdots w_n$ 表示与相连接神经元的突触强度（连接权）。θ 表示神经元的（电平）阈值。输出激励函数 $f(\cdot)$ 又称为变换函数，它决定该神经元的输出。$f(\cdot)$ 函数一般具有非线性特性，几种常见的激励函数在 MATLAB 中的解析表达式分别表述如下。

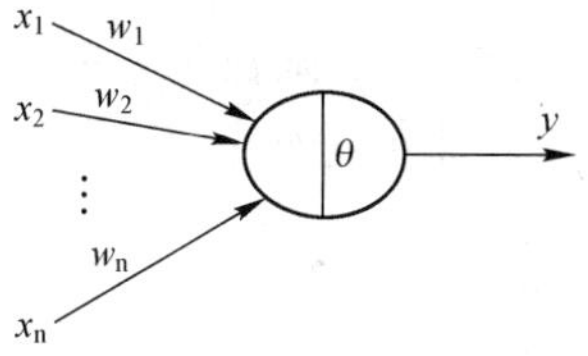

图 6-17 人工神经元模型

（1）阈值型 1（$hardlim(n)$）

$$A = f(W*P+b) = \begin{cases} 1 & W*P+b \geq 0 \\ 0 & W*P+b < 0 \end{cases}$$

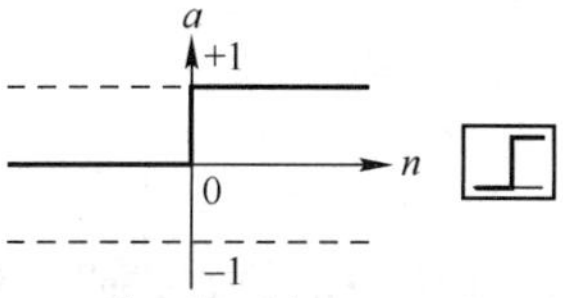

$a = hardlims(n)$

（2）阈值型 2（$hardlims(n)$）

$$A = f(W*P+b) = \begin{cases} 1 & W*P+b \geq 0 \\ -1 & W*P+b < 0 \end{cases}$$

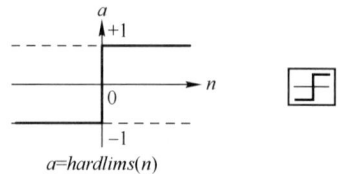
$a=hardlims(n)$

(3) 线性型（$purlin(n)$）
$$A = f(W*P+b) = W*P+b$$

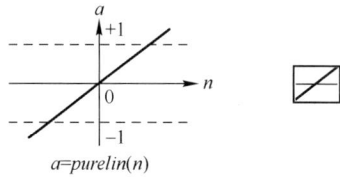
$a=purlin(n)$

(4) S形函数1（$logsig(n)$）
对数正切型 $y = 1/(1+e^{-n})$

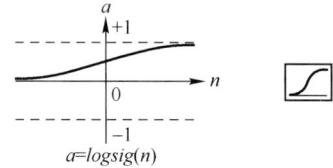
$a=logsig(n)$

(5) S形函数2（$tansig(n)$）
双曲正切型 $y = (-e^{-n})/(1+e^{-n})$

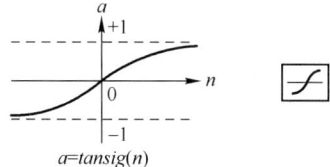
$a=tansig(n)$

(6) 径向基函数（$radbas(n)$）

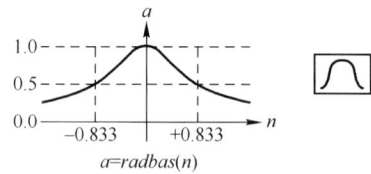
$a=radbas(n)$

3. 人工神经网络

人工神经网络是将上述人工神经元按一定的方式或结构进行连接所形成的网络。每个神经元具有相同的结构和数学模型。人工神经网络是一个并行和分布式的信息处理网络结构，它一般由许多个神经元组成，每个神经元只有一个输出，它可以连接到很多其他的神经元，每个神经元输入有多个连接通道，每个连接通道对应于一个连接权系数。

总之，人工神经网络是一个以处理单元（人工神经元）为节点，用加权有向弧连接而成的有向图。具有如下性质：①每个节点有一个状态变量；②节点 i 到节点 j 有一个连接权值；③每个节点有一个阈值；④每个节点定义一个变换函数。

人工神经元与生物神经元的不同：

1) 生物神经元输出的是脉冲串（离散）——发放率或频率（兴奋活动情况），人工神经元输出的是电压。

2) 生物神经元是时空累加，而人工神经元仅是空间累加（时间累加在离散时可忽略，连续时采用延时性进行处理）。

3) 人工神经元不考虑不应期与突触的疲劳。

4) 人工神经元中的突触强度对应于一个电阻，与生物神经元中突触的结构差别很大（生化反应）。

5) 生物神经元的种类很多，但在人工神经元形成的网络中，人工神经元的种类通常是1种。

6) 生物神经网络由大量神经元组成，并且不断地死亡和增新；而在人工神经网络中由于物理器件的限制，神经元的个数远远小于真正神经网络中神经元的数目，且不考虑神经元的死亡和增新。

虽然人工神经网络与生物神经网络存在着上述差异，但它与目前的冯·诺依曼机相比，由于吸收了生物神经网络的优点，具有其固有的优点：

1) 并行性。简单单元并行连接，在时钟控制下集体操作，处理速度快。

2) 容错性。局部的或部分神经元出现差错，不会影响全局结果。网络能够自动纠正错误。

3) 分布式存储。信息储存在网络的连接权上，是分散的，而不是在储存器中。

4) 可学习性。人工神经网络的连接权、阈值可通过学习得到，并可根据外部环境进行自适应，自组织。

神经网络的结构种类很多，典型的神经网络有前馈神经网络和反馈神经网络。前者又称前向网络，前向网络神经元分层排列，有输入层、隐层（也叫中间层，可有若干隐层）和输出层，每一层神经元只接受前一层神经元的输入。前馈网络结构简单、易于编程，它通过简单的非线性映射可获得复杂的非线性处理能力。典型的前馈网络有 BP 网络和 RBF 网络。反馈神经网络的结构是输出层到输入层存在反馈，即每一个输入节点都有可能接受来自外部的输入和来自输出神经元的反馈。这种神经网络是一种反馈动力学系统，它需要工作一段时间才能达到稳定。Hopfield 网络是反馈网络中最简单且应用广泛的模型，它具有联想记忆功能，能解决快速寻优问题。

6.2.2 感知器和 BP 网络

1. M-P 模型

M-P 模型是由 McCulloch 和 Pitts 提出的，它是由固定的结构和连接权组成的，它的权分为兴奋型（1）和抑制型（-1），其结构如图 6-18 所示。

输入 x 是一个 n 维实数矢量，连接权 $w_1 \sim w_n$ 为 1 或者 -1，阈值 θ 是一个实数，而输出 y 是一个二值变量，综合在一起得到

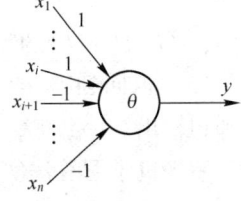

图 6-18 M-P 模型

$$y = \text{sgn}\left(\sum_{i=1}^{n} w_i x_i - \theta\right), \qquad y = \begin{cases} 1, & s \geq \theta \\ 0, & s < \theta \end{cases}$$

式中，$s = \sum_{i=1}^{n} w_i x_i$

M-P 模型能够实现简单的逻辑"与""或""非"运算，但 M-P 模型的权、输入、输出都是二值变量，这同用逻辑门组成的逻辑式的实现区别不大，又由于其权无法调节，因而现在很少有人单独使用。

2. 感知器

感知器（perceptron）是一个具有单层神经元的最简单的前向网络，它是 M-P 模型的一种发展或推广，连接权为实数，权值可以修正或学习，建立了完整的学习算法，多层感知机网络可以进行复杂的分类，为 BP 网络发展提供了模型和理论基础。单层感知器网络结构如图 6-19 所示。

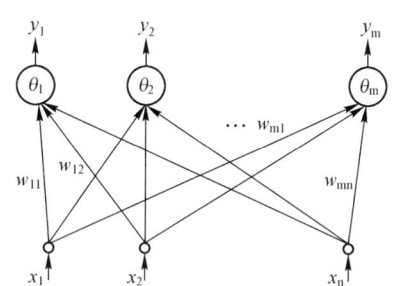

图 6-19 单层感知器网络

图中，单层感知器网络权向量为 w，阀值为 θ，输入向量为

$$x = [x_1, x_2, \cdots, x_n]^T \in R^n$$

输出值为

$$y = \text{sgn}(s) = \begin{cases} 1, & s \geq 0 \\ -1, & s < 0 \end{cases}$$

其中，$s = \sum_{i=0}^{n} w_i x_i = \sum_{i=1}^{n} w_i x_i - \theta$

感知机可以对 R^n 内的点进行二元分类。在超平面 $w_1 x_1 + w_2 x_2 + \cdots, + w_n x_n - \theta = 0$ 上，通过调整权值 $w_1, w_2, \cdots, w_n$ 和 θ，可以得到不同的二元分类器。

下面给出感知器的一种学习算法：

（1）随机地给出一组初始权值 $w_1, w_2, \cdots w_n$ 和阈值 θ。

（2）在时刻 k，选取样本 $x(k) \in \{x^1, x^2, \cdots, x^N\}$

（3）计算实际输出：

$$y(k) = \text{sgn}\left(\sum_{i=1}^{n} w_i x_i(k) - \theta\right);$$

（4）按下式修正权值和阈值：

$$w_i(k+1) = w_i(k) + \eta(t(k) - y(k)) x_i(k)$$
$$\theta(k+1) = \theta(k) - \eta(t(k) - y(k))$$

其中，$t(k)$ 是 $x(k)$ 的目标输出，η 为学习率，一般约为 0.1。

（5）返回到第（2）步，直到对所有样本 w 和 θ 不再改变时结束，也就意味着实际输出与理想输出是一致的，没有误差。

感知机学习算法实际上是一种最小均方误差的梯度算法（Least Means Square, LMS）在感知机上的推广，算法符合 δ 学习律。

例 6-10 采用单一感知器神经元解决一个简单的分类问题：将 4 个输入矢量分为两类，

其中两个矢量对应的目标值为1，另两个矢量对应的目标值为0，已知

输入矢量：
$$P = \begin{bmatrix} -0.5 & -0.5 & 0.3 & 0.0 \\ -0.5 & 0.5 & -0.5 & 1.0 \end{bmatrix}$$

目标分类矢量：　　$T = [1\ 1\ 0\ 0]$

解：输入矢量可以用图6-20来描述，对应于目标值0的输入矢量用符号'o'表示，对应于目标值1的输入矢量符号'+'表示。

神经网络训练结束后得到如图6-21所示的分类结果，分类线将两类输入矢量分开，其相应的训练误差的变化如图6-22所示。这说明经过4步训练后，就达到了误差指标的要求。

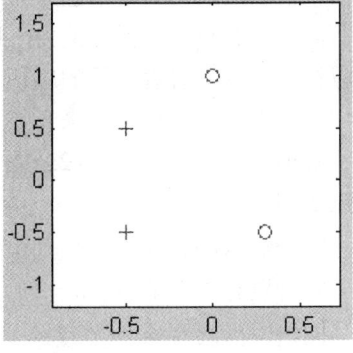

图6-20　输入矢量

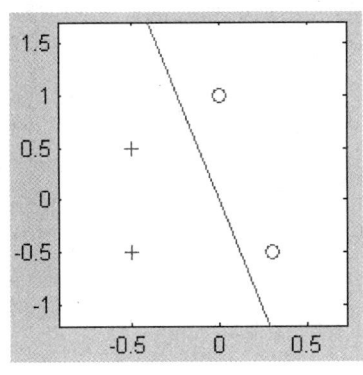

图6-21　分类结果

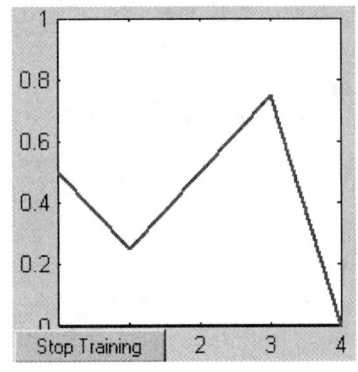

图6-22　误差变化曲线

本例的MATLAB参考程序如下：

```
P = [ -0.5 -0.5 +0.3 +0.0;
      -0.5 +0.5 -0.5 1.0];
T = [1 1 0 0];
plotpv(P,T);
net = newp([ -0.5 0.5; -0.5 1],1);
net = train(net,P,T);
figure
plotpv(P,T)
plotpc(net.iw{1,1},net.b{1});
```

单层感知器有以下局限性：①由于激活函数为阀值函数，输出矢量只能取0，1，所以仅可以解决简单的分类问题；②输入矢量线性可分时，学习在有限次数内收敛；③输入矢量的奇异性导致较慢的收敛；④异或问题不可解。

3. BP神经网络

误差反向传播神经网络称为BP（Back Propagation）网络，是一种单向传播的多层前向网络。其连接权的调整采用的是误差反向传播学习算法，简称BP算法。

只要有足够多的隐层和隐层节点，BP 网络能够实现任意复杂的输入输出的非线性映射。其输入输出之间的关联信息分布地存储于各连接权中。BP 网络的学习算法属于全局逼近方法，因此具有较好的泛化能力。BP 网络在模式识别、图像处理、系统辨识、优化计算和自适应控制等方面有着广泛的应用。

下面以三层网络为例来介绍 BP 网络的结构和参数，其他情况类似。图 6-23 是一个三层 BP 前向网络示意图。

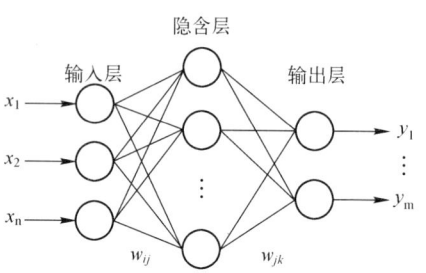

图 6-23　BP 前向网络

网络输入层有 n 个节点：$x = (x_1, x_2, \cdots x_n)^T$

隐含层有 L 个节点：$h = (h_1, h_2, \cdots h_L)^T$

网络输出层有 m 个节点：$y = (y_1, y_2, \cdots y_m)^T$

输入层到隐层的连接权为 w_{ij}，隐层到输出层的连接权为 w_{jk}。

为了书写方便，可以将隐含层和输出层的阈值归入特别的权，因此，隐含层和输出层的输入输出关系可以分别表示为

$$O_j = f(\sum_{i=0}^{n} w_{ij} x_i) = f(s_h), \quad y_k = f(\sum_{j=0}^{L} w_{jk} O_j) = f(s_y) \tag{6-8}$$

$$s_h = \sum_{i=0}^{n} w_{ij} x_i, \quad s_y = \sum_{j=0}^{L} w_{jk} O_j \tag{6-9}$$

其中，$i \in [0, n]$，$j \in [0, L]$，$k \in [0, m]$

BP 网络学习算法推导过程如下。

BP 算法属于 δ 学习律，是一种有监督学习。考虑第 μ 个样本的误差

$$E_\mu = \frac{1}{2} \sum_{k=1}^{m} (t_k^\mu - y_k^\mu)^2 \tag{6-10}$$

进一步得总误差

$$E = \sum_{\mu=1}^{N} E_\mu = \frac{1}{2} \sum_{\mu=1}^{N} \sum_{k=1}^{m} (t_k^\mu - y_k^\mu)^2 \tag{6-11}$$

下面介绍一阶梯度法（最速下降法），即网络的训练方法。首先选择网络的初始权值，并确定 N 个训练样本。网络的训练就是根据网络输出与样本值之间的误差来更新网络的连接权。

1）输出层权值的调整

$$\Delta w_{jk} = -\eta \frac{\partial E}{\partial w_{jk}}$$

式中，η 为学习率，$\eta > 0$；为简便起见，E_μ 略去下标。为使问题简单，我们分别考虑 E 的每一分量，由式（6-10）有

$$\frac{\partial E}{\partial w_{jk}} = -(t_k - y_k) \frac{\partial y_k}{\partial s_y} \frac{\partial s_y}{\partial w_{jk}}$$

由式（6-9）可得

$$\frac{\partial s_y}{\partial w_{jk}} = \frac{\partial}{\partial w_{jk}} \left(\sum_{j=0}^{L} w_{jk} O_j \right) = O_j$$

用 $f'(s_y)$ 代替 $\partial y_k / \partial s_y$，定义 $\delta_k = (t_k - y_k) f'(s_y)$，取输出层权值变化的幅度正比于负梯

度，得输出层权值的更新方程

$$w_{jk}(t+1) = w_{jk}(t) + \eta \delta_k O_j \quad (6-12)$$

2）隐层权值的调整

隐层权值的更新与输出层相仿，但是在确定隐层节点的输出误差时会发现问题。我们可以求解出这些节点的实际输出值，然而我们无法知道其正确的输出值是什么。直觉上，总的误差与隐层的输出值有某些关系。按式（6-8）~式（6-10）得：

$$E = \frac{1}{2} \sum_k (t_k - y_k)^2 = \frac{1}{2} \sum_k (t_k - f(\sum_{j=0}^{L} w_{jk} O_j))^2$$

则：

$$\frac{\partial E}{\partial w_{ij}} = -(t_k - y_k)\frac{\partial y_k}{\partial s_y}\frac{\partial s_y}{\partial O_j}\frac{\partial O_j}{\partial w_{ij}} = -(t_k - y_k)\frac{\partial y_k}{\partial s_y}\frac{\partial s_y}{\partial O_j}\frac{\partial O_j}{\partial s_h}\frac{\partial s_h}{\partial w_{ij}}$$

$$\frac{\partial E}{\partial w_{ij}} = -(t_k - y_k)f'(y_k)w_{jk}f'(O_j)x_i = -\delta_k w_{jk}f'(O_j)x_i$$

定义隐层误差项：$\delta_h = \delta_k w_{jk} f'(O_j)$

这样，得到隐层权值更新方程如下：

$$w_{ij}(t+1) = w_{ij}(t) + \eta \delta_h x_i \quad (6-13)$$

这里用梯度法可以使总的误差向减小的方向变化，直到 ΔE 接近于 0 时结束，这种学习方式使权向量 w 达到一个稳定解。

BP 网络的学习算法可以归纳如下：

1）将网络的权值和阈值初始化为较小的随机数。
2）提供训练样本，
3）利用式（6-8）计算实际输出，一般隐层函数取 S 形函数，输出层取线性函数。
4）选择合适的学习率，按式（6-12）和式（6-13）调整权值，直到误差达到规定的指标以下。

例 6-11 应用两层 BP 网络来完成函数逼近的任务，其中隐层的神经元个数选为 5。网络结构如图 6-24 所示。

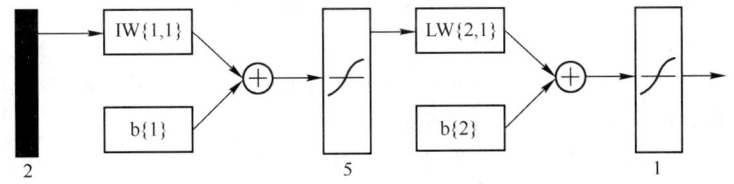

图 6-24 两层 BP 网络

解： 首先定义输入样本和目标矢量

P = -1:0.1:1;
T = [-.9602 -.5770 -.0729 .3771 .6405 .6600 .4609 ⋯
  .1336 -.2013 -.4344 -.5000 -.3930 -.1647 .0988 ⋯
  .3072 .3960 .3449 .1816 -.0312 -.2189 -.3201] ;

上述数据的图形如图 6-25 所示。

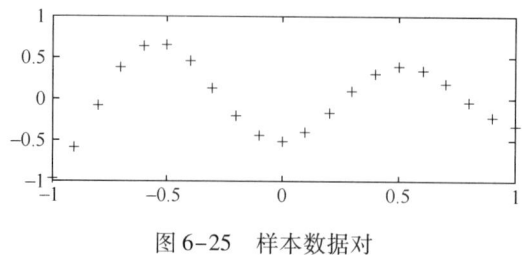

图 6-25 样本数据对

利用函数 newff 建立一个 BP 神经网络,然后利用函数 train 对网络进行训练图 6-26 给出了网络输出值随训练次数的增加而变化的过程,以及网络的误差记录。

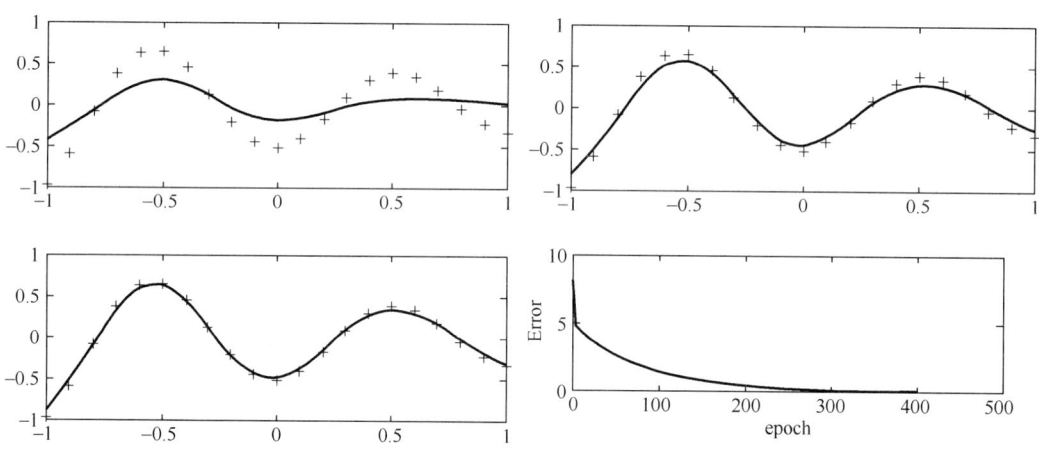

图 6-26 训练结果和误差

相应的 MATLAB 程序如下:

```
P = -1:.1:1;
T = [ -.9602  -.5770  -.0729  .3771  .6405  .6600  .4609 ...
      .1336  -.2013  -.4344  -.5000  -.3930  -.1647  .0988 ...
      .3072  .3960  .3449  .1816  -.0312  -.2189  -.3201];
plot(P,T,'+');
net = newff(minmax(P),[5 1],{'tansig' 'purelin'},'traingd','learngd','sse');
net.trainParam.epochs = 1000;    %学习次数
net.trainParam.show = 10;        %学习10次,显示1次
net.trainParam.goal = 0.01;      %目标误差
net.trainParam.lr = 0.01;        %学习率
net = train(net,P,T);            %网络训练
Y = sim(net,P);                  %网络输出
figure
plot(P,T,'+',P,Y)
```

6.2.3 神经网络控制

神经网络的非线性、学习功能、并行处理和综合能力,使得它十分适用于智能控制。神

经网络控制系统的形式很多,一般可分为神经网络监督控制、神经网络直接逆控制、神经网络自适应控制、神经网络内模控制、适应评价控制等。

1. 神经网络监督控制

通过对人工控制或传统控制器进行学习,然后用神经网络取代原控制器对被控对象进行控制的方法称为监督控制。神经网络监督控制系统的结构如图 6-27 所示。在很多情况下,人们可以根据对象的输出状态而提供恰当的控制信号,从而实现良好的控制,也即是说人们在系统中能执行反馈控制作用。在这种情况中,往往无法取得对象的分析模型,用标准的控制技术难以设计出合适的控制器。

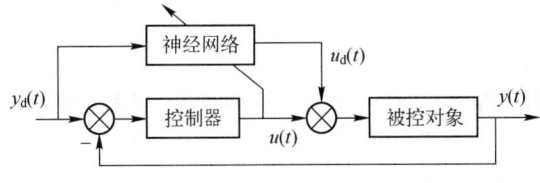

图 6-27　神经网络监督控制

在监视控制系统中,神经网络需要脱机进行训练。训练时是采用一系列示教数据。这些数据是人们执行人工控制时的输入输出数据。输入数据一般是传感器所检测出的数据,输出数据则是人所确定的数据。也就是说,神经网络的学习是执行传感器输入到人工控制作用的映射。这种控制在机器人控制等领域中有相当大的作用。

2. 神经网络直接逆控制

神经网络直接逆控制就是将被控对象的神经网络逆模型直接与被控对象串联起来,以便使期望输入与实际输出之间的传递函数为 1,被控对象的输出即为期望输出。在逆控制系统中,如果被控对象的模型用 F 表示,那么,神经网络所构成的控制器的模型则是 F^{-1},即是一个逆模型。

实际上,被控对象可以是一个未知的系统;在被控对象输入端加入 u^*,则其输出就会产生 y^*。用 y^* 作为输入,u^* 作为输出去对神经网络进行训练,则得到的神经网络就是被控对象的逆模型。在训练时,神经网络的实际输出用 u' 表示。则用 $(u' - u^*)$ 这个偏差可以控制网络的训练过程。

一般来说,为了获取良好的逆动力学性能。通常在训练神经网络时所取值的范围比实际对象的输入输出数据的取值范围要大一些。在逆控制系统,神经网络直接连在控制回路中作为控制器用,则控制效果严重依赖于控制器对对象逆向模型的真实程度。由于这种系统缺少反馈环节,所以,其鲁棒性不足。通过在线学习可以在一定程度上克服其鲁棒性不好的问题。允许在线学习的情况中,在线学习可以调整神经网络的参数,提高神经网络对逆模型的真实度。

3. 神经网络自适应控制

神经网络自适应控制是把神经网络用于传统自适应控制方法中而产生的新的控制方法。神经适应控制有两种基本形式:一种是模型参考适应控制,一种是自校正调节器。两者的区别是:自校正调节器将根据对系统正向或逆模型的辨识结果,直接调节控制器内部参数,使控制器满足给定的性能指标;而在模型参考自适应控制中,闭环控制系统的期望性能由一个稳定的参考模型描述,控制系统的目的就是要使被控对象的输出一致渐近地趋近于参考模型的输出。

神经网络模型参考自适应控制（Neural Model Reference Adaptive Control，NMRAC）的结构如图 6-28 所示。

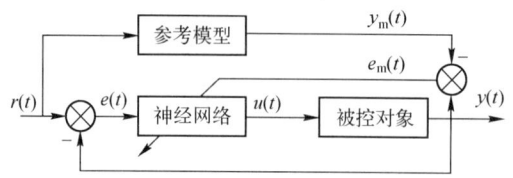

图 6-28　神经网络模型参考自适应控制

4. 神经网络内模控制

经典的内模控制将被控系统的正向模型和逆向模型直接加入反馈回路，系统的正向模型与实际对象并联，两者输出之差被用作反馈信号，此反馈信号又由前向通道的滤波器和神经网络控制器处理。神经网络控制器直接与系统的逆有关，而引入滤波器可以提高系统的鲁棒性。

5. 神经网络自适应评价控制

自适应评价（Adaptive Critics）概念是增强学习（Reinforcement Learning）的扩充方法。增强学习是 Barto 等人提出来的，它用两个神经网络执行工作。自适应评价控制的结构如图 6-29 所示。

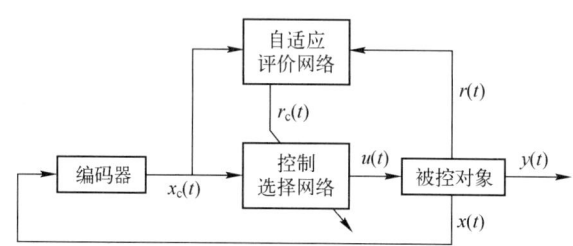

图 6-29　神经网络自适应评价控制

自适应评价控制的学习机构由一个联想搜索单元和一个自适应评价单元组成。在学习时，联想搜索单元在增强反馈的影响下通过搜索求取输入与输出的相连关系；自适应评价单元构成比增强反馈单独可以提供更丰富的信息评价函数。

6.3　其他控制策略

传统的控制策略隐含着两个前提，一是对象的模型是精确的，且是线性的；二是操作条件和运行环境是确定的，不变的。一般的工业系统只是粗略地、近似地满足这些条件，在要求不高的情况下是可行的。随着工业应用领域的扩大和国防科技的发展，对控制精度和性能的要求越来越高，必须考虑控制对象参数和结构的变化、非线性的影响、运行环境的改变以及环境干扰等不确定因素，才能得到满意的控制效果。一系列新型控制策略应运而生并迅速在实际中得到应用、改进和发展，现将工业应用和研究较多的几个有代表性的控制策略介绍如下。

6.3.1 最优控制

最优控制问题研究的主要内容是：怎样选择控制规律才能使控制系统的性能和品质在某种意义下为最优。人们发现，最优控制问题就其本质来说是一个变分学问题。然而，经典的变分理论所能解决的只是其容许控制属于开集的一类最优控制问题，而实际上工业控制中遇到更多的却是其容许控制属于闭集的一类最优控制问题，这就要求人们开辟求解最优控制问题的新途径。在解决最优控制问题的种种方法中，有两种方法最富有成效，一种是美国学者贝尔曼（Bellman，R.）的"动态规划"；另一种是苏联学者庞特里雅金的"最大值原理"。"动态规划"是贝尔曼在1953～1957年间逐步创立的，他依据最优性原理，发展了变分学中的哈密顿—雅可比理论，构成了"动态规划"。"最大值原理"是庞特里雅金等人在1956～1958年间逐步创立的，他受到力学中哈密顿原理的启发，先是推测出"最大值原理"，随后又提供了一种证明方法，并于1958年在爱丁堡召开的国际数学会议上首次宣读。

求解最优控制问题的方法目前主要的就是上述的两种方法，另外可能还会用到一些数值解法。用这些方法已经成功地解决了许多动态控制问题，如最小时间控制，最少燃料控制和最佳调节器等。最优控制在航天、航海、导弹、电力系统、控制装置、生产设备和生产过程中得到了比较成功的应用，而且在经济系统和社会系统中也得到了广泛的应用。

最优控制问题的四个关键点：①受控对象为动态系统。②初始与终端条件（时间和状态）。③性能指标。④容许控制。最优控制问题的实质就是要找出容许的控制作用或控制规律，使动态系统（受控对象）从初始状态转移到某种要求的终端状态，并且保证某种要求的性能指标达到最小值或者是最大值。

最优控制存在一个问题，就是一个最优控制问题是否存在唯一的最优解？如果常见的实际物理系统，性能指标的提法合理则一般存在最优解，而且在一定的范围内有唯一解。但是，对于一个比较复杂的问题，最优控制问题解的存在性和唯一性的判定是比较复杂的，有时甚至是不可能的。现在的研究一般都假定是有唯一解的最优控制问题，即可以求出一个最优的解来。

应注意，我们希望找到的是"整体"的最优控制，也就是在允许的范围内，寻找的控制作用使动态系统的性能指标达到最小或者最大。但是，在实际情况中除二次型性能指标的最优控制问题外，一般是很难用定量方法求得整体最优控制的，因此常常是求出许多局部最优控制解，再挑选出整体最优控制解。

最优控制理论的研究，无论在深度或是广度上，都有了较大的进展。然而，随着人们对客观世界认识的不断深化，又提出了一系列有待解决的新问题。可以说，最优控制理论依旧是极其活跃的研究领域之一。

6.3.2 自适应控制

直观地讲，自适应控制器应当是这样一种控制器，它能修正自己的特性以适应对象和扰动的动态特性的变化。

自适应控制的研究对象是具有一定程度不确定性的系统，这里所谓的"不确定性"是指描述被控对象及其环境的数学模型不是完全确定的，其中包含一些未知因素和随机因素。

任何一个实际系统都具有不同程度的不确定性，这些不确定性有时表现在系统内部，有时表现在系统外部。从系统内部来讲，描述被控对象的数学模型的结构和参数，设计者事先并不一定能准确知道。作为外部环境对系统的影响，可以等效地用许多扰动来表示。这些扰动通常是不可预测的。此外，还有一些测量时产生的不确定因素进入系统。面对这些客观存在的各式各样的不确定性，如何设计适当的控制作用，使得某一指定的性能指标达到并保持最优或者近似最优，这就是自适应控制所要研究解决的问题。

自适应控制和常规的反馈控制以及最优控制一样，也是一种基于数学模型的控制方法，所不同的只是自适应控制所依据的关于模型和扰动的先验知识比较少，需要在系统的运行过程中去不断提取有关模型的信息，使模型逐步完善。具体地说，可以依据对象的输入输出数据，不断地辨识模型参数，这个过程称为系统的在线辩识。随着生产过程的不断进行，通过在线辩识，模型会变得越来越准确，越来越接近于实际。既然模型在不断地改进，显然，基于这种模型综合出来的控制作用也将随之不断地改进。在这个意义下，控制系统具有一定的适应能力。比如说，当系统在设计阶段，由于对象特性的初始信息比较缺乏，系统在刚开始投入运行时可能性能不理想，但是只要经过一段时间的运行，通过在线辩识和控制以后，控制系统逐渐适应，最终将自身调整到一个满意的工作状态。再比如某些控制对象，其特性可能在运行过程中要发生较大的变化，但通过在线辩识和改变控制器参数，系统也能逐渐适应。

常用的自适应控制方法有模型参考自适应控制和自校正控制方法。模型参考自适应控制方法的基本思想是在控制器与控制对象组成的闭环回路外，再建立一个由参考模型和自适应机构组成的附加调节回路，如图6-30所示。设计的特点是：对系统性能指标的要求完全通过参考模型来表达，即参考模型的输出状态就是系统的理想输出状态。当运行过程中对象的参数或特性变化时，误差进入自适应机构，经过由自适应规律所决定的运算，产生适当的

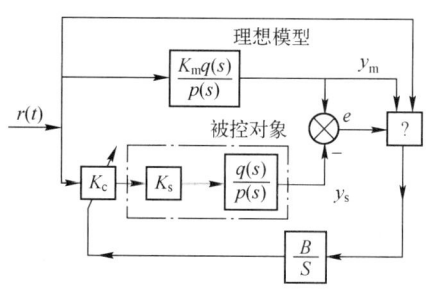

图 6-30 模型参考自适应控制结构示意图

调整作用，改变控制器的参数，或者对控制对象产生等效的附加作用，力图使被控过程的动态特性（系统输出）与参考模型的一致。

常规的反馈控制系统对于系统内部特性的变化和外部扰动的影响都具有一定的抑制能力，但是由于控制器参数是固定的，所以当系统内部特性变化或者外部扰动的变化幅度很大时，系统的性能常常会大幅度下降，甚至不稳定。所以对那些对象特性或扰动特性变化范围很大，同时又要求经常保持高性能指标的一类系统，采取自适应控制是合适的。但是同时也应当指出，自适应控制比常规反馈控制控制器设计更为复杂，另外，自适应过程本质是一个学习过程，因此要考虑到稳定性和实时性问题。

6.3.3 鲁棒控制

鲁棒控制（Robust Control）方面的研究始于20世纪50年代。在过去的二三十年中，鲁棒控制一直是国际自控界的研究热点。控制系统的鲁棒性是指系统的某种性能或某个指标在某种扰动下保持不变的程度。根据对性能的不同定义，可分为稳定鲁棒性和性能鲁棒性。以闭环系统的鲁棒性作为目标设计得到的固定控制器称为鲁棒控制器。

由于工作状况变动、外部干扰以及建模误差的缘故，实际工业过程的精确模型很难得到，而系统的各种故障也将导致模型的不确定性，因此可以说模型的不确定性在控制系统中广泛存在。如何设计一个固定的控制器，使具有不确定性的对象满足控制品质，也就是鲁棒控制问题。

鲁棒控制的早期研究，主要针对单变量系统（SISO）在微小摄动下的不确定性，具有代表性的是 Zames 提出的微分灵敏度分析。实际工业过程中故障导致系统中参数的变化，往往是有界摄动而不是无穷小摄动。因此产生了以讨论参数在有界摄动下系统性能保持和控制为内容的现代鲁棒控制。

现代鲁棒控制是一个着重控制算法可靠性研究的控制器设计方法。其设计目标是找到在实际环境中为保证安全要求控制系统最小必须满足的要求。一旦设计好这个控制器，它的参数不能改变而且控制性能能够保证。

鲁棒控制器设计，一般假设系统过程动态特性的信息和变化范围满足一定的限制。一般鲁棒控制系统的设计是以一些最差的情况为基础，因此一般系统并不工作在最优状态。常用的设计方法有 H_∞ 设计方法等。

鲁棒控制方法适用于稳定性和可靠性作为首要目标的应用，同时过程的动态特性已知且不确定因素的变化范围可以预估。飞机和空间飞行器的控制就是这类系统的例子。

过程控制应用中，某些控制系统也可以用鲁棒控制方法设计，特别是对那些比较关键且不确定因素变化范围大，稳定裕度小的对象。

鲁棒控制系统的设计比较复杂，一旦控制器设计成功，就不需太多的人工干预。另一方面，如果要升级或作重大调整，则系统要重新设计。

鲁棒控制的理论研究十分广泛，取得了许多有意义的成果。特别是在飞行器、柔性结构、机器人等控制问题上。目前，在实际应用中需解决的一些问题主要有，在实际设计中，鲁棒区域或摄动区域必须已知且有界，有时设计必须在系统的鲁棒性和控制性能之间折中；设计出的控制器过于复杂，难以实现，这些也阻碍了它的进一步广泛应用。但鲁棒控制的基本思想、方法和一些成功实例，表明它有很高的应用价值，从而激励人们去不断完善其理论和设计方法，促进其在工业控制中的广泛应用。

6.3.4 预测控制

预测控制是近年来发展起来的一类新型的计算机控制算法。由于它采用多步预测、滚动优化和反馈校正等控制策略，因而可以达到良好的控制效果，适用于不易建立精确数字模型且比较复杂的工业生产过程，所以它一出现就受到国内外工程界的重视，并已在石油、化工、电力、冶金、机械等工业部门的控制系统得到了成功的应用。

工业生产的过程是复杂的，我们建立起来的模型也是不完善的。其控制的效果往往难以满足工业发展的需要。20 世纪 70 年代，人们除了加强对生产过程的建模、系统辨识、自适应控制等方面的研究外，开始打破传统的控制思想的观念，试图面向工业生产控制开发出一种对各种模型要求低、在线计算方便、综合控制效果好的新型算法。这样的背景下，一种预测控制方法——模型算法控制（Model Algorithmic Control，MAC）首先被提出来，并在工业控制中得到应用。预测控制是在工业实践中逐渐发展起来的，同时，计算机技术的发展也为算法的实现提供了可能。

由于预测控制是一类基于模型的计算机控制算法,因此它是基于离散控制系统的。预测控制不但利用当前的和过去的偏差值,而且用预测模型来预估过程未来的偏差值,以滚动优化的方式确定当前的最优输入策略。其结构如图 6-31 所示。

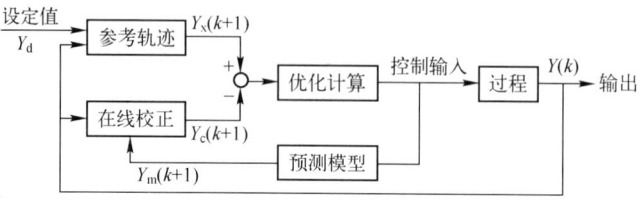

图 6-31 预测控制结构示意图

比较常用的算法有:模型算法控制(MAC)、动态矩阵控制(DMC)、广义预测控制(GPC)、广义预测极点(GPP)控制、内模控制(IMC)、推理控制(IC)等。

(1) 模型控制算法(Model Algorithmic Control,MAC)

它采用基于脉冲响应的非参考模型作为内部模型,用过去和未来的输入输出信息,预测系统未来的输出状态,经过用模型输出误差进行反馈校正后,再与参考输入轨迹进行比较,应用二次型性能指标滚动优化,再计算当前时刻加于系统的控制量,完成整个循环。该算法控制分为单步、多步、增量型、单值等多种模型算法控制。目前已在电厂锅炉、化工精馏塔等许多工业过程中获得成功应用,其原理如图 6-32 所示。

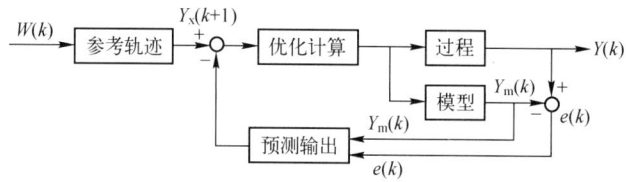

图 6-32 MAC 系统原理图

(2) 动态矩阵控制(Dynamic Matrix Control,DMC)

它与模型算法控制不同之处是它采用在工程上易于测取的对象阶跃响应作模型,计算量减少,鲁棒性较强。它是由 Culter 等人提出的一种有约束的多变量优化控制算法,在 1974 年就应用于美国壳牌石油公司的生产装置上,1979 年首先发表。现已在石油、石油化工、化工等领域的过程控制中应用成功,已有商品化软件出售。动态矩阵控制也适用于渐近稳定的线性过程。

(3) 广义预测控制(Generalized Predictive Control,GPC)

它是在自适应控制的研究中发展起来的预测控制算法。它的预测模型采用 CARIMA(离散受控自回归积分滑动平均模型)或 CARMA(离散受控自回归滑动平均模型),克服了脉冲响应模型、阶跃响应模型不能描述不稳定过程和难以在线辨识的缺点。广义预测控制保持最小方差自校正控制器的模型预测,在优化中引入了多步预测的思想,抗负载扰动、随机噪声、时延变化等能力显著提高,具有许多可以改变各种控制性能的调整参数。它不仅能用于开环稳定的最小相位系统,而且可用于非最小相位系统、不稳定系统和变时滞、变结构系统。它在模型失配情况下仍能获得良好的控制性能。

广义预测极点配置控制于 1987 年由 Lelic 提出。预测控制首先要解决闭环稳定性问题,这是由于闭环特征多项式的零点位置与系统中的多个可调参数有关，不易导出稳定性与各参数间的显性联系，使设计者不能将闭环极点配置在所期望的位置上。若能在多步预测控制系统中引入极点配置技术，将极点配置与多步预测结合起来组成广义预测极点配置控制，则将进一步提高预测控制系统的闭环稳定性和鲁棒性。

（4）内模控制

基于参数模型和非参数模型的两类预测控制算法，均采用了多步输出预测和在线实现滚动优化的控制策略，使分析预测控制系统的动态性能、计算闭环系统的输入输出特性变得困难而复杂，于是出现了内模控制，它是由 Garcia 等人于 1982 年提出的。应用内模控制结构来分析预测控制系统有利于从结构设计的角度来理解预测控制的运行机理，可进一步利用它来分析预测控制系统的闭环动静态特性、稳定性和鲁棒性。内模控制结构为预测控制的深入研究提供了一种新方法，推动了预测控制的进一步发展。

（5）模糊预测控制

它是基于预测模型对控制效果进行预报，并根据目标偏差和操作者的经验，应用模糊决策方法的一种在线修正控制策略。这种方法已用于一些复杂工艺过程的终点控制。另一种模糊预测控制是基于辨识模糊模型的多变量预测控制方法，它由模糊辨识和广义预测控制器两部分组成。采用线性系统理论来设计广义预测器，简化了设计。这种模糊预测控制的跟踪速度快、抗干扰能力强、控制效果好。

预测控制的特点：建立预测模型方便；采用滚动优化策略；采用模型误差反馈校正。这几个特征反映了预测控制的本质，也正是该控制算法和其他算法的不同之处。

预测控制伴随着工业的发展而来，所以，预测控制与工业生产有着紧密的结合。例如，火电厂钢球磨煤机是一个多变量、大滞后、强耦合的控制对象，其数学模型很难准确建立。目前国内火电厂所装设的控制器大部分是 PID 控制器。由于系统各变量耦合严重，PID 控制器很难适应，致使钢球磨煤机不能投入自动运行。用 8051 单片机加上 A/D 八路接口及其接口电路，再加上控制键和显示器，组成预测控制器。在采用了 MAC 算法之后，就能够弥补 PID 控制器的不足。

由于预测控制具有适应复杂生产过程控制的特点，所以预测控制具有强大的生命力。随着预测控制在理论和应用两方面的不断发展和完善，将在工业生产过程中发挥出越来越大的作用，展现出广阔的应用前景。

6.3.5 线性控制理论的发展

人类认识客观世界和改造世界的历史进程，总是由低级到高级，由简单到复杂，由表及里的纵深发展过程。在控制领域方面也是一样，最先研究的控制系统都是线性的。例如，瓦特蒸汽机调节器、液面高度的调节等。这是由于受到人类对自然现象认识的客观水平和解决实际问题的能力的限制，因为对线性系统的物理描述和数学求解是比较容易实现的事情，而且已经形成了一套完善的线性理论和分析研究方法。但是，对于非线性系统来说，除极少数情况外，目前还没有一套可行的通用方法，而且每种方法只能针对某一类问题有效，不能普遍适用。可以说，我们对非线性控制系统的认识和处理，基本上还是处于初级阶段。另外，从我们对控制系统的精度要求来看，用线性系统理论来处理目前绝大多数工程技术问题，在一定范围内都可以得到满意的结果。因此，一个真实系统的非线性因素常常被我们所忽略了，或者被用各种线性关系所代替了。这就是线性系统理论发展迅速并趋于完善，而非线性系统理论长期得不到重视和发展的主要原因。

但是，随着科学技术的不断发展，人们对实际生产过程的分析要求日益精密，各种较为精确的分析和科学实验的结果表明，任何一个实际的物理系统都是非线性的。所谓线性只是对非线性的一种简化或近似，或者说是非线性的一种特例。例如大家都熟悉的欧姆定理，其数学表达式为 $U=IR$。此式说明，电阻两端的电压 U 是和通过它的电流 I 成正比，这是一种简单的线性关系。但是，即使对于这样一个最简单的单电阻系统来说，其动态特性，严格说来也是非线性的。因为当电流通过电阻以后就会产生热量，温度就要升高，而阻值随温度的升高就要发生变化。欧姆定理就不再是简单的线性关系了，而是如下式所示的一种非线性关系：

$$U = IR_0 + 0.24 \frac{R_0^2 \alpha t}{mc} I^3 \tag{6-26}$$

式中，R_0 是 0℃时的电阻数值；mc 是电阻的热容量；α 为电阻的温度系数；t 为电流通过电阻的时间。动力学中的虎克定理、热力学中的第一定律以及气体的内摩擦力等也都有类似的情况。

对非线性控制系统的研究，主要的分析方法有：相平面法、李亚普诺夫法和描述函数法等。这些方法都被广泛用来解决实际的非线性系统问题。但是这些方法都有一定的局限性，都不能成为分析非线性系统的通用方法。例如，用相平面法虽然能够获得系统的全部特征，如稳定性、过渡过程等，但大于三阶的系统无法应用。李亚普诺夫法则仅限于分析系统的绝对稳定性问题，而且要求非线性元件的特性满足一定条件。虽然这些年来，国内外有不少学者一直在这方面进行研究，也研究出一些新的方法，如频率域的波波夫判据、广义圆判据、输入输出稳定性理论等。但总体来说，非线性控制系统理论仍处于发展阶段，远非完善，很多问题都还有待研究解决，领域十分宽广。

非线性控制理论的研究，仍是自动控制技术研究的一个热点和难点，随着更多的研究成果的出现，将会促进自动化水平的更大飞跃。

6.3.6 专家系统

专家系统（Expert System）是一个基于知识的智能推理系统，它涉及对知识获取、知识库、推理控制机制以及智能人机接口的研究，是集人工智能和领域知识于一体的系统。近些年，专家系统的迅速发展和广泛应用大大推进了各个应用领域向智能化方向发展，成为人工智能从实验室研究进入实用领域的一个里程碑。

专家系统应用人工智能技术，根据一个或多个人类专家提供的特殊领域知识进行推理，仿真人类专家作决定的过程来解决那些需要专家知识才能解决的复杂问题。目前专家系统不仅仅局限于科学问题，在工程、企业方面也有重要的应用。

人们在进行专家系统研究的过程中，发现专家的能力有两个方面：首先是一个专家有大量的专门知识，第二是专家能根据环境和对象灵活运用知识，并能根据不精确和不完整的证据得到较好的结论。通过大量研究，专家系统 DENDRAL、MYCIN 相继在 20 世纪 60 年代推出。其中著名的 MYCIN 系统是一个用于细菌感染患者的诊断和治疗的计算机系统，它的知识是由 600 多条规则组成的，其推理规则是不确定的，而且 MYCIN 能够解释自己的推理过程。这个最早的专家系统已经具有了实际工作的能力，它所做的工作需要人们经过多年的训练才能胜任。虽然 MYCIN 的使用范围是有限的，但是已经标志着专家系统的发展进入了一个新的阶段。

后来，机器学习系统解决了专家系统的学习机制问题，从而使之可以不断丰富自己的知识库，使专家系统的可应用性获得了极大提高。随着未来的专家系统的理论基础和计算机硬件的发展，专家系统的可应用性必然越来越强。现阶段，专家系统主要应用在医学、故障诊断、化学、计算机软硬件、数学以及工程等方面。

专家系统的开发在现阶段来说也是一个程序设计的过程。传统的程序设计缺少灵活性，更重要的是缺少不精确的推导，也缺少合适的算法。专家系统的表达式是：知识+推理=系统，而传统的表达式是：数据+算法=程序。所以专家系统的结构和传统的程序是不相同的。一个完整的专家系统通常是由专家知识库、推理机、知识获取部分、解释接口和人机界面组成的，如图 6-33 所示。其中知识库用来存放相关领域专家提供的专门知识。推理机的功能是根据一定的推理策略从知识库中选取有关的知识，对用户提供的证据进行推理，直到得出相应的结论为止。推理机包括推理方法和控制策略两个部分。知识获取过程可以看作是一类专业知识到知识库之间的转移过程。人机接口则完成输入输出的人性化。

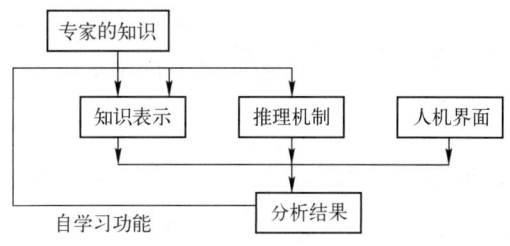

图 6-33　专家系统主要结构

在一个成熟的专家系统中，有几项技术是极为关键的。首先，为了便于知识在计算机中的存储、检索、使用和修改，并进行推理和搜索，知识表示技术必须具有很高的效率，目前主要有产生式表达法、语义网络表达法、框架表达法、谓词逻辑表达法等技术，并且新的技术还在开发当中；其次，因为要在专家系统中用计算机模拟人的思维，不精确推理方法是必不可少的，针对实际需要，概率算法一度成为最重要的方法，近几年来，模糊数学的引入为这一领域的发展开辟了新的前景；最后，和知识表示技术与推理方法相关，作为人的思维搜索过程的模拟，搜索策略的好坏对系统的成败也是有意义重大的，现在人们已经利用的技术有状态空间法、问题递归法、最佳优先法等。

总之，人工智能系统的特殊性，决定了它是一个跨越多学科、充满活力、对基础研究的依赖性很强的领域，它的发展，必将向我们展示科学技术王国的更多魅力，也会令我们的生活更为美好。

现代工业控制要求达到越来越高的设计目标，面对复杂的对象、复杂的环境和复杂的任务，单纯以 PID 为核心的传统控制手段已难以适应我们的控制要求。随着科技进步，特别是计算机技术的高速发展，一系列先进控制方法应运而生。人们从应用数学、控制理论和工程实践等不同角度和起点出发，对它们进行研究，在工业控制中取得了不少成功的应用事例，证明它们将成为计算机工业控制的主要手段，有着广阔的发展前景。

本章对包括模糊控制技术、神经网络控制技术、最优控制、自适应控制、预测控制、鲁棒控制、专家控制等新型控制策略作了简单介绍。这些控制策略相互之间，以及与各种传统控制策略之间渗透、交叉和结合，又形成各种各样的复合控制策略。

思考题与习题

6-1 设论域 $X = \{x_1, x_2, x_3, x_4, x_5\}$ 上的模糊集合 A、B 分别是

$$A = \frac{0.1}{x_1} + \frac{0.3}{x_2} + \frac{0.5}{x_3} + \frac{0.7}{x_4} + \frac{1}{x_5}, B = \frac{0.2}{x_1} + \frac{0.8}{x_2} + \frac{1}{x_3} + \frac{0.6}{x_4} + \frac{0.2}{x_5}$$

求模糊集合的并集 $A \cup B$，交集 $A \cap B$ 和补集 $\tilde{A}$。

6-2 设两个模糊矩阵 A、B 分别为

$$A = \begin{bmatrix} 0.3 & 0.5 & 0.6 \\ 0.5 & 0.1 & 0.8 \end{bmatrix}, B = \begin{bmatrix} 0 & 0.1 & 0.4 \\ 0.7 & 0.8 & 1 \end{bmatrix}$$

计算 $A \cup B$，$A \cap B$，$\tilde{A}$

6-3 已知模糊向量 A 和模糊关系 R 如下：

$$A = (0.7 \quad 0.4), R = \begin{bmatrix} 0.5 & 0.2 & 0.9 \\ 0.1 & 0.8 & 1 \end{bmatrix}$$

求 $B = A \circ R$

6-4 已知被控对象的传递函数为 $G(s) = \frac{1}{20s+1}e^{-5s}$，给定阶跃信号 $r = 10$，试分别设计 PID 控制器和模糊控制器，用 MATLAB 进行仿真，并比较控制效果。

6-5 已知模糊输入 $A = \frac{0.8}{a_1} + \frac{0.5}{a_2}$，$B = \frac{0.2}{b_1} + \frac{0.6}{b_2} + \frac{1}{b_3}$，输出模糊量为 $C = \frac{0.4}{c_1} + \frac{0.7}{c_2} + \frac{1}{c_3}$，求模糊语句"若 A 且 B 则 C"的模糊关系 R。

6-6 已知经验规则"若炉温低 A，则加高电压 B"，求"炉温很低 A_1"时应加怎样的电压。已知：A(炉温低) = (1 0.8 0.6 0.4 0.2)；B(高电压) = (0 0 0.4 0.8 1)；A_1(炉温很低) = (1 0.8 0.4 0 0)

6-7 模糊决策得出的模糊输出量为 $U = 0/1 + 0.5/2 + 1/3 + 1/4 + 0.5/5 + 0.2/6$，试用去模糊化法求控制精确量 u。（1）最大隶属度法 （2）加权平均法

6-8 已知被控对象的传递函数为 $G(s)$，系统输入 $R(s) = 1/s$，拟采用系统偏差 e 和偏差变化率 ec 为输入语言变量，画出采用增量式二维模糊控制器的模糊控制系统框图，并说明模糊控制器的设计方法。

6-9 简要说明 BP 算法的基本思想。

6-10 查阅资料，对 BP 误差反传算法而言，如何有效提高算法收敛速度？

第 7 章　计算机控制系统的设计与实现

　　计算机控制系统的设计，既是一个理论问题，又是一个工程问题。计算机控制系统的理论设计包括：建立被控对象的数学模型；确定满足一定技术经济指标的系统目标函数，寻求满足该目标函数的控制规律；选择适宜的计算方法和程序设计语言；进行系统功能的软、硬件界面划分，并对硬件提出具体要求。

　　本章主要从实际应用的角度，介绍了计算机控制系统设计的原则与步骤、计算机控制系统的工程设计与实现问题。

7.1　计算机控制系统的设计原则与步骤

7.1.1　控制系统的设计原则

（1）安全可靠

可靠性是计算机控制系统设计最重要的一个基本要求。采用计算机实时控制的工作环境多在实际现场，工作环境一般比较恶劣，各种干扰会威胁系统正常运行。系统一旦出现故障有可能造成整个生产过程的混乱，甚至引发严重事故。因此在设计计算机控制系统时，要将安全可靠放在首位。首先要选用高性能的计算机，以保证在恶劣环境下仍能正常运行，其次是设计可靠的控制方案，并具有各种安全保护措施，例如报警、事故预测、事故处理、不间断电源等。对于重要控制环节，可采用多台计算机组成热备份，备份机与控制机同时工作但不介入控制，一旦主控制机有故障就切换到备份机工作，也可以采用冷备份方案，即备份机处于待工作状态，一旦主控制机有故障就启动备份机工作，以此来提高系统的可靠性。

（2）操作维护方便

硬件和软件设计时都要考虑操作维护的方便性这个问题。硬件方面，零部件的配置应便于操作人员维修。软件方面，应考虑配置什么样的软件可降低对操作人员专业知识的要求。

（3）实时性强

工业控制机应能对内部和外部的事件及时响应，并做出相应的处理，不丢失信息、不延误操作。

（4）通用性好

一个计算机控制系统一般可以控制多个设备和不同的过程参数，但各个设备和控制对象的要求是不同的，而且控制设备存在更新问题，控制对象也有可能增减。因此，系统设计应考虑到适应各种不同设备和各种不同控制对象的需要，使系统不必大改动就能适应新的情况。这就要求系统的通用性要好，能灵活地进行扩充。

（5）经济效益高

计算机应用技术发展迅速，各种新技术和产品不断出现，在满足精度、速度和其他性能要求的前提下，应缩短设计周期和尽可能采用价格低的元器件，以降低整个控制系统的费用。

7.1.2 控制系统的设计步骤

计算机控制系统从设计到实施的整个过程大致如下。

1. 总体方案设计

计算机控制系统总体方案设计包括硬件总体方案设计和软件总体方案设计。硬件方案设计和软件方案设计是相互有机联系的。设计时，通常应在工艺技术人员的配合下，从合理性、经济性及可行性等方面经过多次的协调和反复，最后才能形成合理统一的总体设计方案。总体设计方案应形成较为详细的完整的总体方案文档，其主要内容包括：

1）系统的主要功能、技术指标、原理框图及文字说明。
2）方案的比较与选择。
3）控制策略与算法。
4）系统的硬件结构与配置，主要的软件功能、结构、平台及实现框图。
5）抗干扰措施与可靠性设计。
6）机柜或机箱的结构与外形设计。
7）经费预算和进度计划的安排。
8）对现场条件的要求。

总体设计方案形成后应邀请有关专家、主管人员及甲方代表对方案做进一步论证与评审。评审通过后的总体设计方案是进行具体设计和工程实施的依据，作为正式文件存档，原则上不应再做大的改动，这一步骤对于大型项目尤其重要。总体设计方案完成后，就可以进行项目工作计划的制订，计算机及设备仪表的选型，设备订货、验收，各方面的人员安排、调配等相应工作，进行具体的硬件方案设计和软件方案设计。

2. 硬件方案设计和调试

计算机控制系统的硬件方案设计主要包括以下内容：

1）系统的构成方式。
2）现场设备及自动化仪表的选择。
3）人机接口方式。
4）系统的控制机箱结构设计。
5）抗干扰措施等。

这一过程就是将总体方案具体化，落实到框图的底层，进行底层块内的结构细化设计，如：主机和通用模板的选购、专用模板（如电平转换模板、光隔离模板、驱动放大模板等）的设计和调试、电源模块的设计、控制柜的设计以及系统可靠性设计等。

调试时，对于各种标准功能模块，严格按照说明书检查主要功能。比如主机板（CPU板）上 RAM 区的读写功能、ROM 区的读出功能、复位电路/时钟电路等的正确性。在调试 A/D 和 D/A 模板之前，必须准备好信号源、数字电压表、电流表等。对这两种模板要先检查信号的零点和满量程，然后再分挡检查。比如满量程的 25%、50%、75%、100%，并且上行和下行循环调试，以便检查线性度是否符合要求。如果有多路开关板，应测试各通路是否正确切换，利用开关量输入和输出程序来检查开关量输入（DI）和开关量输出（DO）模板。测试时可在输入端输入开关量信号,检查读入状态的正确性,在输出端检查输出状态的正确性。

硬件调试还包括现场仪表和执行机构的调试,如压力变送器、差压变送器、流量变送器、温度变送器以及电动或气动调节阀等,这些仪表必须在安装之前按照说明书要求校验。若是分级计算机控制系统和集散计算机控制系统,还要调试通信功能,验证数据传输的正确性。

3. 软件总体方案设计和调试

软件总体方案设计的内容主要是确定软件平台、软件结构、任务分解、建立系统的数学模型、控制策略和算法的实现等。在软件设计中也应采用结构化、模块化、通用化的设计方法,自上而下或是自下而上地画出软件结构框图,逐级细化,直到能清楚地表示出控制系统所要解决的问题为止。将商品化的监控组态软件经二次开发后用于计算机控制系统中,是当今计算机控制系统软件设计的有效方法之一。

由于许多型号的工业控制机或计算机集散控制系统都配有实时操作系统、实时监控程序、各种控制及运算软件模块、组态软件等,所以采用工业控制机来组建计算机控制系统不仅能大大减少硬件设计的工作量,而且可以使系统设计者根据控制要求,选择所需要的模块进行组态,在较短的时间内开发出目标系统软件。因此,在项目资金较为充裕的情况下,可根据情况首选质量可靠、信誉好的品牌工业控制机,这样在充分保证硬件质量的同时,能够获得较为丰富的软件技术支持。此外,还可选择商品化的工控软件,在减少软件工作量的同时,达到较高的整体水平。

当然并不是所有的工业控制计算机都能给系统设计带来上述的方便,有些工业控制机只能提供硬件设计的方便,而应用软件需自行开发。比较常见的是需要自行研制开发有关控制策略与算法、针对解决具体问题的软件模块、在某一软件平台上进行组态等。自行开发控制软件时,应先画出程序总体流程图和各功能模块图,再选择程序设计语言,然后编制程序。程序编制应先编制模块,然后编制整体程序。

软件调试包括对各个子程序、功能模块、主程序的分别调试以及整体程序的联合调试。软件调试的方法一般采取自下而上的连级调试。这些程序的调试比较简单,用开发装置(或仿真器)以及计算机提供的调试程序就可以进行调试。程序设计一般采用汇编语言和高级语言混合编程。对处理速度和实时性要求高的部分用汇编语言编程(如数据采集、时钟、中断、控制输出等);对处理速度和实时性要求不高的部分用高级语言编程(如数据处理、变换、图形显示、打印、统计报表等)。

表7-1是进行软件设计时一些常用计算机控制算法。

表 7-1 常用控制算法

控 制 算 法	控 制 对 象
PI、PID	一般简单的生产过程
比值控制 前馈控制 串级控制 自适应控制等	工况复杂、工艺要求高的生产过程
最小拍无差	快速随动系统
大林算法 史密斯纯滞后补偿算法等	具有纯滞后的控制对象
随机控制算法	随机系统
模糊控制、学习控制等	具有时变、非线性特性及难以建立数学模型的控制对象

硬件、软件的设计都需要边设计、边调试、边修改进行，往往需要经过多次反复才能完成。

在完成硬件和软件的设计后，就分别进入制作和调试阶段。硬件制作可以在实验室自行完成或委托加工制作，硬件调试包括器件测试、电路板调试、子功能模块调试、控制柜的安装调试等；软件调试是根据软件流程框图编制各模块程序的源代码，采取设置断点、单步追踪等手段检验软件模块的功能及正确性，然后进行编译以及必要的连接，生成计算机可执行的目标代码。当硬件和软件分别调试通过后就可以进行系统的组装，组装是离线仿真和调试阶段的前提和必要条件。

4. 系统仿真和在线调试、运行

所谓系统仿真，就是应用相似原理和类比关系来研究事物，也就是用模型来代替实际生产过程（即被控对象）进行实验研究来检验设计的可行性。

系统仿真有以下三种形式：全物理仿真（或称在模拟环境条件下的全实物仿真）、半物理仿真（或称硬件闭路动态实验）、数字仿真（或称计算机仿真）。系统仿真尽量采用全物理或半物理仿真，试验条件或工作状态越接近真实生产过程，其效果越好。对于纯数据采集系统，一般可做到全物理仿真；而对于闭环控制系统，难以进行全物理仿真，因为不可能将实际生产过程搬到实验室中，因此，闭环控制系统只能做到半物理仿真，被控对象可用实验模型来代替。

在系统仿真的基础上，进行长时间的考机试验，并根据实际运行环境的要求，需要进行特殊运行条件的考验。例如，高温和低温剧变运行试验、振动和抗电磁干扰试验、电源电压突变和掉电保护试验等。考机的目的是要在连续运行中暴露问题和解决问题。

系统离线仿真和调试后便可进行在线调试和运行。在线调试和运行就是将系统和生产过程连接在一起，进行现场调试和运行，尽管系统已经通过了离线仿真和调试，但工业现场情况十分复杂。现场调试和运行仍可能出现问题，因此必须重视现场调试环节，以便及时发现问题，认真分析加以解决。在此过程中，控制系统的设计人员与技术人员要密切配合，制订出调试计划、实施方案、安全措施、分工合作细则等，以避免或减少因调试给生产带来的不良影响。现场的调试与投入运行过程应遵循从小到大、从易到难、从手动到自动、从简单回路到复杂回路、先开环后闭环逐步过渡的原则，稳妥地实现计算机控制。

计算机控制系统的投入运行是一个系统工程，是对计算机控制系统的全面检查和考核，要特别注意一些容易忽视的问题，如现场仪表与执行机构的安装位置、现场校验，各种接线与导管的正确连接、系统的抗干扰措施、供电与接地、安全防护措施等。设计者应该有严肃认真的科学态度，一丝不苟地解决问题，绝不允许回避和掩盖矛盾，对于系统的可靠性和稳定性应长期考验，针对工业生产现场的特殊环境，采取有效的措施。

5. 工程验收和投入使用

系统运行正常后，再试运行一段时间，即可组织验收。验收是系统项目最终完成的标志，应由甲方主持，乙方参加，双方协同办理，共同组织材料，验收完毕后应形成验收文件存档。验收后的系统正式交付投入使用。

下面通过两个例子说明计算机控制系统的设计方法。

7.2 计算机控制系统设计实例

7.2.1 电阻炉温度计算机控制系统的设计

在冶金、化工、电力、造纸、机械制造和食品加工等许多生产过程中,人们需要对各类加热炉、热处理炉、反应炉和锅炉的温度进行检测和控制,因此,温度是工业控制对象中一个比较常见的被控参数。

下面以在工业领域中应用较为广泛的电阻炉为被控对象,采用 MCS-51 单片机实现电阻炉温度计算机控制系统的设计,介绍电阻炉温度计算机控制系统的组成,并完成系统总体控制方案和达林算法控制器的设计,给出系统硬件原理框图和软件设计流程图等。

电阻炉炉温的控制,根据工艺的要求不同而有所变化,但大体上可归纳为以下几个过程:
1) 自由升温段:即根据电阻炉自身约束条件对升温速度没有控制的自然升温过程。
2) 恒速升温段:即要求炉温上升的速度按某一斜率进行。
3) 保温段:即要求在这一过程中炉温基本保持不变。
4) 慢速降温段:即要求炉温下降的速度按某一斜率进行。
5) 自由降温段。

1. 工艺要求

要求电阻炉的炉内温度,按图 7-1 所示的规律变化。

从室温开始到 a 点为自由升温段,当温度一旦到达 a 点(即 T_α 点),就进入系统调节。从 b 点到 c 点为保温段,要始终在系统控制之下,以保证所需的炉内温度的精度。加工结束,即由 c 到 d 点为自然降温段。保温段的时间为 50~100 min。炉温变化曲线对各项品质指标的要求如下:

1) 过渡过程时间:即从升温开始到进入保温段的时间 $t_1 \leqslant 100$ min。
2) 超调量:即升温过程的温度最大值(T_M)与保温值(T_0)之差与保温值之比

$$\sigma = \frac{T_M - T_0}{T_0} \leqslant 10\%$$

3) 静态误差:即当温度进入保温段后的实际温度值(T)与保温值(T_0)之差与保温值之比

$$e_V = \frac{T - T_0}{T_0} \leqslant \pm 2\%$$

4) 温度保温值的变化范围:50~100℃。设保温值为 100℃。

2. 系统的组成和基本工作原理

本电阻炉炉温自动控制系统框图如图 7-2 所示。

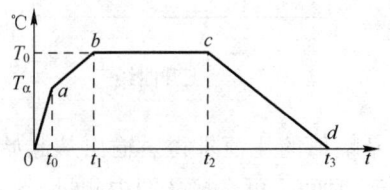

图 7-1 炉温控制要求

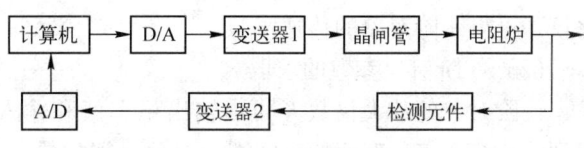

图 7-2 炉温自动控制系统框图

控制过程：计算机定时（即按采样周期）对炉温进行测量和控制，炉内温度由铂电阻温度传感器进行测量，其信号经放大送到模数转换器转换成相应的数字量后，再送入计算机中进行判别和运算，得到应有的电功率数（增量值），经过数模转换芯片转换成模拟量信号，供给晶闸管功率调节器进行调节，使其达到炉温变化曲线的要求。

3. 对象特性的测量和识别

（1）对象模型的归纳

根据描述对象特性需用微分方程的阶数不同，对象可分一阶或二阶。至于阶数高于二阶的系统，分析参数有困难而用纯滞后的一、二阶方程来近似代替，因此实用上对象模型的基本形式常取如下几种：

一阶对象的微分方程为

$$T\dot{y}(t) + y(t) = Ku(t)$$

传递函数为

$$W(s) = \frac{K}{Ts+1}$$

其飞升曲线如图7-3所示。阶跃信号输入时，输出稳态值除以输入幅度值即为放大倍数 K，输出从起始值到达0.632稳态值的时间即为时间常数 T。

纯滞后的一阶对象的微分方程为

$$T\dot{y}(t) + y(t) = Ku(t-\tau)$$

传递函数为

$$W(s) = \frac{Ke^{-\tau s}}{Ts+1}$$

式中，K 为放大系数；T 为对象时间常数；τ 为对象滞后时间。

滞后系统飞升曲线如图7-4所示，它与图7-3的唯一区别在于起始有一段时间滞后。

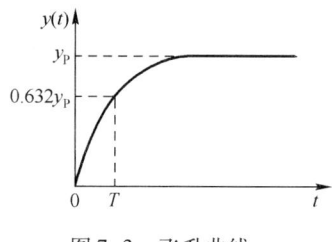
图7-3 飞升曲线一

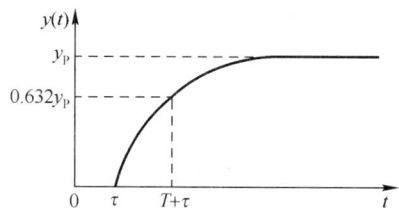
图7-4 飞升曲线二

飞升曲线的测量的方法：在给定的控制信号作用下得到系统的稳定输出，然后突然在输入端输入一幅度适宜的阶跃控制信号，相应地输出信号也会发生变化，此即为输出的飞升曲线，如图7-5所示。

将上述所测得的飞升曲线与典型传递函数的飞升曲线比较，可得一阶对象的传递函数。

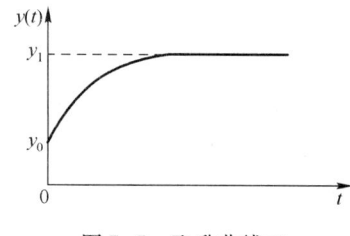
图7-5 飞升曲线三

（2）一阶对象参数的求取

一阶对象的放大倍数 K 可由输出稳态值和输入阶跃信号幅值的比值求得。输出从起始值到达0.632倍稳态值的时间即为对象时间常数。而对象滞后时间 τ 可直接从图中测量。

但实测的飞升曲线起始部分有弯曲，不易找到确切的位置来确定滞后时间，这时可用一阶加纯滞后的虚线曲线来逼近，使后面大部分重合，而起始部分则可定出一个等效的滞后时间 τ，这时可在曲线斜率的转折点（即拐点）处作一切线。该切线与时间轴的交点认为是一阶的起点，即纯滞后时间 τ，而切线与稳态值的交点时间应为 T，加上纯滞后时间则实测为 $\tau+T$。这样就求出了一阶对象的三个参数 K、T、τ。

设由所得的飞升曲线求得本电阻炉的参数为：$T=72\,\text{min}$，$\tau=8\,\text{min}$，$K=330$。

4. 控制规律的选择和参数的确定

计算机参与控制的形式是多种多样的，它取决于控制规律的选择以及被控对象的特性，下面结合电阻炉的要求进行分析。

根据炉温变化曲线的要求，可将其分为三段来进行控制：自由升温段、保温段和自然降温段。而真正需要进行控制的是前两个阶段，即自由升温段和保温段。为避免过冲，从室温到 80% 额定温度为自由升温段，在 ±20% 额定温度时为保温段。在自由升温段中，希望升温越快越好，总是将加热功率全开足，因此得自由升温段控制规律为：当 $T \leq 0.8 T_0$ 时，选 $P_k = 1$；在 $T > 0.8\, T_0$ 后，已较接近需要保温的值 T_0，为此采用保温段控制方程。保温控制方法有多种，如用比例控制，因炉丝所加功率 P 的变化和炉温变化之间存在一定时间延迟，因此当以温差来控制输出，即采用比例控制时，系统只有在炉温与给定值（保温温度）相等时才停止输出，这时由于炉温变化的延迟特点，炉温并不因输入停止而马上停止上升，从而会超过给定温度值。滞后时间越大，超过结定值也越大。炉温上升到一定高度后，才开始下降并继续下降到小于给定位时，系统才重新输出。同样由于炉温变化滞后于输出，它将继续下降，从而造成温度的上下波动，即所谓振荡。考虑到滞后的影响，调节规律必须加入微分因数，即 PD 调节。

下面介绍 PD 算法和参数的选定。

连续系统 PD 校正的控制量可表示为

$$u(k) = K_P \left[e(k) + T_D \frac{e(k) - e(k-1)}{T} \right]$$

式中，T 为采样周期；T_D 为微分时间系数；K_P 为比例系数；$e = r - y$ 为误差值；r 为温度给定值；y 为温度输出值。

离散 PID 算法可表示为（用增量表示）

$$u(k) = u(k-1) + K_P \left\{ e(k) - e(k-1) + \frac{T}{T_I} e(k) + \frac{T_D}{T} [e(k) - 2e(k-1) + e(k-2)] \right\}$$

式中，T 为采样周期；T_I 为微分时间；T_D 为积分时间；K_P 为比例系数。

实际中算法可变换为

$$\begin{cases} y(k) = Ae(k) + q(k-1) + M \\ q(k) = y(k) - Be(k) + Ce(k-1) \\ e(k) = u_r(k) - u_o(k) \end{cases}$$

式中，$A = K_P \left(1 + \dfrac{T}{T_I} + \dfrac{T_D}{T}\right)$；$B = K_P \left(1 + \dfrac{2T_D}{T}\right)$；$C = K_P \dfrac{T_D}{T}$。

初值可以取 $q(k-1) = 0$，$e(k-1) = 0$。算法程序每一步都要计算 $e(k)$、$y(k)$、$q(k)$、其中 $q(k)$ 用于下一步计算 $y(k)$，M 为常数项，为稳定值时所需要的功率。

根据给定的参数和经验公式，程序选用参数为

$$K_P = 1.2 \frac{T_S}{K_S \cdot \tau} = 1.2 \times \frac{72}{330 \times 8} = 0.0325$$

$$T_D = 0.5\tau = 0.5 \times 8 = 4$$

$$K_D = K_P \cdot T_D = 0.0325 \times 4 = 0.13$$

$$K_S = 330, \quad T = 1, \quad M = 0.8$$

7.2.2 变频恒压供水计算机控制系统设计

水是日常生活和工农业生产中不可缺少的重要资源，我国水资源和电能资源严重短缺，节水节能已经成为全社会当前和今后的必然要求和重要任务。目前，我国在市政供水、工业生产循环供水等方面技术还比较落后。主要表现在用水高峰期，水的供给量常常低于需求量，出现水压降低导致水供不应求的现象，而在用水低峰期，水的供给量常常高于需求量，出现水压升高导致水供过于求的现象，此时将会造成资源的浪费，同时有可能导致管道爆裂和用水设备的损坏。采用计算机控制的恒压供水系统，可以在用水高峰期和低峰期保持供水压力恒定，使供水量更好地满足用户要求。

1. 变频恒压供水工艺简介

恒压供水就是能够自动保持水管内水压恒定的供水过程。供水管道装有压力检测装置，能够检测出当前管网瞬间压力变化，并把当前的水压值传递给控制装置。当用水量增大时，水压减小，系统检测到水压持续减小的信号，于是控制装置自动调节水泵机组的转速和投入数量，进而提升水压；当用水量减小时，控制装置降低水泵的转速和投入数量来减小水压，使管网主干管出口端保持在恒定的设定压力值，通过这样的控制过程保持水压恒定，满足用户的用水要求，使整个系统始终保持高效节能的最佳状态。

根据流体力学的原理，水泵的流量与转速成正比，而电动机轴上消耗的功率与转速的平方成正比。可见，采用交流变频调速恒压供水方式，既可以保证供水水压稳定，又可以有效降低电能的消耗。变频恒压供水的基本原理是通过安装在系统中的压力传感器将系统压力信号与设定压力值进行比较，再通过控制器调节变频器的输出，无级调节水泵的转速，使系统水压在水流量变化时，能够稳定在一定的范围内。这种方式具有水压恒定，波动小，节能效果明显等特点。

2. 变频恒压供水工艺要求

1）供水压力正常设定为值 0.5 MPa。最大供水压力为 0.6 MPa，最小供水压力为 0.1 MPa，压力允许在一定范围内波动。

2）采用四个水泵供水，并能够实现自动、手动控制。

3）水泵机组采用循环软启动工作方式运行。系统启动时，第一台水泵变频运行，当水压满足不了要求时，先将第一台水泵转为工频运行，再投入第二台变频自动运行，依此类推，直到第四台水泵起动；停泵时先停第一台工频泵，依此类推，然后停变频泵。

4）系统运行安全可靠，如果其中任意一台水泵故障停机，该系统能保证正常运行；具有短路、过载、欠电压、掉电保护、缺相、硬件自锁/互锁、故障声光报警指示、远程报警等保护功能。

5）实现系统的数据通信、采集、监控、管理、实时显示等功能。

6）水泵流量、扬程和功率分别为 $6.3\ m^3/h$、$8\ m$ 和 $1.5\ kW$。

7）设有溢流口、排污口和防溢流控制功能。

8）各水泵出口设有止回阀以防止回灌，并在进、出口设有闸阀；管路要求采用螺纹连接，以便系统重组及维修。

9）系统能够避免用水高峰时，水压波动造成频繁起动、停车现象。

3. 控制方案的选择

本系统采用目前较为先进的交流变频调速恒压供水的控制方案。变频恒压供水通常有两种运行方式，即补偿式和循环软启动。

补偿式也称变频泵固定式，这种方式往往配置多台水泵，组成水泵机组。在运行时，一般只有一台水泵由变频器拖动。当水泵电动机的转速达到额定转速即达到工频 50Hz 时，此时的供水压力如果低于设定压力，系统会在短时间内降低变频泵的工作频率，并以工频方式起动下一台水泵，使其投入运行进行供水。系统在运行中会根据反馈的压力值来确定水泵机组的投入和切出，并调整变频泵，以达到实际压力值和设定值一致。在短时间内降低变频泵的工作频率是为了防止系统超压。此种方式电控系统比较简单，可节约一部分成本。缺点是在水泵机组工频投入时对电网的冲击较大，一般水泵功率较小时，可采用此种工作方式。

循环软启动的主要特点在水泵的切换程序。变频泵运行到工频 50 Hz 时，如果此时的实际供水压力还没有达到设定的供水压力时，不是直接起动另外一台水泵，而是首先将当前以变频运行的水泵切换到工频方式运行，以变频方式起动另外一台水泵，从而达到维持系统压力的目的。在切换水泵时，按照先起先停的方式进行，这样的好处是机组中的每一台水泵在工作中都可以被使用到，按照大循环的方式进行转换，可有效防止水泵机组因长期闲置而锈死的现象发生。

通过以上分析，所设计的变频恒压供水系统采用循环软启动的工作方式。

(1) 主机的选择

变频恒压供水系统技术上要求能够实现数据的通信、采集、监控、管理、实时显示等功能，因此本系统采用主－从控制结构，即上下两级计算机控制。

上位计算机采用 PC，通过串行口对下位机进行控制管理，利用组态软件，配合 Windows 操作系统平台，形成功能强大的控制管理系统，提供优质友好的图形界面。

由于 PLC 产品的系列化和模块化，用户可灵活组成各种规模和要求不同的控制系统。在硬件设计上，只需要确定 PLC 的硬件配置和 I/O 的外部接线，当控制要求发生改变时，可以灵活地改变存储器中的控制程序，现场调试方便。因此，采用 PLC 作为下位机，实现水泵机组的变频控制以及温度、压力、流量、液位等过程量的监视和控制。

(2) 控制系统的组成

变频恒压供水系统结构原理图如图 7-6 所示。系统由水箱、管路、阀门和水泵机组，以及电气操作系统和各种传感器、仪表等组成。电气操作系统由 PLC、变频器、小型断路器、交流接触器、热继电器、直流电源、小型电磁继电器以及各种指示灯和主令器件组成；传感器和仪表包括温度传感变送器、压力变送器、电压变送器、电流变送器、功率变送器等。

(3) 水泵机组变频恒压流程

根据控制要求，水泵机组由四台水泵组成，第一台水泵变频起动运行，当水压不足时，将第一台水泵切入工频运行，再投入第二台变频泵，依此类推，直到第四台水泵起动；停泵

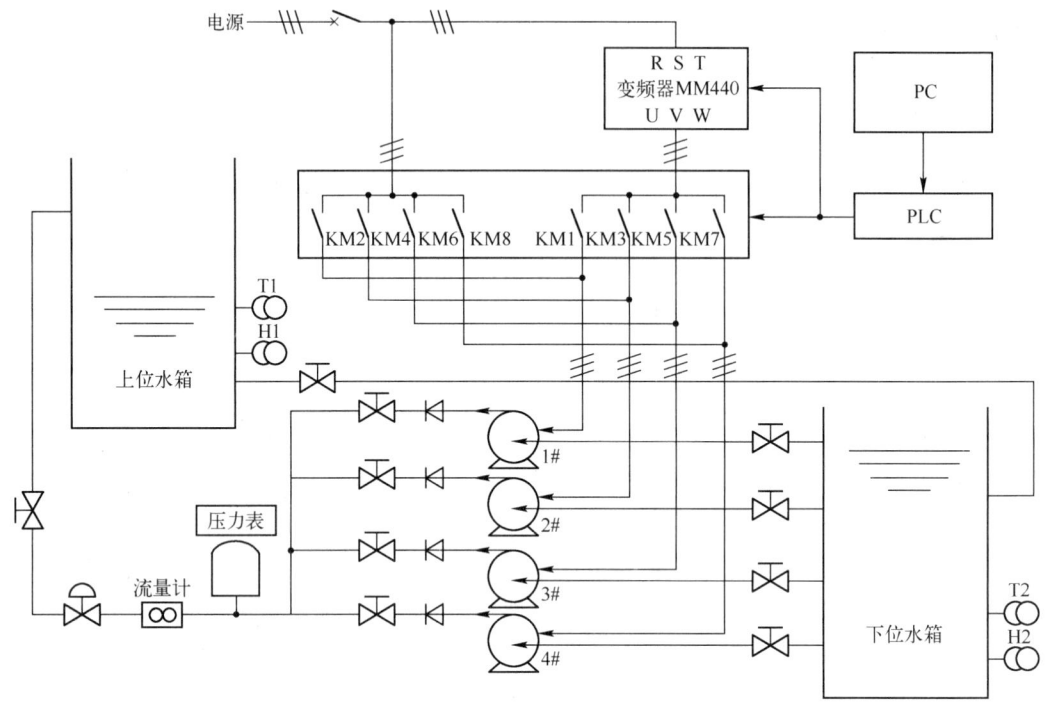

图 7-6 变频恒压供水系统结构原理图

时先停第一台工频泵,依此类推,最后停变频泵,即遵循先开先停的原则。

本系统水泵机组变频恒压控制流程如图 7-7 所示。

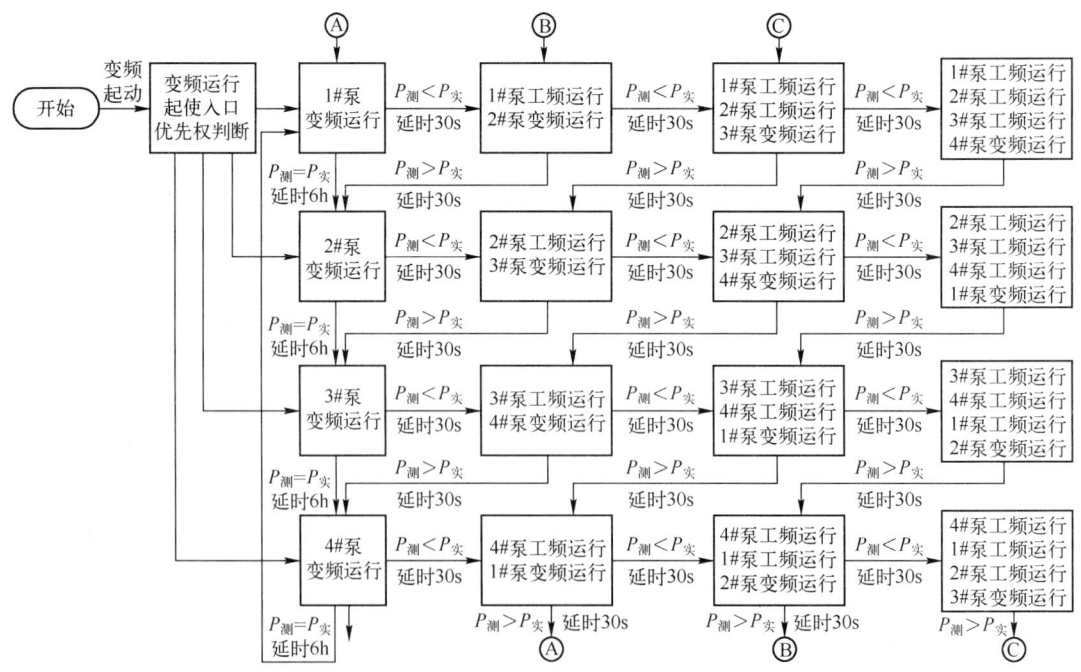

图 7-7 水泵机组变频恒压控制流程

4. 控制对象模型分析

变频调速恒压供水系统是一个时变、非线性、滞后时间短、模型不稳定的控制对象。系统以供水出口管网水压为被控量,实现出口管网的实际压力与设定的供水压力相一致。设定的供水压力可以是一常数,也可以是一个时间分段常数,在每一个时间段是一常数。水泵由初始状态向管网进行供水,供水管网从初始压力开始起动水泵运行至管网压力达到要求时,需经历两个过程:

1) 水泵将水送到管网,这一阶段管网压力基本保持在初始压力,是一个纯滞后过程。

2) 水泵将水充满整个管网,压力随之逐渐增加直到稳定,这是一个大时间常数的惯性过程。系统中其他控制和检测环节,如变频环节、继电控制转换、压力检测等的时间常数和滞后时间与供水系统的时间常数和滞后时间相比,可以忽略不计,均可等效为比例环节。因此,包含管网、水箱、水泵机组的被控对象可以近似成一个纯滞后的一阶惯性环节,如下式所示:

$$G(s) = \frac{K}{T_p s + 1} e^{\tau s}$$

式中,K 为系统的总增益;T_P 为系统的惯性时间常数;τ 为系统滞后时间。

通常情况下,被控对象的惯性时间常数 T_P 为 100 s 左右,滞后时间 τ 小于 10 s,$\tau \ll T_P$,常规 PID 控制器完全可以满足控制要求,而且可编程序控制器的 CPU 模块内部嵌有 PID 指令系统,用户不必自行开发 PID 控制程序,实现简单方便。因此,恒压供水控制系统采用 PID 控制。变频恒压供水系统的原理图如图 7-8 所示。

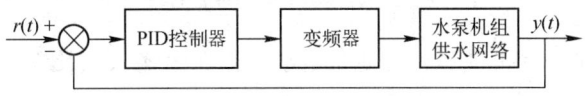

图 7-8 变频恒压供水系统的原理图

从图 7-8 可以看出,在系统运行过程中,将供水管网实际压力与设定压力比较,得到的压力差经过 PID 控制器计算与转换,得到变频器输出频率的变化值,据此调节水泵机组的运行方式和运行速度,最终使实际供水压力与设定压力相等。

5. 控制器硬件系统设计

首先进行主电路设计。图 7-9 是系统主电路原理图。主要由四个水泵、小型断路器、交流接触器、热继电器以及各种指示灯和主令器件组成,另外还配有电压表、数字电流表和功率表等。

水泵机组由四台 TLS40-200 单级单吸立式离心泵组成,技术参数为:流量 2.5 m^3/h,扬程 32 m,电动机转速 2830 r/min,功率 0.75 kW,效率 25%。这种水泵运行平稳,噪声小,维修方便。

接下来进行控制系统设计。

(1) I/O 模块点数估算

PLC 系统所要求的 I/O 点数与接入的输入/输出设备类型有关。例如,1 个按钮或信号灯各需 1 个输入,1 个光电开关需 1 个或 2 个输入,1 个双线圈电磁阀需 3 个输入及 2 个输出,波段开关有几个波段就需几个输入。对于控制交流电动机所需的 I/O 点数,根据其运行方式不同,所需要的 I/O 点数也不相同,控制一个 Y-△ 起动的交流电动机一般需 4 个输入

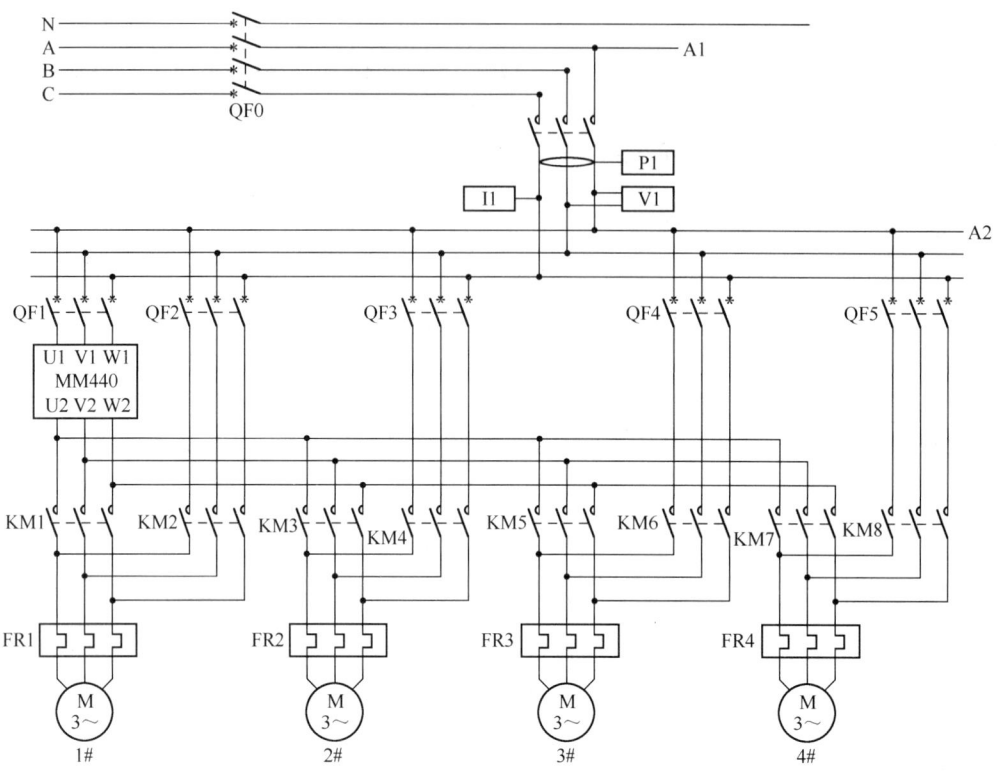

图 7-9 变频恒压供水系统主电路原理

点及 3 个输出点,控制一台可逆运行的笼型电动机需 5 个输入点及 2 个输出点。实际选用时一般还需留有 10%~15% 的 I/O 余量。

根据控制要求,估算出本系统有 20 个开关量输入/输出点,另外有电压、电流、功率、压力、液位、温度、流量等 10 个模拟量输入/输出点。

(2) 存储器容量的估算

PLC 的程序存储器容量通常以字节为单位。用户程序所需存储器容量可以预先估算。一般情况下用户程序所需存储的字数可按照如下经验公式来计算:

1) 开关量输入/输出系统。对于开关量输入系统,用户程序所需存储的字数 = 输入点总数 ×10;对于开关量输出系统,用户程序所需存储的字数 = 输出点总数 ×8。

2) 模拟量输入/输出系统。每一路模拟量信号大约需要 120 字的存储容量,当模拟输入和输出同时存在时,所需内存字数 = 模拟量路数 ×250。

3) 定时器/计数器系统。所需内存字数 = 定时器/计数器数量 ×2,针对本系统:

开关量输入所需内存字数 = 10×10 = 100 B

开关量输出所需内存字数 = 12×8 = 96 B

模拟量输入/输出所需内存字数 = 10×250 = 2500 B

定时器/计数器容量 = 5×2 = 10 B

开关量和模拟量共需 2706 B,另外考虑程序存储空间和备用存储空间,初步估计系统共需 5 KB。

系统 I/O 模块点数和存储器容量的估算为 PLC 的主机型号选择和模块扩展提供了依据。

(3) 主机型号选择和模块扩展

变频恒压供水系统采用西门子S7-200系列的PLC，主机为CPU224模块，I/O点数和存储器容量完全符合要求。该模块是具有较强控制能力的控制器，集成14输入/10输出共24个数字量I/O点，可连接7个扩展模块，最大扩展至168路数字量I/O点或35路模拟量I/O点，13 KB程序和数据存储空间；6个独立的30 kHz高速计数器，2路独立的20 kHz高速脉冲输出，具有PID控制器；1个RS-485通信/编程口，具有PPI通信协议、MPI通信协议和自由方式通信能力；I/O端子很容易整体拆卸。

系统10个开关量输入点I0.0~I0.7、I1.3、I1.4分别接入4个水泵的故障信号、远程/近控选择信号、PID控制器使能信号、气压供水输入信号、循环/补偿工作方式选择信号等10路开关量输入信号；系统共有12个开关量输出点，分别为1#~4#水泵变频/工频的工作信号、故障报警信号、电磁阀1和电磁阀2驱动信号及变频器驱动信号等。而主机CPU224只提供10个输出点，所以系统扩展了一个EM222模块，该模块提供8个开关量输出点，能够满足系统数字量I/O点数的要求。系统具体配置示意图如图7-10所示。

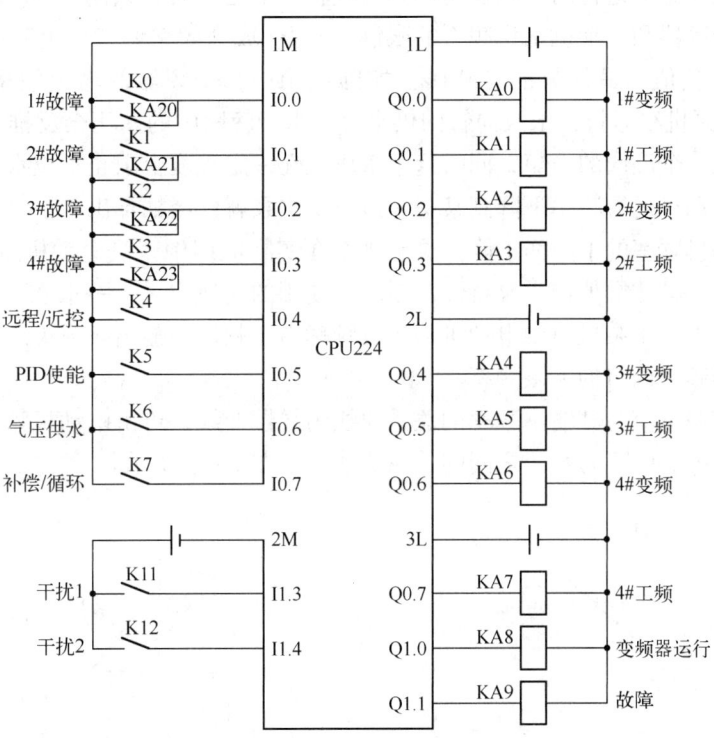

图7-10 CPU224模块配置图

(4) 变频器的选择

管网中压力变送器输出的电流信号I_P，范围为4~20 mA（4 mA和20 mA分别为压力变送器测量下限、测量上限所对应的电流输出值），对应水压力P测量范围为$0~P_{max}$，管网允许的最低水压力为P_1（管网水压力最小设定值），对应压力变送器输出电流信号为I_1；管网允许的最高水压力为P_2（管网水压力最大设定值），对应压力变送器输出电流信号为I_2。如图7-12所示，由图中可得

$$P = P_{\max}(I_p - 4)/(20 - 4) = P_{\max}(I_p - 4)/16$$

式中，P 为某一时刻的管网水压力，单位为 MPa。

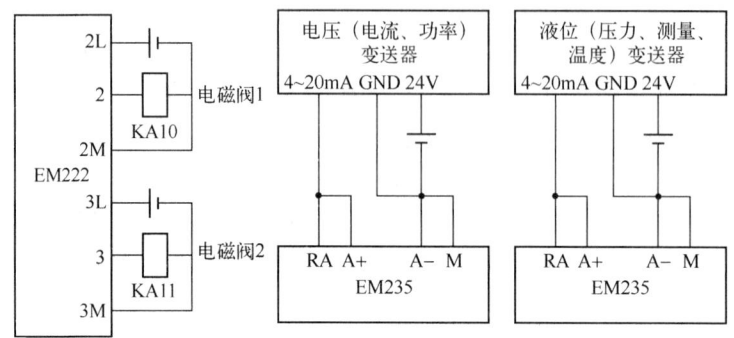

图 7-11　扩展模块 EM222 和 EM235 配置

当处于变频状态下运行的水泵要切换到工频状态下运行时，只能在 50 Hz 运行，由于电网的限制以及变频器和电动机工作频率的限制，50 Hz 成为频率调节的上限频率。变频器的输出频率不能是负值，最低只能是 0 Hz。实际应用中，变频器的输出频率不可能降低到 0 Hz，因为当水泵机组运行，水泵向管网供水时，由于管网中的水压会反推水泵，给带动水泵运行的电动机一个反向的力矩，同时这个水压也在一定程度上阻止下位水箱中的水进入管网，因此，当电动机运行频率下降到某一个值时，水泵就已经抽不出水了，实际的供水压力也不会随着电动机频率的下降而下降。这个频率在实际应用中就是电动机运行的下限频率，其值远大于 0 Hz，具体数值与水泵特性及系统所使用的场所有关，一般在 20 Hz 左右。由于在变频运行状态下，水泵机组中电动机的运行频率由变频器的输出频率决定，这个下限频率也就成为变频器频率调节的下限频率。

变频器的控制电流与其输出频率的关系曲线为线性曲线，可由电动机频率和水压之间的关系得到变频器控制电流与水压之间的关系曲线，如图 7-13 所示。

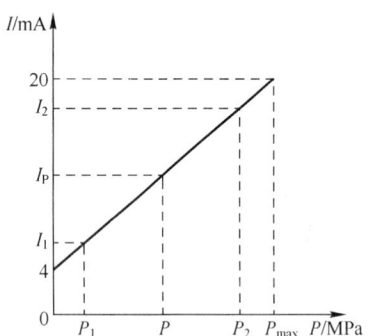

图 7-12　压力变送器输入输出关系曲线

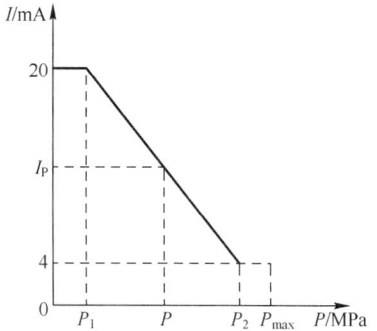

图 7-13　变频器控制电流与水压关系曲线

当水压 P 小于 P_1 时，变频器得到最大控制电流信号 20 mA（即变频器按最高输出频率输出所需的电流信号）；当水压 P 大于 P_2 时，变频器得到最小控制电流信号 4 mA（即变频器按最低输出频率输出所需的电流信号）。当 P 介于 P_1 与 P_2 之间时，对应变频器的控制电流信号为

$$I_f = 4 + 16(P_2 - P)/(P_2 - P_1) \tag{7-1}$$

变频器是对水泵机组进行转速控制的单元，跟踪 PID 控制器送来的控制信号改变调速泵的运行频率，完成对调速泵的转速控制。本系统的变频器采用循环工作方式，当变频器拖动的调速泵运行在工频状态，其供水量仍达不到用水要求时，系统先将变频器从该水泵中切换出，并将此泵切换为工频状态，同时用变频器去拖动另一台水泵电动机运行。

图 7-14 为系统变频器单元接线图。变频器选用西门子 MM440 矢量型变频器，采用模块化结构，使用灵活方便，调试简单，完善的变频器和电动机保护功能。具有 6 个可编程带隔离的数字输入，2 个可标定的模拟输入（0～10 V，0～20 mA），2 个可编程的模拟量输出（0～20 mA）和 3 个完全可编程的继电器输出（30 V 直流/5 A，阻性负载；250 V 交流/2 A，感性负载）。

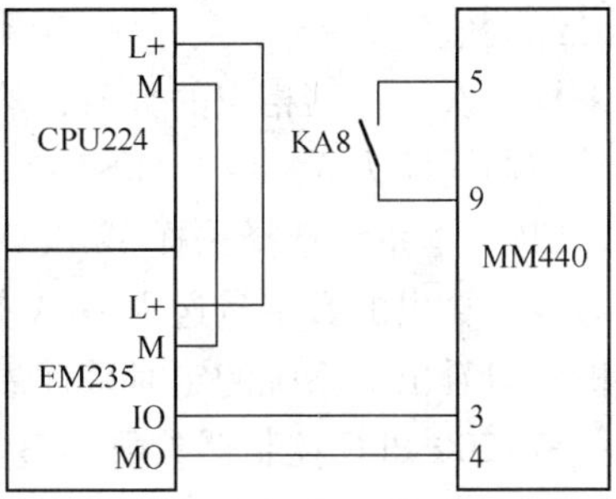

（5）变送器及执行机构的选择

供水压力、流量、温度分别由以下设备控制：压力变送器（型号 EHT-13-2，测量范围为 0～0.6 MPa，误差为 ±0.05%，输出信号为 4～20 mA 电流信号）、流量变送器（型号 LW-25，测量范围为 1～10 m³/h，工作压力为 1.6 MPa，输出信号为 4～20 mA 电流信号）、温度变送器（型号 JWSL-3AT，工作温度为 -10～60℃，输出信号为 4～20 mA 电流信号）来检测和信号变送，它们均为两线制变送器。另外系统还配有模拟管网水压扰动的两个电磁阀（型号 ZCT-20）和一个流量调节阀（型号 ZDLP-16P）。

图 7-14 系统变频器单元接线图

6. 控制器软件系统设计

软件系统设计基于 Windows 平台的 32 位编程软件包 STEP-7-Micro/WIN，采用模块化设计方法，主要包括主程序、定时采样子程序、数字滤波子程序、PID 控制子程序、参数显示子程序、故障报警子程序等。图 7-15、图 7-16 分别为主程序、定时器 T0 初始化程序，其余程序流程图略。

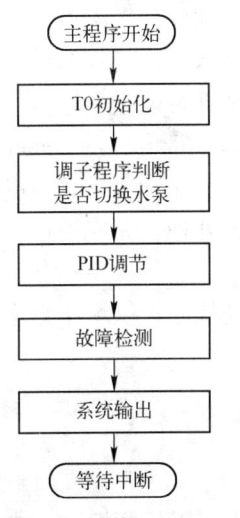

图 7-15 主程序流程图

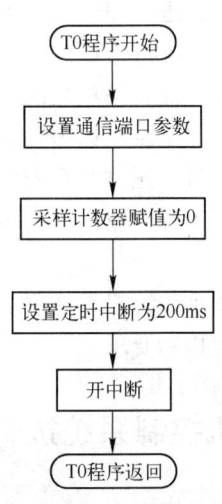

图 7-16 定时器 T0 初始化程序流程

(1) 控制周期的选择

根据系统控制品质的要求来看，希望控制周期 T_C 取值小些，这样接近于连续控制，控制效果较好。从本系统采用的电动调节阀的特性来看，其响应速度较低。如果控制周期 T_C 过短，那么执行机构来不及响应，达不到控制的目的；从系统的时间常数来看，$\tau \ll T_C$，可选 T_C 介于 $0.1T_P$ 和 $0.2T_P$ 之间；从经验上控制周期的选择来看，压力为变化较快的被控参数，经验值为 3~8s。综合上述因素，选择系统的采样定时中断周期为 200 ms，定时时间到就采样一次，存储相应的数值，然后调用滤波子程序进行算术平均值滤波。通常恒压控制系统的控制周期为 3~8s，而 S7-200 PLC 内嵌的 PID 控制模块可选择的采样次数有 16、32、64、128。本系统选择采样 32 次算术平均值进行数字滤波。将滤波后的数值送入 PID 模块进行运算，算出的数字量送入 D/A 转变为模拟量输出到变频器，完成一次控制过程。从以上分析可以看出，系统的定时采样周期为 200 ms，滤波周期和控制周期均为 6.4 s。

S7-200 PLC 控制器参数的整定不仅不需要被控对象的数学模型，而且具有自整定的功能，利用 STEP-7-Micro/WIN4.0 PID 参数整定控制面板，可以很方便地实现 PID 的参数自整定。

(2) 系统总装统调

总装统调是计算机控制系统设计的最后一个步骤。在总装统调前需要进行模拟调试，即以前所述的离线仿真调试。用装在可编程序控制器上的模拟开关模拟输入信号的状态，用输出点的指示灯模拟被控对象，检查程序无误后便可将可编程序控制器连接到系统中，进行总装调试。

完成系统模拟调试后，就进入在线调试运行阶段。首先对可编程序控制器外部接线做仔细检查，以保证外部接线准确、无误；然后使用自行编写的试验程序（如 PLC 和计算机之间的通信测试程序、数字量输入/输出测试程序等）对外部接线做扫描通电检查，查找接线故障。为了保证系统安全可靠，常常将主电路断开，进行预调。当预调通过后再接主电路，这时可将模拟调试好的控制程序下载到可编程序控制器用户存储器进行调试，直到各部分功能都正常，并能协调一致成为一个完整的控制系统为止。

由此可见，在进行完系统总体设计以及具体的硬件系统和软件系统设计后，除要分别对硬件系统和软件系统进行调试外，还必须进行系统联调和试运行，反复多次修改，不断完善和优化控制程序，测试各项性能指标，直到整个控制系统全部投入正常运行。

上位机采用北京昆仑通态公司开发的 MCGS（Monitorand Control Generated System）组态软件系统，实现对恒压供水系统的远程控制、实时数据采集和显示。运行环境则按照组态环境中构造的组态工程，以用户指定的方式运行，并进行各种处理，完成用户组态设计的目标和功能。

变频恒压供水系统投入使用后，实现了供水过程的自动控制，供水压力稳定，满足系统的各项控制性能指标要求。

7.3 计算机控制系统抗干扰技术

计算机控制系统大多用于工业控制现场，环境复杂恶劣，干扰频繁。干扰严重影响控制系统的可靠性和稳定性。为此，必须分析干扰的来源，针对不同的干扰源采用相应的有效措施抑制或消除干扰。重视接地、布线和供电方面的抗干扰技术,重视 CPU 可靠运行的抗干扰技术和应用软件中对数字信号的数据处理技术。

7.3.1 硬件抗干扰技术

(1) 串模干扰及其抑制方法

串模干扰是指叠加在被测信号上的干扰噪声,即干扰串联在信号源回路中。其表现形式与产生原因如图 7-17 所示。图 7-17 中,U_s 为信号源电压,U_n 为串模干扰电压。

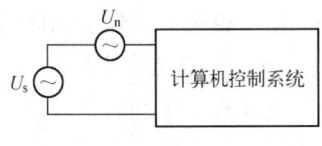

图 7-17 串模干扰

串模干扰的抑制较为困难,因为干扰 U_n 直接与信号 U_s 串联。抑制串模干扰的主要措施有:

1) 加输入滤波器。一般情况下,干扰信号可以通过示波器等仪器观测出来,如果串模干扰频率比被测信号频率高,则采用输入低通滤波器来抑制高频率串模干扰;如果串模干扰频率比被测信号频率低,则采用高通滤波器来抑制低频串模干扰;如果串模干扰频率落在被测信号频谱的两侧,则应用带通滤波器。

2) 选用带有屏蔽的双绞线或同轴电缆做信号线,且有良好接地,并对测量仪表进行电磁屏蔽。

3) 对于串模干扰主要来自电磁感应的情况,对被测信号应尽可能早地进行前置放大,从而达到提高回路中的信噪比的目的;或者尽可能早地完成模/数转换或采取隔离和屏蔽等措施。

4) 采用数字滤波技术。当尖峰型串模干扰成为主要干扰源时,用双积分式 A/D 转换器可以削弱串模干扰的影响。因为此类转换器是对输入信号的积分值进行测量,而不是测量信号的瞬时值。

(2) 共模干扰及其抑制方法

共模干扰是指计算机控制系统输入通道中信号放大器两个输入端上共有的干扰电压,可以是直流电压,也可以是交流电压,其幅值达几十伏甚至更高,这取决于现场产生干扰的环境条件和计算机等设备的接地情况。在计算机控制系统中一般都用较长的导线把现场的传感器或执行器引入至计算机系统的输入通道或输出通道中,这类信号传输线通常长达几十米以至上百米,这样,现场信号的参考接地点与计算机系统输入或输出通道的参考接地

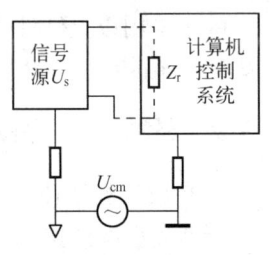

图 7-18 共模干扰

点之间存在一个电位差 U_{cm}。如图 7-18 所示。这个 U_{cm} 是加在放大器输入端上共有的干扰电压,故称为共模干扰。

抑制共模干扰的主要措施有:

1) 变压器隔离。利用变压器把模拟信号电路与数字信号电路隔离开来,也就是把模拟地与数字地断开,以使共模干扰电压 U_{cm} 不成回路,从而抑制了共模干扰。另外,隔离前和隔离后应分别采用两组互相独立的电源,切断两部分的地线联系。

2) 光电隔离。光耦合器是由发光二极管和光敏晶体管封装在一个管壳内组成的,发光二极管两端为信号输入端,光敏晶体管的集电极和发射极分别作为光耦合器的输出端,它们之间的信号是靠发光二极管在信号电压的控制下发光,传给光敏晶体管来完成的。

3）浮地屏蔽。浮地屏蔽是利用屏蔽层使输入信号的"模拟地"浮空，使共模输入阻抗大为提高，共模电压在输入回路中引起的共模电流大为减少，从而抑制了共模干扰的来源，使共模干扰降至很低。

4）采用仪表放大器提高共模抑制比。仪表放大器具有共模抑制能力强、输入阻抗高、漂移低、增益可调与低功耗、低成本等优点，是一种专门用来分离共模干扰与有用信号的器件。集成仪表放大器有 AD620、AD623 等。

（3）接地抗干扰技术

地线有安全地和信号地两种。前者是为了保证人身安全、设备安全而设置的地线，后者是为了保证电路正确工作所设置的地线，造成电路干扰现象的主要是信号地。在进行电磁兼容问题分析时，对地线使用下面的定义：地线是信号电流流回信号源的地阻抗路径。

在计算机控制系统中，一般有以下几种地线：模拟地、数字地、安全地、系统地和交流地。

模拟地作为传感器、变送器、放大器、A/D 和 D/A 转换器中模拟电路的零电位。

数字地作为计算机中各种数字电路的零电位，应该与模拟地分开，避免模拟信号受数字脉冲的干扰。

安全地的目的是使设备机壳与大地等电位，以避免机壳带电而影响人身及设备安全。通常安全地又称为保护地或机壳地，机壳包括机架、外壳、屏蔽罩等。

系统地就是上述几种地的最终回流点，直接与大地相连。众所周知，地球是导体而且体积非常大，因而其静电容量也非常大，电位比较恒定，所以人们把它的电位作为基准电位，也就是零电位。

交流地是计算机交流供电电源地，即动力线地，它的地电位很不稳定。

计算机控制系统中，通道信号的频率一般小于 1MHz，属于低频接地技术范畴，一般低频电路采用单点接地技术。

除了采用以上硬件抗干扰技术外，实际应用的计算机控制系统常常采用软件抗干扰技术作为第二道防线。

7.3.2 软件抗干扰技术

（1）数字滤波技术

所谓数字滤波技术，就是通过一定的计算或判断减少干扰在有用信号中的比重，实质上是一种程序滤波。与模拟滤波器相比，数字滤波技术的优点有：数字滤波是用程序实现的，不需要增加硬件设备，可靠性高，稳定性好；数字滤波器可以对频率很低的信号实现滤波，克服了模拟滤波器的不足；数字滤波器可以采用不同的滤波算法，具有灵活、方便、功能强的特点。

常用的数字滤波算法有：算术平均值法、中值滤波法、限幅滤波法。

1）算术平均值法就是对多个采样值进行算术平均算法，这是消除随机误差最常用的方法。

2）中值滤波法是将采样信号的连续 m 次采样值按大小进行排序，取其中间值作为本次的有效采样值。采样次数一般取为奇数。

3）限幅滤波法。由于惯性，生产过程中的大多数物理量的变化都需要一定的时间。因此，两次采样值之间的差值应在一定的幅度内。限幅滤波就是把两次相邻采样值之间的差值的绝对值求出来，然后与相邻两次采样所允许的最大差值 ΔY 进行比较，如果小于或等于 ΔY，表示本次采样值为有效，否则取上次有效采样值为本次的有效采样值。

（2）软件陷阱技术

软件陷阱就是在非程序区设立拦截措施，使程序进入陷阱。即通过一条引导程序，强行将跑飞的程序引向一个指定的地址，在那里有一段专门对程序出错进行处理的程序。如果我们把这一段程序的入口标号称为 ERROR 的话，软件陷阱即为一条 JMP ERROR 指令。为加强其捕捉效果，一般还在其前面加两条 NOP 指令，因此真正的软件陷阱是由三条指令组成：

NOP
NOP
JMP ERROR

软件陷阱安排在以下四种地方：未使用的中断向量区、未使用的大片 ROM 区、程序中的数据表格区以及程序中一些指令串中间的断裂点处。

由于软件陷阱安排在正常程序执行不到的地方，故不影响程序的执行效率，在当前 EPROM 容量允许的情况下，可以多安排软件陷阱指令段。

（3）指令冗余技术

当计算机系统受到外界干扰，破坏了 CPU 正常的工作时序，可能造成程序计数器（PC）的值发生改变，跳转到随机的程序存储区。当程序跑飞到某一单字节指令上，程序便自动纳入正轨；当程序跑飞到某一双字节指令上，有可能落到其操作数上，则 CPU 会误将操作数当操作码执行；当程序跑飞到三字节指令上，因它有两个操作数，出错的几率会更大。

指令冗余技术就是采用在程序中人为地插入一些空操作指令或将有效的单字节指令重复书写。这样，程序所实现的功能不变，但如果程序失控遇到这些空指令或重复的单字节指令后，能够调整其 PC 值至正确的轨道，使后续的程序指令得以正确执行。

在程序中加入冗余指令，意味着程序运行时间的无谓延长，从而导致计算机运行效率下降。所以，必须限制加入的条数，一般是在对程序流向起决定作用的指令之前以及影响系统工作状态的重要指令（例如跳转指令、子程序返回、中断程序返回等）之前加入 NOP 空指令，还可以每隔一定数目的指令插入 NOP 指令，以保证跑飞的程序迅速纳入正轨。

（4）看门狗技术

看门狗技术是一种计算机程序监视技术，防止程序由于干扰等原因而进入死循环。主要原理是不断监测程序循环运行的时间，一旦发现程序运行时间超过循环设定的时间，就认为系统已陷入死循环，然后强迫程序返回到已安排了出错处理程序的入口地处，使系统回到正常运行。看门狗技术既可以用软件实现，也可以由硬件电路实现。

思考题与习题

7-1 简述计算机控制系统的设计原则。

7-2 简述计算机控制系统的设计步骤。

7-3 计算机控制系统的硬件总体方案设计主要包含哪几个方面的内容？

7-4 自行开发计算机控制系统的软件应按什么步骤？具体程序设计应包含哪几个方面的内容？

7-5 简述计算机控制系统调试和运行的过程。

7-6 简述如何设计一个性能优良的计算机控制系统。

7-7 什么是串模干扰？应如何对它们进行抑制？

7-8 什么是共模干扰？应如何对它们进行抑制？

7-9 什么是软件陷阱？

7-10 什么是指令冗余？

7-11 常用的数字滤波技术有哪些？简述其特点。

第8章 计算机网络控制系统

随着计算机技术、网络和通信技术的发展，工业生产规模的扩大，计算机控制系统向网络化、智能化、综合化发展的趋势日益明显。网络化的控制系统是计算机技术、通信技术与控制技术发展和融合的产物。其范畴包括分布式控制系统（Distributed Control System，DCS）、现场总线控制系统（Field Control System，FCS）和工业以太网技术，已成为自动化领域技术发展的热点，具有广阔的应用市场和发展前景。

8.1 分布式控制系统

分布式控制系统（Distributed Control System，DCS）也称集散控制系统，是对生产过程进行集中管理和分散控制的计算机控制系统，是随着现代大型工业生产自动化水平的不断提高和过程控制要求日益复杂应运而生的综合控制系统，它融合了计算机技术、网络技术、通信技术和自动控制技术，是一种把危险分散，控制集中优化的新型控制系统。系统采用分散控制和集中管理的设计思想，分而自治和综合协调的设计原则，具有层次化的体系结构。现在 DCS 已在石油、化工、电力、冶金以及智能建筑等现代自动化控制系统中得到了广泛应用。

8.1.1 DCS 的发展概况

DCS 自 1975 年问世以来已经历了近四十年的发展，其可靠性、实用性得到不断提高，功能日益增强，如控制器的处理能力、网络通信能力、控制算法、画面显示及综合管理能力等技术的发展非常迅速。自 DCS 诞生至今，其发展大致经历了三个阶段，目前新一代 DCS 即 FCS 正逐渐取代原有的 DCS，开始在控制领域日益占据主导位置。

1. 第一代 DCS（初创期）

第一代 DCS 诞生于 1975～1980 年间。这个时期的系统比较注重控制功能的实现，因此系统的设计重点是现场控制站，各个公司的系统均采用了当时最先进的微处理器来构成现场控制站，因此系统的直接控制功能比较成熟可靠，而系统的人机界面功能则相对较弱，在实际运行中，采用 CRT 操作站进行现场工况的监视。可以说，第一代 DCS 在功能上更接近仪表控制系统，其特点是分散控制，集中监视。

第一代 DCS 是由过程控制单元、数据采集单元、CRT 操作站、上位管理计算机及连接各个单元和计算机的高速数据通道五部分组成，这也奠定了 DCS 的基础体系结构。第一代 DCS 的典型结构如图 8-1 所示。其中过程控制单元可自主地完成 PID 控制功能，实现分散

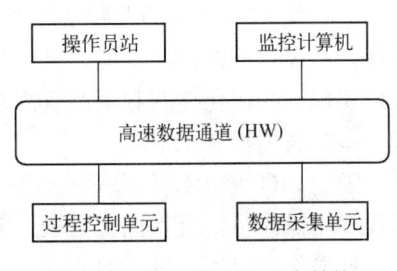

图 8-1　第一代 DCS 基本结构

控制。过程控制单元内部有多种软功能模块供用户组成控制回路。数据采集单元的组成类似于过程控制单元,但无控制和输出功能,主要功能是采集非控制变量,进行数据处理后送往数据高速通路,以便在操作员站上显示。操作员站由处理器、存储器、CRT、键盘、打印机、磁盘或磁带、通信接口和电源等组成,供工艺操作员对生产过程进行集中监视、操作和管理,供控制工程师进行控制系统组态(所谓组态,就是按控制要求选择软功能模块组成控制回路,俗称软接线或填表)。第一代 DCS 只能离线组态,就是先在操作员站进行控制系统组态,再向过程控制单元下装组态文件,此时过程控制单元必须停止正常的工作,待下装完毕重新启动才能正常运行,这样做的缺点是不利于现场调试和在线修改。数据通路是连接过程控制单元、数据采集单元和操作员站的纽带,是实现分散控制和集中管理的关键。数据通路由通信电缆和通信软件所组成,采用 DCS 生产厂自定义的通信协议(即专用协议),传输介质为双绞线,传输速率为几十 kbit/s,传输距离可达几十米。

第一代 DCS 中,各个厂家的系统均由专有产品构成,包括高速数据通道、现场控制站、人机界面工作站以及各类功能性的工作站等,还没有形成一个统一的标准,但是相对于仪表控制系统和直接数字控制系统来说,在对复杂回路的控制方面、整体的协调优化以及系统的可靠性和灵活性方面都有着巨大的进步,所以一经推出就显示了强大的生命力,得到了迅速的发展。这一时期典型的 DCS 有 Honeywell 的 TDC-2000 系统,Foxboro 公司的 Spectrum 系统,Yokogawa(横河)公司的 ECNTUM 系统,Bailey 公司的 Network-90 系统以及 Siemens 公司的 Teleperm M 系统等。

2. 第二代 DCS(成熟期)

1980~1985 年这一阶段是 DCS 的成熟期。这期间随着各种高新技术,特别是信息技术和计算机网络技术的飞速发展、硬件和软件技术的不断更新,这个时期的 DCS 在功能上逐步走向完善,第二代 DCS 基本结构如图 8-2 所示。

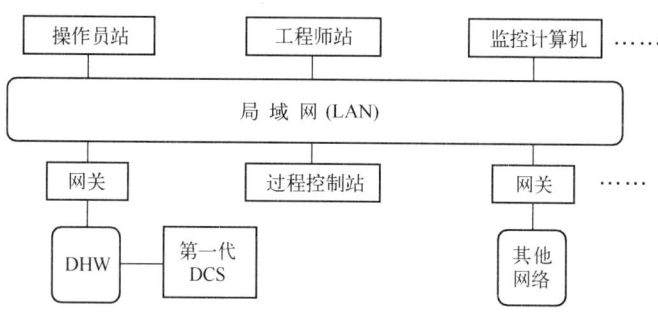

图 8-2 第二代 DCS 基本结构

第二代 DCS 的现场控制站性能和功能比第一代 DCS 的过程控制单元有了很大的提高和扩展。不仅有连续控制功能,可以组成多个控制回路,而且有逻辑控制、顺序控制等功能,可以实现一些优化控制和生产管理功能。另外,由于计算机运行速度和数据采集速度加快,进一步提高了控制水平。

随着 CRT 显示技术的发展,第二代 DCS 的操作员站配置了彩色 CRT、拷贝机、打印机,以及专用操作员键盘。图文并茂、形象逼真的彩色画面、图表和声光报警等丰富的人机界面,使操作员对生产过程的监视、操作和管理有如身临其境之感。第二代 DCS 的工程师站既可以离线组态，也可以在线组态。监控计算机站作为现场控制站的上位机，除了进行各现场控制站之间的协调之外，还可实现现场控制站无法完成的复杂控制算法，提高了系统控制性能。

第二代 DCS 系统最大的特点是引入了局域网（LAN）作为系统骨干，按照节点的概念组织过程控制站、中央控制站、系统管理站以及网关，这使得系统的规模、容量进一步增加，系统的扩展也有了更大的余地，也更为方便。第二代 DCS 采用局域网完成通信功能，由于局域网传输速率高并且有丰富的网络软件，从而提高了 DCS 的整体性能，扩展了集中管理的功能。但是第二代 DCS 在网络协议方面仍然没有统一的标准。这一时期，主要代表产品有 Honeywell 公司的 TDC-3000 系统，Westinghouse 公司的 WDPF 系统，Yokogawa 公司的 CENTUM-XL 系统等。

3. 第三代 DCS（扩展期）

第三代 DCS 是以 1987 年 Foxboro 公司推出的 I/A series 系统为代表，该系统采用了 ISO 标准 MAP（制造自动化规约）网络。扩展期 DCS 的典型代表还有 Honywell 公司的 TDC-3000UCN，Yokogawa 公司的 CENTUM-XL 和/1xl，Bailey 公司的 INFI-90 系统，Westinghouse 的 WDPF II 系统等。

第三代 DCS 在功能上实现了进一步扩展，增加了上层网络，将生产的管理功能纳入到系统中。在网络方面，各个厂家已经普遍采用了标准化的网络产品，如各种实时网络和以太网等。并且在组态方面多数 DCS 厂家实现了标准化，采用 IEC61131—3 所定义的五种组态语言标准。可以说，无论是在硬件还是软件上，都采用了一系列高新技术，几乎与"4C"技术的发展同步，使 DCS 得到更高层次的发展。新一代 DCS 采用微型无引线元件和软印制板电路，以及表面贴装技术等新工艺，体积小，可靠性高；软件上，还能使用 C, Fortran, Pascal, BASIC 等高级语言作为编程工具。

第一、二代 DCS 基本上为封闭系统，不同系统之间无法互连。第三代 DCS 局域网遵循开放系统互连（OSI）参考模型的 7 层通信协议，符合国际标准，向上可以与生产管理网络互连，生产管理计算机再通过生产管理网络互连；向下支持现场总线，即现场总线仪表可与现场控制站或输入输出总线互连。

4. 第四代 DCS

DCS 发展到第三代，尽管采用了一系列新技术，但是生产现场级仍然没有摆脱沿用了几十年的常规模拟仪表。DCS 从输入输出单元以上各层均采用计算机和数字通信技术，唯有生产现场层的常规模拟仪表仍然是一对一模拟信号（4~20mA DC）传输，多台模拟仪表集中连接于输入输出单元。生产现场层的模拟仪表与 DCS 各层形成极大的反差和不协调，并制约了 DCS 的发展。

因此，人们要变革现场模拟仪表改为现场数字仪表，并用现场总线互连。由此带来 DCS 控制站的变革。即将控制站内的软功能模块分散地分布在各台现场数字仪表中，并可统一组态构成控制回路，实现彻底的分散控制，也就是说，由多台现场数字仪表在生产现场构成虚拟控制站。新一代 DCS 技术变革的核心是现场总线。

20 世纪 90 年代现场总线技术有了重大突破，公布了现场总线的国际标准，并生产出现场总线数字仪表。现场总线技术的出现和发展标志着新一代 DCS 的产生，称为现场总线控制系统（FCS）。FCS 革新了 DCS 的现场控制站和现场模拟仪表，用现场总线将现场数字仪表互连在一起,构成控制回路,形成现场控制级。即FCS用现场控制器取代了DCS的现场控制级,操作监控级及其以上各级仍然同DCS。

第四代DCS的主要技术特征有:DCS充分体现了信息化和集成化,信息化和集成化基本描述了当今DCS正在发生的变化;DCS变成真正的混合控制系统,过去DCS和PLC主要通过被控对象的特点(过程控制和逻辑控制)来进行划分,但是,新的DCS已经将这种划分模糊化了,几乎所有的第四代DCS都包含有过程控制、逻辑控制和批处理控制,实现了混合控制;新的DCS几乎全部采用IEC61131—3标准进行组态软件设计。

8.1.2 DCS的体系结构

自1975年DCS诞生以来,随着计算机、网络、通信、屏幕显示和控制技术的发展,DCS也得到不断发展和更新。尽管不同厂家的DCS产品在硬件的互换性、软件的兼容性以及操作的一致性上很难达到统一,但在系统基本结构方面却具有相同或相似的结构体系。

DCS按功能分层的层次结构充分体现了其分散控制和集中管理的设计思想。典型DCS如图8-3所示,由分散控制功能的现场控制站(Field Control Station)、进行集中监视和操作的操作站(Operator Station)、综合信息管理(MIS)计算机以及高速信息通信总线组成。从下至上依次分为现场控制级、操作监控级、生产管理级和工厂决策管理级。

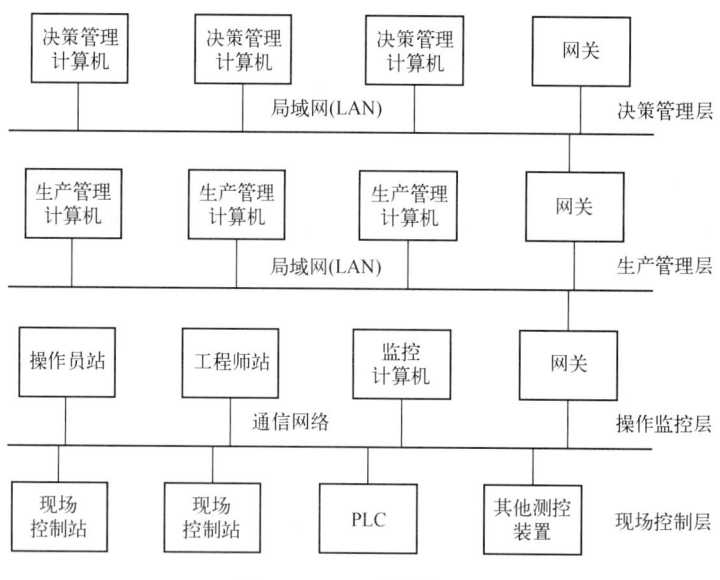

图8-3 DCS结构框图

现场控制级是DCS的基础,其主要设备是现场控制站。现场控制站主要由输入输出单元和过程控制单元两部分组成。输入输出单元直接与生产过程的信号传感器、变送器和执行器连接,其功能一是采集反映生产状况的过程变量(如温度、压力、流量、料位、成分)和状态变量(如开关或按钮的通或断、设备的起或停),并进行数据处理;二是向生产现场的执行器传送模拟量操作信号(4~20mA DC)和数字量操作信号(开或关、起或停)。过程控制单元可以实现直接数字控制(DDC),即连续控制、逻辑控制、顺序控制和批量控制等;实现与控制网络通信,以便操作监控级对生产过程进行监视和操作。

操作监控级主要由操作员站、工程师站、监控计算机和计算机网关组成。操作员站位于控制站的上层,通过通信总线与现场控制站交换信息,操作员利用操作站上的大型高分辨率 CRT 显示器,对生产过程进行全局到细节的监视、操作和管理,能够修改控制回路的设定值、整定参数、运行方式,乃至系统结构调整,也可以实现对现场生产过程的直接操作。

DCS 的工程师站,有着比操作员站更高的管理权限。供计算机工程师对 DCS 进行系统生成和诊断维护;供控制工程师进行控制回路组态、人机界面绘制、报表制作和特殊应用软件编制。操作员站和工程师站一般统称为 DCS 的操作站。监控计算机站用来建立被控过程的数学模型,实施先进过程控制策略,实现总体优化控制和协调控制;并对被控过程进行故障诊断、预报和分析,保证安全生产。在过程管理级,管理计算机根据工厂产品各部件的特点,协调各单元级的参数设定,进行总体协调和科学管理,使整个工厂的生产始终处于最佳状态。而决策管理级,其主要设备是中央计算机,该层处于公司级,管理公司的生产、供应、销售、技术、计划、市场、财务、人事、后勤等部门。通过收集各部门的信息,进行综合分析,及时做出决策,协助各级管理人员指挥调度,使公司各部门处于最佳运行状态。另外还协助公司经理制定中长期生产计划和远景规划。

8.1.3 DCS 的现场控制站

现场控制站一般安装在靠近生产现场的位置,实现对生产过程数据的采集与实时控制,即对过程输入和输出数据进行检测和处理,更新数据库;根据测量数据按照一定的控制逻辑,形成相应的控制命令,实现对生产过程的实时控制。同时将相关的信息上传给操作站,并接受操作站的控制指令。系统通过通信总线实现现场控制站之间的数据交换。现场控制站的基本组成如图 8-4 所示。

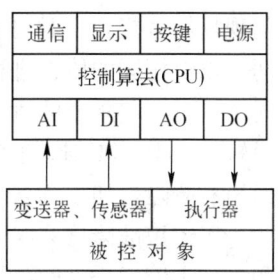

图 8-4 现场控制站的组成

1. 现场控制站的硬件

现场控制站实现数据采集与控制的核心是控制计算机。DCS 一般把系统启动、自检、基本 I/O 驱动、各种控制与检测功能模块(子程序)、固定参数和系统通信、管理模块等程序固化在只读存储器(ROM)中。有的 DCS 还将用户组态的应用程序也固化在 ROM 中,只要一通电,控制站就可以正常运行,使用方便、可靠。系统程序由 DCS 制造厂家固化在系统 ROM 中,用户无法更改。

与单回路控制仪表相比,控制站除了反馈控制功能、运算功能、报警功能与通信功能更加丰富外,最重要的特点是顺序控制功能大大增强。现场控制站内的顺序控制,除了能按照常规的开关条件切换外,还包括各种定时器、计数器,及丰富的算术运算式、逻辑关系运算式功能,能自动监视连续量的变化。DCS 将一些常用的功能子程序组成标准的功能模块,如:PID 模块、串级控制模块、解耦控制模块等,通过组态软件方便调用。

2. 现场控制站的冗余结构

为了避免现场控制站发生故障时对整个生产过程造成较大的影响,DCS 采取了将危险分散的预防措施。通过适当地限制各控制站回路的数目,将控制站发生故障的影响限制在有限范围内。此外,在可靠性要求较高的地方,对系统的通信网络、控制模块、电源等重要设备进行冗余备份采用双重冗余备用措施确保系统的可靠性。如果当前工作设备发生故障，处于热备份状态的备用装置立即无间断、平滑地投入运行。冗余方式可以采用在线并联方式，也可以采用离线热备份方式常见的冗余设计有以下几种。

（1）电源冗余。交流电源与直流稳压电源一般采用1:1冗余方式以在线并联方式工作，以保证发生故障切换时对系统的干扰最小，在采用多个电源子模块的系统中，也有采用 $N:1$ 冗余方式的。

（2）主机冗余。在可靠性要求特别高的控制系统中，主机一般采用1:1冗余离线热备份工作方式。由一个主从控制电路协调双机的运行，实现状态互检与数据同步。当在线运行一方出现故障时，该电路自动隔离故障一方，将I/O总线及通信网络的控制权交给备份一方。故障状态自动上报给操作员站，显示在显示屏上，提示维护人员修理。操作员站上也可以人为干预双机切换，或用手动开关切换。

（3）网络接口冗余。为保证通信网络的可靠性，现场控制单元网络接口（网卡）可以采用1:1冗余。

（4）I/O模块冗余。I/O模块的冗余方式有多种：①$N:1$后备方式：每 N 块相同的模板配备一块离线热备份模板，当某一模板出现故障时，$N:1$ 切换装置将故障板隔离，备份板投入使用。②"三取二"表决方式：对于一些特别关键的输入输出点，为避免I/O通道出现故障产生误动作对被控对象产生巨大影响，常采用此方式。例如对于开关量输入通道，将输入的现场信号接到三对输入端子上，通过三路I/O输入通道输入，由CPU比较这三个信号，取两个以上相同的值，进行处理。③两两对比表决方式：在采用了1:1冗余方式的现场控制单元中，对一些重要的输入点设置双输入通道，每一路模拟量输入信号通过两路A/D转换通道输入，由CPU比较两个输入值，其差值小于预定的误差，认为输入正确，否则认为输入通道有故障，切换到备份通道工作。

为了缩短故障修复时间，现场控制单元的结构设计充分考虑了系统的可维护性。互为冗余的部件采用完全一致的标准插件结构，系统自检时发现的故障模块可在模块面板上标志出来。维护人员在系统运行中将故障模块拉出，插入备份块就可以完成故障硬件的替换、维修工作。

8.1.4 DCS的操作站

DCS操作站的主要功能有：组建和维护系统的工程功能；以监视、运行、记录为主的操作功能；现场控制站与上位计算机交换信息的通信功能以及运行数据存储、管理功能。其中，DCS的工程功能通过工程师站实现，操作功能由操作员站实现。工程师站与操作员站共同组成DCS操作站。在规模较小的DCS和早期的DCS中，由中央计算机同时承担工程师站和操作员站的职能，通过设置工程师密码赋予工程师进行系统组建、维护和系统管理功能的权限。而现在的DCS中工程师站和操作员站一般是分开的，也有工程师站下附带一个操作员站的系统。

1. 操作员站

操作员站的基本功能是操作、监视和管理。DCS操作员站作为DCS的人机界面实现部分，为用户提供各类画面，如通用操作画面、专用操作画面、历史信息画面和系统信息画面。操作员通过各种画面显示、切换以及功能键、鼠标、触摸屏的操作，实现对生产过程正常运行的监视与操作管理。

操作员站的软件，除了系统软件外，其应用软件的用户表现形式首先是为用户提供丰富多彩、图文并茂、形象直观的动态画面；其次是存储各类数据和信息，方便用户进行分类查找或打印工作。

操作员站的操作安全性非常重要，一般有键盘锁、密码、操作分区三种安全措施。键盘锁是指操作员键盘上配置键盘锁，如锁上设置三个位置：操作员（Operator）、监控员（Supervisor）、工程师（Engineer）。为了区分三者的操作权限，分别配备监控员钥匙和工程师钥匙。当监控员钥匙处于监控员位置时，可以进行与操作员和监控员权限有关的操作；当工程师钥匙处于监控员位置或工程师位置时，可以进行与监控员或工程师权限有关的操作；操作员位置无需钥匙就可以进行与操作员权限有关的操作。显而易见，操作员的权限最低，只有操作员一种操作属性，赋予一般的常用操作权限；监控员的权限中等，具有操作员和监控员两种操作属性，监控员可以进行某些特殊操作，如修改 PID 参数或工艺参数；工程师的权限最高，具有操作员、监控员和工程师三种操作属性，工程师可以进行系统操作，如软件装载、卸载和组态等。

操作密码相当于软锁，类似于上述键盘锁的三个位置。在系统组态时为监控员、工程师设置密码，操作员无密码，这样也就规定了二者的操作权限。

2. 工程师站

DCS 工程师站的主要功能如下。

（1）系统组态

系统组态就是组建和变更操作员站和现场控制站的功能。通过对生产工艺流程的分析，进行设备统计和 I/O 端口的统计，利用与该 DCS 硬件配套的工程组态软件进行组态，组态内容包括操作站功能组态、现场控制站功能组态、和用户自定义功能组态等。

操作站组态包括操作站规格、信号点数及其他一些共性规定；然后定义操作站的标准功能，如画面编号、工位号、信息编号、标准功能键等站内自身的标准信息；用户需要定义功能组态，如某些功能键、监视画面、报表格式等。

现场控制站组态用来生成和变更站内反馈控制功能、顺序控制功能、和监控功能等。不同类型的 DCS 有着不同的专门组态软件。

集散控制系统中有些专门功能由用户定义，例如：流程画面生成、画面分配和报表格式等。在对用户定义的功能进行组态时，用户可以根据具体的内容利用相应的组态工具软件进行组态。

（2）系统测试

系统测试的主要功能是测试系统的逻辑算法是否正确、测试系统的网络通信是否正常，测试系统外部设备连接是否正常。

（3）系统维护

系统维护是指对系统定期检查或更改、生成组态文件存储、数据恢复等。

（4）系统管理

系统管理主要是对系统文件的管理，如将组态文件加密、备份，对系统运行数据的文件存储、转存、归档管理等。

8.1.5 DCS 的组态

DCS 的组态包括硬件组态和软件组态。

1. 系统的硬件组态

硬件组态是针对整个控制系统的硬件结构进行组态，它是整个组态的第一步。硬件组态是根据系统的规模及控制要求进行硬件的选择，主要包括通信系统的选择、人机接口的选择、过程接口的选择、集散控制系统与 PLC 及上位机的通信接口选择、电源系统的选择、上位机与可编程逻辑控制器的选择、集散控制系统控制单元的选择等。集散控制系统在进行硬件组态时，应综合考虑各方面的因素。在满足控制系统性能要求的前提下，选择性能价格比最佳的配置；其次应考虑 DCS 未来的发展趋势，包括监控一体化的生产管理系统，方便系统以后的更新升级；另外，还应考虑到操作人员的易操作性、系统的易维护性等相关方面的情况。

2. 系统的应用软件组态

软件组态是对各个部件的特性、标识、符号以及所安装的有关软件系统进行描述，建立数据连接关系。也就是在系统硬件和软件的基础上，将系统提供的功能块用软件组态的方式连接起来。如一个模拟控制回路的组态，就是将模拟输入板与选定的控制算法连接起来，再通过模拟输出板将控制输出的结果送到执行器。

软件组态的常用方式有：①直接在 DCS 上通过工程师站组态。②通过填写组态表格进行组态工作。在一般工程中，由于受工厂调试时间和施工现场条件的限制，用户并不能通过工程师站直接进行组态。为此，DCS 厂家为用户提供了针对系统的组态表，用户可以通过填写表格来进行组态准备工作。③利用 PC 进行组态。有些生产厂商允许用户利用 PC 进行组态。这些生产厂为用户提供一套软件和转换设备，用户可以在 PC 上模拟操作站进行软件组态，并将组态结果转化成 DCS 可以接受的编码。与填写表格相比，使用 PC 可以缩短键入过程，节约工厂调试时间。

应用软件的组态包括以下几个部分。

（1）网络组态文件（NCF）组态

NCF 组态就是对系统操作环境和操作特性的定义，它包括单元名称组态、区域名称组态、操作站名称组态、LCN 节点组态、系统参数组态和卷目组态。

（2）数据点组态

数据点组态就是将工艺过程数据点及系统内部数据点进行参数组态，其内容随系统构成和工艺过程以及控制要求的不同而不同。它一般包括：HG 数据点组态、逻辑块组态、应用模块数据点组态、计算机模块数据点组态、数据点分配及 PM 组态、网络数据点组态。

（3）用户画面、格式报表和键定义组态

根据用户要求，采用图形生成器（编辑器）设计显示画面、表格及报表，并对键盘功能进行定义。它一般包括工艺流程、控制画面、报警提示画面、过程趋势曲线画面、提示信息画面、记录与表格画面、生产和统计报表等，并能由键盘方便地切换，以显示不同的画面和完成不同的报表生成。

（4）区域数据库和历史数据库组组态

一般 DCS 数据库组态软件提供完整的建立数据库功能。数据库组态包括两个部分：数据原始记录输入或修改；数据库下装文件的生成。通过历史数据库组态，可以指定哪些点的哪些参数需要保存历史数据，以及历史数据的记录精度和保存的时间等信息。

(5) 控制算法组态

控制算法是指对集散控制系统中的控制器功能块的连接组合，是面向控制过程的。控制算法组态的特点是实现"软连接"。例如，用户要系统实现反馈控制回路，则用户首先组态一个 PID 算法，定义输入/输出地址，对检测变量、控制变量做何种处理，并把此类有关信息写入存储器。这些信息告诉系统如何运行，例如规定系统的某些参数如增益、积分系数、微分系数、时间常数、极限值及标准值等。这些与算法特性有关的信息通常保存在集散控制系统的控制器存储器的某个区域，即数据库内。如果要调用该 PID 算法组成串级控制模式，则副 PID 参数的输入是由主 PID 控制算法的地址决定。这样，两个 PID 控制算法并没有任何直接联系（如硬件连接），而实现了串级控制功能。控制算法组态就是实现控制器中软件模块的连接。每个软件模块都具有相应的入口参数和出口参数，模块的连接只需规定好对应模块的出口参数为另一个模块的入口参数。当需要实现高级算法，如串级控制、比值控制、前馈控制等，用户就通过组态，先选择所需的软件模块进行系统内部软件的"连接"而实现。这种"软连接"也叫做"软布线"。

控制算法组态一般采用两种方式：功能框表填充法和高级程序设计语言编程。框表填充法一般采用菜单提示问题填空、功能框表填充连接等非过程方式将组态信息装入控制器。该方法是集散控制系统中最常用的方法，其特点是简单明了，易懂易学。采用高级程序设计语言时，集散控制系统采用的高级语言一般有 BASIC、Fortran、C、梯形逻辑控制语言和一些专用控制语言。这些高级语言通过提供一些特殊专门语句来完成控制器中各软件模块的连接。这种组态方式方便灵活，易于实现一些复杂的控制算法，但要求用户具有一定的编程能力。

(6) 特殊控制功能程序的编制

有时为了完成某些特殊功能，须采用高级语言，如 BASIC、Fortran、C 或专用控制语言编制所需的程序。该命令由命令处理菜单下的字处理软件完成。

总之，不同散控制系统都有自己的组态方式，且都有一定的特点。具体组态方式需要根据使用时的具体情况来确定。

8.2 现场总线控制系统

现场总线控制系统（Fieldbus Control System，FCS）是一种以现场总线为基础的分布式网络自动化系统，它既是现场通信网络系统，也是现场自动化系统。作为一种现场通信网络系统，具有开放式数字通信功能，可与各种通信网络互连；作为一种现场自动化系统，FCS 把安装于生产现场的具有信号输入、输出、运算、控制和通信功能的各种现场仪表或现场设备作为现场总线的节点，并直接在现场总线上构成分散的控制回路。

现场总线（Field Bus）和现场总线控制系统（FCS）的产生，不仅变革了传统的单一功能的模拟仪表，将其改为综合功能的数字仪表，而且变革了传统的计算机控制系统，将输入、输出、运算和控制功能分散分布到现场总线仪表中，形成了全数字的彻底的分散控制系统。FCS 从 DCS 发展过来，变革了 DCS 的现场控制站，形成现场控制层。

8.2.1 现场总线概述

现场总线使传统的自动化仪表和传统计算机控制系统在产品体系结构和功能、系统的设计，以及安装、调试等方面产生了较大的变革，将传统的模拟仪表变为数字仪表，并将单一的信号检测功能变为集检测、运算、控制和通信于一体的综合功能。现场总线的产生，不仅促使了具有综合功能的数字通信仪表的出现，而且促使了现场总线控制系统的产生。

1. 现场总线的产生

在工业生产控制中，要实现整个生产过程的信息集成，与外界信息交换，在被控现场直接构成测量、控制和通信一体化的综合自动化系统，就必须设计出一种能在工业被控现场恶劣环境下运行、性能可靠、造价低廉的现场通信网络。该网络的节点就是具有信号输入输出、运算、控制和通信功能的各种现场仪表或现场设备，并在被控现场直接构成分布式网络自动化系统，实现生产现场与外界的信息交换。现场总线就是在这种背景下产生的。

20世纪70年代以前，控制系统中采用模拟量对现场数据和控制信号进行转换、传递，其精度差、受干扰影响大，因而整个控制系统的控制效果及系统稳定性在控制要求较高时难以得到保证。20世纪70年代末，随着大规模集成电路的出现，微处理器技术得到很大发展。微处理器功能强、体积小、可靠性高、通过适当的接口电路用于控制系统，控制效果得到提高，但是仍然属于集中式控制系统。随着过程控制技术、自动化仪表技术和计算机网络技术的成熟和发展，新的控制系统（如集散控制系统）无论在结构上还是在性能上都发生了巨大的飞跃，其基础就是现场总线技术的产生。现场总线是连接现场智能设备和自动化控制设备的一种双向串行、数字式、多节点通信网络，也被称为现场底层设备控制网络。自20世纪80年代以来，各种现场总线技术开始出现。1984年，Intel公司提出了一种计算机分布式控制总线——位总线（BITBUS），它将低速的面向过程的输入输出通道与高速的计算机总线（MULTIBUS）分离，形成了现场总线的最初概念。美国Rosemount公司开发了一种可寻址的远程传感器（HART）通信协议。采用在4~20 mA模拟量叠加了一种频率信号，用双绞线实现数字信号传输。HART协议已是现场总线的雏形。1985年由Honeywell和Bailey等大公司发起，成立了WorldFIP，制定了FIP协议。1987年，由Siemens、Rosemount、横河等几家著名公司牵头也成立了一个专门委员会，采用互操作系统协议（ISP）并制定了PROFIBUS协议。后来美国仪器仪表学会也制定了现场总线标准IEC/ISA SP50。随着现场总线技术的发展，逐渐形成了两个互相竞争的现场总线集团：一个是以Siemens、Rosemount、横河为首的ISP集团；另一个是由Honeywell、Bailey等公司牵头的WorldFIP集团。1994年，两大集团合并，成立现场总线基金会（Fieldbus Foundation，FF）。对于现场总线的技术发展和制定标准，FF取得以下共识：共同制定遵循IEC/ISA SP50协议标准；商定现场总线技术发展阶段时间表。

2. 现场总线的定义

根据国际电工委员会（International Electrotechnical Commission，IEC）标准和现场总线基金会（Fieldbus Foundation，FF）的定义，现场总线是连接现场设备和自动化系统之间的数字式、串行、多点通信的数据总线。一般认为，现场总线是指计算机网络与生产过程专用网络，或工业控制网络与生产现场基层的自动化测控设备之间传送信息的共同通路，它把通信线一直延伸到被控现场或被控设备,在被控现场直接构成现场通信网络,是现场通信网络与控制系统的集成。目前国际上有40多种现场总线,但没有任何一种现场总线能覆盖所有的应用面。目前应用比较多的有基金会现场总线(FF)、LonWorks、Profibus、WorldFIP及CAN总线等。

现场总线的节点是现场仪表或现场设备,现场总线数字仪表除了具有传统模拟仪表的构成外,还有A/D、D/A、微处理器及总线接口。例如,流量变送器不仅具有流量信号变换的输入功能,也可以有PID控制和运算功能;调节阀除了具有信号驱动和执行输出功能外,也可以有PID控制和运算功能。也就是说,现场总线数字仪表中有AI功能块、AO功能块、PID功能块和运算功能块。尽管这些功能块分散在多台现场总线仪表中,但是可以统一组态,因此用户可以灵活选用各种功能块. 在现场总线上构成所需的控制回路,实现彻底的分散控制功能。

现场总线的传输介质通常采用一般的双绞线,并可以通过总线供电;也可以选用同轴电缆、光缆或无线方式,甚至可以借用动力电缆(如建筑物中的照明电缆)。传输速率因类型而异,低速为几十 kbit/s,中速为几百 kbit/s,高速为几 Mbit/s。现场总线的拓扑结构一般有总线型、树形或环形结构。

现场总线标准不仅规定了通信协议,而且规定了控制协议;既可以共享现场总线节点(现场仪表或现场设备)内部的数据,也可以共享现场总线节点内部的功能块,以便在现场总线组成控制回路。总之,现场总线有别于一般的通信总线,它不仅是一种通信技术,而且是一种控制技术。

8.2.2 现场总线控制系统的特点

现场总线控制系统(FCS)是指现场总线和现场设备组成的控制系统,它采用现场通信网络把通信延伸到生产现场及设备,通过一对传输线互连变送器、执行器、服务器和网桥、辅助设备、监控等现场设备。实现了基于同一总线标准的不同品牌产品统一组态,即实现了"即接即用"功能。同时实现了功能块分散化,将DCS的I/O单元和控制站分散到现场设备中,构成虚拟控制站。FCS结构如图8-5所示。

现场总线控制系统打破了传统的模拟仪表控制系统、传统的计算机控制系统的结构形式,具有独特的特点和优点。主要表现在以下几个方面:

(1) FCS的信号传输"数字化"。FCS从最底层的数字式传感器、变送器和执行器就采用现场总线互连,从而彻底改变了DCS最底层的模拟信号传输方式,实现了系统的"数字化",而数字信号传输抗干扰能力强、精度高,从而提高了控制过程的可靠性,也有利于降低成本。

(2) 系统的分散性。FCS废弃了DCS的输入输出单元和现场控制站,采用现场仪表或现场设备取而代之,把DCS现场控制站的功能化整为零,分配给现场仪表或现场设备,从而在生产现场直接构成多个分散的控制回路,实现了彻底的分散控制。

(3) 产品的互操作性。现场总线的开发商严格遵守通信协议标准,现场总线的国际组织对开发商的产品进行严格认证注册,这样就保证了产品的一致性、互换性和互操作性。产品的一致性满足了用户对不同制造商产品的互换要求;而产品的互换性是基本要求;产品的互操作性满足了用户在现场总线上可以自由集成不同制造商产品的要求。

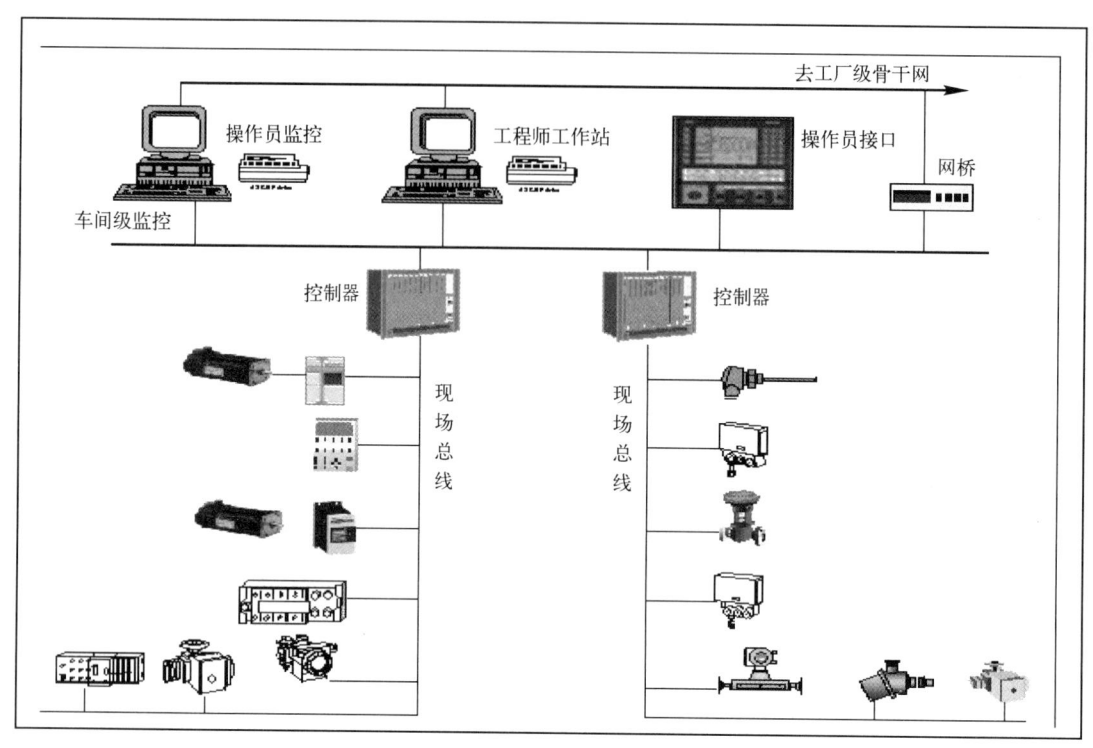

图 8-5 现场总线控制系统结构图

不同厂商的现场仪表或现场设备可以互连或互换,也可以统一组态,共享功能块及其数据,从而彻底改变了传统 DCS 控制层的封闭性和专用性,实现了现场仪表或现场设备的"即接即用"。

(4) 系统的开放性。现场总线已形成国际标准,因此 FCS 具有开放性。系统的开放性是指它可以与世界上任何一个遵守相同标准的其他设备或系统连接,其通信协议具有公开性。为了保证系统的开放性,一方面现场总线的开发商应严格遵守通信协议标准,保证产品的一致性;另一方面现场总线的国际组织应对开发商的产品进行一致性和互操作性测试,严格认证注册程序,最终发布产品合格证。

(5) FCS 现场仪表或现场设备的环境适应性。现场总线控制系统的基础是现场总线及其仪表,由于它们直接安装在生产现场,工作环境十分恶劣,对于易燃易爆场所,还必须保证总线供电的本质安全。现场总线仪表是专为这样的恶劣环境和苛刻要求而设计的,采用高性能的集成电路芯片和专用的微处理器,具有较强的抗干扰能力,并可满足本质安全防爆要求,可靠性高。

(6) 现场设备的经济性。现场总线设备接线简单,双绞线上可以挂接多台设备。这样一方面减少了接线设计的工作量,另一方面可以节省电缆、端子、线盒和桥架等。现场总线一般采用总线型和树形拓扑结构,现场仪表或现场设备安装十分方便。

现场仪表具有信号输入和输出、运算和控制的综合功能,并具有互操作性,可以共享功能块,在现场总线上构成控制回路。这样可以减少变送器、运算器和控制器的数量,也不再需要控制站及输入输出单元,还可以用工业 PC 作为操作站,因而节省了硬件投资,并可以减少控制室的面积。

（7）FCS 设备的易维护性。现场总线系统设备安装、运行、维修简便，由于现场仪表是并行连接，端子接头核对的工作量大大减少了，所以接线简单；一条电缆通常可连接 20 个设备。现场总线设备能够模拟输入值、输出值或状态。这使得操作员在控制室内便能够测试系统对故障及过程状况的反应。现场总线可以存储有用的信息以便于维修，信息不会丢失。大量的有用信息也被存储于自动化设备中，这些既可以从手持终端获取，又可从操作站获取。

（8）FCS 的高可靠性。由于现场总线和现场总线控制系统（FCS）具有上述一系列的特点和优点，因而提高了系统的整体可靠性。例如，在现场总线上直接构成控制回路，减少了一系列的中间环节，如接线端子、输入输出单元和控制站等，因而大大减少了设备故障率。现场安装接线简单，维护方便，且现场仪表具有自校验和自诊断功能，这样不仅减少了维护时间，而且可以在线检修，避免了系统停运。

总之，现场总线是 3C 技术（计算机、通信、控制）的融合。其技术特点是：信号输出全数字、控制功能全分散、标准统一全开放。新型的全数字控制系统的出现，能充分发挥上层系统调度、优化、决策的功能。有利于企业实施综合自动化策略，使企业从粗放型向集约型转化。

8.2.3 几种常用的现场总线技术

FCS 的基础是现场总线，目前国际上存在多种现场总线标准。自 20 世纪 80 年代以来，一些现场总线技术已经发展成熟并得到广泛应用。这些现场总线技术各具特点，并形成了自己的产品系列，占有相当大的市场份额。下面介绍几种常用的现场总线。

1. 基金会（FF）现场总线

基金会现场总线（Foundation Field Bus，FFB）是为适应生产自动化，尤其是过程自动化而设计的。其前身是以美国 Fisher - Rosemount 公司为首，联合 Foxboro、横河、ABB、西门子等 80 家公司制订的 ISP 协议和以 Honeywell 公司为首，联合欧洲等地的 150 家公司制订的 World FIP 协议。1994 年 9 月这两大集团合并，成立了现场总线基金会，致力于开发国际上统一的现场总线协议。FF 总线既不被任何单个的公司拥有，也不被单个的国家或标准组织控制。1996 年在芝加哥举行的 ISA96 展览会上，由现场总线基金组织实施，首次向世界展示了来自 40 多家厂商的 70 多种符合 FF 协议的产品。

FF 标准由现场总线基金会（Field Bus Foundation）组织开发，它综合了通信技术和控制技术。FF 的协议规范建立在 ISO/OSI 层间通信模型之上，它由 3 个主要的功能部分组成：物理层、通信层和用户层。用户层主要针对自动化测控应用的需要，定义了信息存取的统一规则，采用设备描述语言规定了通用的功能块集。

基金会现场总线主要技术内容包括：FF 通信协议；开放式系统互联参考模型 OSI（Open System Interconnection）中第 2 ~ 7 层通信协议的通信栈（Communication Stack）；用于描述设备特征、参数、属性及操作接口的 DDL 设备描述语言、设备描述字典；用于实现测量、控制及工程量转换的应用功能块；实现系统组态、调度、管理等功能的系统软件以及构筑集成自动化系统、网络系统的系统集成技术。

基金会现场总线分为低速 H1 和高速 H2 两种通信速率。H1 的传输速率为 31.25 kbit/s，通信距离可达 1.9 km（可加中继器延长），可支持总线供电和防爆环境。H2 的传输可分为

1 Mbit/s 和 2.5 Mbit/s 两种,其通信距离分别为 750 m 和 500 m。物理传输介质可支持双绞线、光缆和无线发射,协议符合 IEC1158-2 标准。其物理媒介的传输信号采用曼彻斯特编码。

(1) FF H1 的通信模型及技术概述

国际标准化组织(International Standardization Organization,ISO)制定了开放系统互连(Open System Interconnection,OSI)参考模型,该模型从下到上分为 7 个层次,依次分别为物理层(1)、数据链路层(2)、网络层(3)、传输层(4)、会话层(5)、表示层(6)和应用层(7)。OSI 参考模型作为一个通用的通信模型,具有相当完善的通信功能和开放系统互连功能。

FF H1 不仅是总线,其最终目的是在生产现场构成分布式网络自动化系统。生产现场有各类传感器、变送器、控制器和执行器等。对于由这些现场仪表或设备组成的现场控制网络,实时性要求较高,但单个节点的信息量并不大,信息传输功能也相对比较简单。为了满足实时性要求和低成本的考虑,现场总线采用的通信模型大都在 OSI 参考模型的基础上进行不同程度的简化或改进。FF H1 采用了 OSI 参考模型的物理层(1)、数据链路层(2)和应用层(7),省略了中间的第 3~6 层,另外在应用层(7)外增加了用户层,如图 8-6 所示。

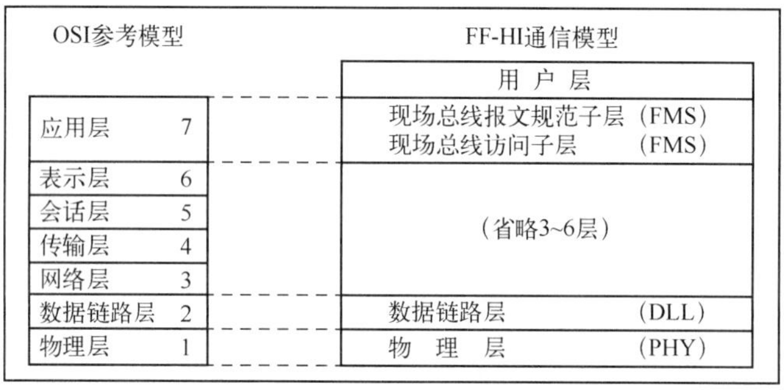

OSI参考模型		FF-HI通信模型
		用 户 层
应用层	7	现场总线报文规范子层 (FMS) 现场总线访问子层 (FMS)
表示层	6	(省略3~6层)
会话层	5	
传输层	4	
网络层	3	
数据链路层	2	数据链路层 (DLL)
物理层	1	物 理 层 (PHY)

图 8-6 FF 通信模型和 OSI 参考模型

FF H1 网络结构支持单点型、总线型、菊花链形和树形。其中,单点型在主干电缆上只接一台现场设备;总线型采用一根主干电缆,再分出多根分支电缆,每个分支上接一台现场设备;菊花链形只有主干电缆,而无分支电缆,即现场设备都接在主干电缆上;树形是主干电缆上一个端点分出多个分支,每个分支上接一台现场设备。总线型、菊花链形和树形可以混合使用,构成混合型拓扑结构。

(2) FF 高速总线 HSE

HSE 高速以太网传输速率为 10~100 Mbit/s,取代了早期的 H2 总线。FF 网络由一个或者多个相互连接的 H1 网段和 HSE 子网络组成。其中 H1 传输速率为 31.25 kbit/s,主要用于过程控制领域底层的传感器、变送器、执行器和控制器的信息传输;HSE 不仅用于各个控制领域底层的传感器、变送器、执行器和控制器信息传输,而且能用于上层的操作员站、工程师站和计算机站,另外还可以与各种局域网络(LAN)互连。

HSE 通信模型的层次结构中省略了 ISO-OSI 7 层参考模型中的第 5、6 两层,另外增加了用户层。HSE 通信模型中的物理层和数据链路层采用 IEEE 802 的局域网(LAN)的协议标准,网络层采用 IP(Internet Protocol,互联网协议),传输层采用 TCP(Transmission Control Protocol,传输控制协议)或 UDP(User Datagram Protocol,用户数据报文协议)。

HSE 通信模型的体系结构与 H1 的体系结构在很多方面相同，但是增加了几个 HSE 特有的组件，用来完成 HSE 新增的功能，包括管理 HSE 通信栈中的互联网标准、管理用于将设备连接到 HSE 子网络的冗余 HSE 接口、利用 UDP（用户数据报文协议）无连接服务传输系统管理内核协议报文、管理 HSE 通信等。

2. PROFIBUS 总线

PROFIBUS 是过程现场总线（Process Field Bus）的缩写。它是德国国家标准 DIN19245 和欧洲标准 EN50170 所规定的现场总线标准，于 1989 年正式成为现场总线的国际标准。是一种国际化、开放式、不依赖于设备生产商的现场总线标准。传输速率为 9.6 kbit/s ~ 12 Mbit/s，广泛适用于制造业自动化、过程控制自动化和智能楼宇、交通电力及其他自动化领域。PROFIBUS 是一种可用于工厂自动化车间级监控和现场设备层数据通信与控制的现场总线技术，可实现现场设备层到车间级监控的分散式数字控制和现场通信网络，从而为实现工厂综合自动化和现场设备智能化提供了可行的解决方案。PROFIBUS 由 3 个兼容部分组成，分别为 PROFIBUS - DP、PROFIBUS - FMS 和 PROFIBUS - PA。

（1）PROFIBUS 的基本构成

Profibus 根据应用特点分为 PROFIBUS - DP、PROFIBUS - FMS 和 PROFIBUS - PA 三个兼容版本。其中，PROFIBUS - DP 使用高速、廉价的通信连接，实现自动控制系统和设备级分散的 I/O 之间的通信，使用 PROFIBUS DP 模块可取代价格昂贵的 24 V 或 0 ~ 20 mA 并行信号线。PROFIBUS - FMS 用于车间级监控网络，它是令牌结构的实时多主网络，用来完成控制器和智能现场设备之间的通信以及控制器之间的信息交换。PROFIBUS - FMS 解决了车间级通用性通信任务，它可以提供大量的通信服务，完成中等传输速度的循环和非循环通信任务，可用于纺织工业、楼宇自动化、电气传动、传感器和执行器、可编程序控制器、低压开关设备等一般自动化控制。PROFIBUS - PA 适用于过程自动化，它采用标准的本质安全的传输技术，用于对安全性要求高的场合及由总线供电的站点。

（2）PROFIBUS 协议结构

PROFIBUS 协议根据 ISO7498 国际标准以 OSI 为参考模型。PROFIBUS - DP 使用第 1 层、第 2 层和用户接口，第 3 层到第 7 层未加以描述，这种结构确保了数据传输的快速和有效性。用户接口规定了用户及系统以及不同设备可以调用的应用功能，并详细说明了各种 PROFIBUS - DP 设备的设备行为，支持 RS485 传输技术或光纤。

PROFIBUS - PA 数据传输采用扩展的 PROFIBUS - DP 协议，还使用了描述现场设备行为的行规。根据 IEC 1158-2 标准，这种传输技术可确保其本质安全性，并使现场设备通过总线供电。利用分段式耦合器，PROFIBUS - PA 设备能很方便地集成到 Profibus - DP 网络中。

PROFIBUS - FMS 第 1、2 和 7 层均加以定义，其中应用层包括现场总线信息规范（Fieldbus Message Specification，FMS）和低层接口（Lower Layer Interface，LLI）。FMS 包括应用协议，向用户提供可广泛选用的通信服务；LLI 可协调不同的通信关系。第 2 层现场总线数据链路（FDL）可完成总线访问控制，并保证数据的可靠性，支持 RS485 传输技术或光纤。PROFIBUS - DP 和 PROFIBUS - FMS 系统使用了同样的传输技术和统一的总线访问协议，因此这两套系统可在同一根电缆上同时操作。

（3）总线访问协议

PROFIBUS 总线均使用单一的总线访问协议，通过 OSI 参考模型的第 2 层实现，其功能包括数据的可靠性以及传输协议和报文的处理。在 PROFIBUS 中，第 2 层称为现场总线数据链路（Fieldbus Data Llnk，FDL）。媒体存取控制（MAC）具体控制数据传输的程序，MAC 必须确保在任何时刻只能有一个站点发送数据。PROFIBUS 协议的设计旨在满足媒体存取控制的基本要求。

在复杂的自动化系统（主站）间通信，必须保证在确切限定的时间间隔中，任何一个站点都要有足够的时间来完成通信任务；在复杂的程序控制器和简单的 I/O 设备（从站）间通信，应尽可能快速又简单地完成数据的实时传输。

PROFIBUS 总线访问协议包括主站之间的令牌传递方式和主站与从站之间的主从方式。令牌传递程序保证了每个主站在一个确切规定的时间框内得到总线访问权（令牌），令牌是一条特殊的电文，它在所有主站中循环一周的最长时间是事先规定的。在 PROFIBUS 中，令牌只在各主站之间通信时使用。主从方式允许主站在得到总线访问令牌时可与从站通信，每个主站均可向从站发送或索取信息，通过这种方法有可能实现多种系统配置，包括纯主－从系统、纯主－主系统（带令牌传递）和混合系统。

3. 控制器局域网（CAN）总线

控制器局域网（Controller Area Network，CAN）是 ISO 国际标准化的一种串行通信协议。在现代汽车工业中，出于对安全性、舒适性、使用方便性和低成本的要求，各种各样的电子控制系统被开发出来。由于这些系统之间通信所用的数据类型及对可靠性的要求不尽相同，由多条总线构成的情况很多，线束的数量也随之增加。为适应"减少线束的数量"和"通过多个 LAN，进行大量数据的高速通信"的需要，1986 年德国 BOSCH 公司开发出面向汽车的 CAN 通信协议。此后，CAN 通过 ISO11898 及 ISO11519 进行了标准化，在欧洲已成为汽车网络的标准协议。现在，CAN 的高性能和可靠性已被认同，并被广泛地应用于工业自动化、船舶、医疗设备、工业设备等方面。现场总线是当今自动化领域技术发展的热点之一，被誉为自动化领域的计算机局域网，而 CAN 总线的出现为分布式控制系统实现各节点之间实时、可靠的数据通信提供了强有力的技术支持。CAN 具有实时性强、传输距离较远、抗电磁干扰能力强、成本低等优点。CAN 总线也是基于 OSI 模型，但进行了优化，采用了 OSI 的物理层、数据链路层、应用层，提高了实时性。支持点对点、一点对多点、广播模式通信。各节点可随时发送消息，当节点出错时，可自动关闭，抗干扰能力强，可靠性高。

（1）CAN 总线性能特点

CAN 属于总线式串行通信网络，可采用双绞线、同轴电缆或光纤进行传输，其通信距离最大可达 10 km（5 kbit/s），最高速率可达 1 Mbit/s（通信距离 40 m）。CAN 总线数据通信具有高性能、高可靠性和灵活性的特点。一个由 CAN 总线构成的单一网络中，理论上可以挂接无数个节点。实际应用中，节点数目主要受网络硬件的电气特性所限制。其主要特点有：

1）CAN 总线是一种多主总线，网络上任意节点均可在任意时刻主动地向网络上其他节点发送信息，而不分主从，通信方式灵活，可以方便地构成多机备份系统。

2）CAN 总线以报文为单位进行数据传送，报文的优先级结合在 11 位标识符中，具有最低二进制数的标识符具有最高的优先级。网络上的节点信息分成不同的优先级，可满足不同的实时要求。

3）CAN 总线采用非破坏性总线仲裁技术，当多个节点同时向总线发送信息时，优先级较低的节点会主动退出发送。而最高优先级的节点可不受影响地继续传输数据，从而节省了总线冲突仲裁时间；当网络负载很重时也不会出现网络瘫痪情况。

4）CAN 总线通过报文滤波可实现点对点、一点对多点及全局广播等几种方式传送、接收数据，无需专门的"调度"。

5）CAN 协议的一个最大特点是废除了传统的站地址编码，而代之以对通信数据块进行编码。采用这种方式的优点可使网络内的节点个数在理论上不受限制，数据块的标识码可由 11 位或 29 位二进制数组成，因此可以定义 2^{11} 或 2^{29} 个不同的数据块，这种按数据块编码的方式，还可使不同的节点同时接收到相同的数据，这一点在分布式控制系统中非常有用。数据段长度最多为 8 B，可满足通常工业领域中控制命令、工作状态及测试数据的一般要求。

6）采用短帧结构，数据帧中的数据字段长度最多为 8 bit。传输时间短，受干扰概率低，抗干扰能力强，从而满足工控领域中传送控制命令、工作状态和测量数据的一般要求，保证了系统的实时性。

7）每帧信息都有 CRC 校验及其他检错措施，保证较低的数据出错率。

8）节点在错误严重时具有自动关闭输出功能，退出网络通信，从而使其他节点操作不受影响。

(2) CAN 总线的分层结构

CAN 总线遵循 OSI 参考模型，但出于对实时性和降低成本等因素的考虑，CAN 总线只采用了其中的数据链路层（包括逻辑链路控制子层、媒体访问控制子层）和物理层。CAN 总线的分层结构和功能如图 8-7 所示。

数据链路层	逻辑链路子层 功能：接收滤波；超载通知；恢复通知
	媒体访问控制子层 功能：数据封装/拆装；帧编码（填充/解除填充）； 媒体访问管理；错误监测；出错标定； 应答；串行化/解除串行化
物理层	功能：位编码/解码；位定时；同步

图 8-7 CAN 总线的分层结构和功能

1）CAN 总线的物理层

CAN 总线的物理层主要内容是规定了通信介质的机械、电气、功能和规程特性。如：能够使用多种物理媒体，如双绞线、光纤等，其中最常用的是双绞线；信号使用差分电压传送。物理层规定了 CAN 总线的电平为两种状态："高电平"（表示逻辑 1）和"低电平"（表示逻辑 0），而且规定了通过特定的电路在逻辑上实现"线与"功能。

CAN 技术规范 2.0B 的物理层包括位编码、解码、位定时及同步等内容，但对总线媒体装置（如驱动器，接收器特性）未作规定，从而便于在具体应用中进行优化设计。

2）CAN 总线的数据链路层

数据链路层包括逻辑链路控制子层和媒体访问控制子层。逻辑链路控制（Logic Link Control，LLC）子层主要功能如下：

① 接收滤波 报文标识符 ID 描述报文的含义，但不确定报文的目的地，报文接收器通

过报文滤波确定此报文是否与其有关。

② 超载通知：如果报文的接收器要求延迟下一个数据帧或远程帧，即在先行和后续数据帧（或远程帧）之间附加延时，则通过发送超载帧来实现，最多可产生两个超载帧。

③ 恢复管理：若发送期间丢失帧或有错误帧，自动恢复重发功能。

CAN 总线的媒体访问控制（Medium Access Control，MAC）子层的主要功能是对发送数据进行包装、发送媒体访问管理、接收媒体访问管理、接收数据拆装。

CAN 总线的物理层和数据链路层的功能在 CAN 控制器中完成。

CAN 通信协议规定有 4 种不同的帧格式：①数据帧，由 1～8 B 的数据组成，由节点发送器传送到节点接收器；②远程帧：该帧无数据，由节点发送，以请求另一个节点发送具有相同标识符 1D 的数据帧；③出错帧：该帧无标识符 ID，有各节点的错误标志，以检测错误，任何节点检测到总线错误就发出错误帧；④超载帧：该帧无标识符 ID，有超载标志，以要求延迟下一个数据帧或远程帧。

CAN 总线节点的基本构成由 CAN 收发器、通信控制器、微处理器、输入和输出电路组成，如图 8-8 所示。其中收发器实现发送和接收功能，通信控制器实现物理层和数据链路层功能，微处理器实现应用层功能，传感器和输入电路实现信号输入，输出电路和执行器实现信号输出。

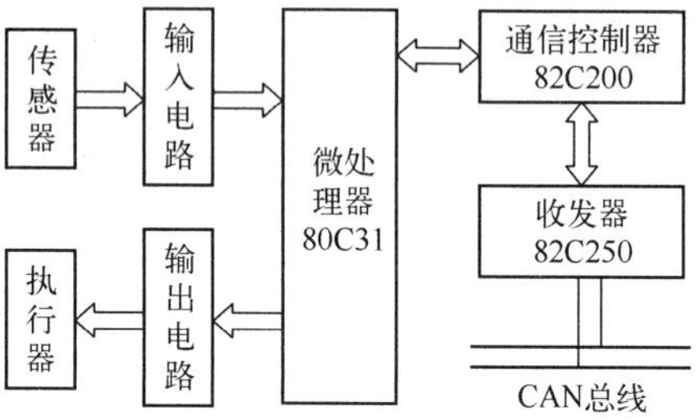

4. LonWorks（LON）总线

图 8-8 CAN 总线节点的基本构成

LonWorks（Local Operating Nelwork）是由美国 Echelon 公司开发，并与 Motorola 和东芝公司共同倡导的一种局部操作网络。LonWorks 技术具有完整的控制网络系统开发平台，提供有设计、配置安装和维护控制网络所需的硬件和软件，包括 LonTalk 通信协议、Neuron 芯片、Neuron C 语言、通信设备和系统开发工具等。LonWorks 采用了 ISO/OSI 模型的全部 7 层通信协议，采用面向对象的设计方法，通过网络变量把网络通信设计简化为参数设置，其通信速率从 300 bit/s～15 Mbit/s 不等，直接通信距离可达到 2700 m（78 kbit/s，双绞线），支持双绞线、同轴电缆、光纤、射频、红外线、电源线等多种通信介质，被誉为通用控制网络。

LonWorks 技术充分利用互联网资源，可以将一个现场设备控制局域网络变成一个借助广域网跨越远程地域的控制网络，并提供端到端的各种增值服务。例如，利用 LonWorks 技术实现连锁便利店的统一管理，这些店的数目庞大，遍及城市的大街小巷，通过将这些小店的控制网络连接到互联网，公司总部便可以及时获取有关信息和资料。在应用系统结构中，LonWorks 技术嵌入到现场设备中，使设备与设备之间保持对等的通信结构。同时，这些控制网络又通过各种互联网的连接设备，比如 LonWorks/IP 路由器、网关、Web 服务器以及 SOAP/XML 接口将控制网络的信息通过互联网接入某个数据中心或运营商主持的企业数据库。通过 LNS 控制网络操作系统建立上层的企业解决方案，同时与信息技术的应用相结合，例如与 ERP 和 CRM 等应用相结合。由于这些技术特点，LonWorks 在楼宇自动化、家庭自动化、智能通信产品等方面具有独特的优势。

(1) LonWorks 控制网络的基本组成

LonWorks 控制网络要由现场节点、通信介质和通信协议三大基本要素组成。① Lonworks 现场控制节点。这些节点可以直接采用神经元芯片（Neuron）作为通信处理器和测控处理器的节点。神经元芯片（Neuron）是一个超大规模集成电路元件，是 LonWorks 网络技术的核心器件，它实现网络功能和执行节点中的特定应用程序。一个典型的节点包含神经元芯片、电源、通过网络介质通信的收发器及与被监控设备接口的应用电路。② 通信介质。支持双绞线、同轴电缆、光纤、射频、红外线、电源线等多种通信介质。③ 通信协议。Lonworks 技术提供有公开的并遵守国际标准化组织（ISO）的分层体系结构要求的 LonTalk 协议。

围绕这三个基本要素，Echelon 公司提供了开发、制造、安装、运行和维护 LonWorks 控制网络的全套产品。

（2）LonTalk 通信协议

LonTalk 协议是为 LON 总线设计的专用协议。它提供了 OSI 参考模型的所有七层协议，支持灵活编址，并且单个网络可存在多种类型的网络通信媒体构成的多种通道，网上任一节点使用该协议可以与网上的其他节点互相通信。具有以下特点：发送的报文较短（通常几个到几十个字节）；通信带宽不高（2 Kbit/s 到 2 Mbit/s）；网络上的节点通常采用低成本、易维护的单片机；多节点、多通信介质；可靠性高、实时信强。表 8-1 列出了 LonTalk 协议与 OSI 参考模型的对应关系。

表 8-1 LonTalk 协议层

OSI 层	目 的	LonTalk 提供的服务
7 应用层	应用程序兼容性	标准网络变量类型，配置特性
6 表示层	数据解释	网络变量，外来帧传输
5 会话层	远程控制	请求/响应，消息鉴别，网络管理，网络接口
4 传输层	端对端可靠性	应答与非应答消息服务
3 网络层	目的寻址	寻址，路由选择
2 数据链路层	介质访问与帧传输	帧传输，数据编码，CRC 错误校验，冲突避免，冲突检测，优先级
1 物理层	物理连接	介质、电气接口

LonTalk 协议提供了四种基本报文服务，即应答、无应答重发、无应答和请求/响应，使用何种通信报文服务方式应综合考虑网络效率、响应时间、安全性以及可靠性等方面。数据包可具有优先级，便于关键性信息能够及时传送。LonTalk 协议支持消息鉴别认证服务，从而提高数据的安全性。

LonTalk 网络通信协议是 LonWorks 技术的核心内容之一。在拓扑结构、寻址方式、冲突检测、响应优先级和报文服务等方面都具有自己独特的技术优势。LonTalk 通信协议的所有内容，都已固化在小小的神经元芯片（Neuron）中，开发时并不需要过多关注其细节。

现场总线连接自动化系统最底层的现场控制器和现场智能仪表设备。网线上传输的是小批量数据信息，如检测信息、状态信息、控制信息等。传输速率低，传输的信息长度较小，实时性要求高。另外对于环境恶劣的工业生产现场，还必须解决环境适应性问题，而现场总线具有很强的可靠性和安全性要求，可以采用各种通信介质，如双绞线、电力线、光纤、无线、红外线等，实现成本低。正是由于以上特点和特殊性，目前现场设备层网络主要由低速现场总线网络组成。

8.3 工业以太网控制系统

现场总线自问世以来，经过20多年的激烈竞争，形成了多种现场总线并存的局面。各种现场总线及标准并存的根本原因在于系统的开放性差或开放性是有条件的、不彻底的。为了解决该问题而出现了工业以太网技术。

8.3.1 工业以太网的技术特点

以太网（Ethemet）是基于帧的计算机局域网组网技术。IEEE 802.3 是以太网技术的国际标准，它规定了150/051 模型中物理层的连线、信号标准以及数据链路层中的媒体访问控制（MAC）的过程。以太网的传输速度从最早的10 Mbit/s、100 Mbit/s发展到目前的千兆、万兆网，在企业的信息管理层和过程监控层中得到广泛应用。以太网的 MAC 层协议采用载波监听多路访问/冲突检测（CSMA/CD）的工作机制，网络中的各个节点可以独立地决定数据的发送和接收。每个节点在发送数据帧之前，首先对信道进行监听，只有当信道空闲时才允许发送数据。在发送数据的同时，节点继续监听是否有其他节点在同时传输数据。当一个节点识别出冲突时，发送一个拥堵信号，通知网络上的其他节点。相互冲突的节点都停止发送，等待一定的随机时间间隔后，再次重发。这样，当网络负荷较重时，报文就可能发生丢失。对于工业现场控制网络，以太网的这种通信不确定性成为应用的主要障碍。

所谓工业以太网，一般来讲是指技术上与商用以太网（即 IEEE 802.3 标准）兼容，但在产品设计时，在材质的选用、产品的强度、适用性以及实时性、可互操作性、可靠性、抗干扰性和本质安全等方面满足工业现场需要，是对传统商用以太网的改进和加强。与传统的现场总线相比，工业以太网具有传输速度高、成本低、软硬件资源丰富等优势，已成为现场设备级控制网络的发展趋势。

与目前的现场总线相比，以太网具有以下优点：

1) 以太网是全开放、全数字化的网络，基于 TCP/IP，不同厂商的设备可以很容易实现互联。这种特性非常适合于解决控制系统中不同厂商设备的的互操作的问题。

2) 以太网能实现工业控制网络与企业信息网络的无缝连接，形成企业级管控一体化的全开放网络。

3) 以太网的软硬件资源丰富。以太网是目前应用最为广泛的计算机网络技术，受到广泛的技术支持。几乎所有的编程语言都支持以太网的应用开发，如 Java、visual C++、VisualBasic 等。这些编程语言由于得到广泛使用，并受到软件开发商的高度重视，具有很好的发展前景。因此，如果采用以太网作为现场总线，可以保证有多种硬件设备和软件开发环境供用户选择。

4) 通信速率高。随着企业信息网络的复杂程度的提高和规模的扩大，对信息量的需求也越来越大，有时甚至需要音频、视频数据的传输，以太网的通信速率从以前的十兆、百兆发展到目前的千兆以太网，技术也逐渐成熟，10 Gbit/s 以太网也正在研究，其速率比目前的现场总线快得多。

5) 可持续发展潜力大。在当今信息瞬息万变的时代，企业的生存与发展将很大程度上依赖于一个快速而有效的通信管理网络，信息技术与通信技术的发展将更加迅速，也更加成熟，由此保证了以太网技术不断地持续向前发展。

6）工业以太网易于与因特网集成。

8.3.2 工业以太网控制系统的设计方法

1. 工业以太网控制系统设计中需要解决的问题

与传统的工业控制系统不同，由于采用以太网，使得基于工业以太网的网络控制系统受到网络带宽、承载和服务能力的限制，数据包的传输难免存在丢包、时延等问题。因此工业以太网控制系统设计中需要解决以下一些关键问题。

(1) 实时性问题和网络时延

工业上对数据传递的实时性要求非常严格。但是以太网采用 CSMA/CD 介质访问控制方法，其本质是非实时的。将以太网引入工业控制系统，使得信息包在传输过程中难免存在着时延。网络时延受到网络通信协议、网络拓扑结构、路由算法、网络传输速率、信息包大小和网络负载情况等诸多因素的影响而呈现出固定或随机的、有界或无界的特征。时延是网络化控制系统主要研究的问题之一。常用的解决方法有：采用快速以太网加大网络带宽以太网的通信速率从 10 Mbit/s、100 Mbit/s 增大到如今的 1 Gbit/s、10 Gbit/s。在数据吞吐量相同的情况下，通信速率的提高意味着网络负荷的减轻和网络传输延时的减小，即网络碰撞概率大大下降，从而提高其实时性。采用全双工交换式以太网用交换技术替代原有的总线型 CSMA/CD 技术，避免了由于多个站点共享并竞争信道导致发生的碰撞，减少了信道带宽的浪费，同时还可以实现全双工通信，提高信道的利用率。降低网络负载，工业控制网络与商业控制网络不同，每个节点传送的实时数据量很少，一般为几位或几字节，而且突发性的大量数据传输也很少发生，因此可以通过限制网段站点数目，降低网络流量，进一步提高网络传输的实时性。应用报文优先级技术，在智能交换机或集线器中，通过设计报文的优先级来提高传输的实时性。

(2) 网络信息调度

网络信息调度是网络控制系统研究的主要问题之一，所谓网络信息调度是指确定各网络节点发送数据的次序、时间间隔和发送时刻，其目的是在有限的带宽下合理调度网络控制系统的各种业务数据、配置网络带宽、有效地控制网络负荷，从而限制网络时延的范围和减少抖动、丢包的发生，确保网络控制系统预期的控制性能。网络调度策略的优劣会影响闭环控制系统的性能。

(3) 以太网的总线供电问题

采用总线供电可以减少网络线缆，降低安装复杂性与费用，提高网络和系统的易维护性。特别是在环境恶劣与危险场合，总线供电具有十分重要的意义。由于以太网以前主要用于商业计算机通信，一般的设备或工作站（如计算机）本身已具备电源供电，没有总线供电的要求，因此传输媒体只用于传输信息。对于现场设备供电可以采取以下方法：在目前以太网标准的基础上适当地修改物理层的技术规范，将以太网的曼彻斯特信号调制到一个直流或低频交流电源上，在现场设备端再将这两路信号分离开来；不改变目前物理层的结构，而通过连接电缆中的空闲线缆为现场设备提供电源。

(4) 网络安全性

将工业现场控制设备通过以太网连接起来时，由于使用了 TCP/IP 协议，因此可能会受到包括病毒、黑客的非法入侵与非法操作等网络安全威胁。一般情况下，可以采用网关或防火墙等对工业网络与外部网络进行隔离，还可以通过权限控制、数据加密等多种安全机制加强网络的安全管理。

（5）对环境的适应性与可靠性问题。以太网是按办公环境设计的，将它用于工业控制环境，其鲁棒性、抗干扰能力等是许多从事自动化的专业人士所特别关心的。在产品设计时要特别注重材质、元器件的选择。使产品在强度、温度、湿度、振动、干扰、辐射等环境参数方面满足工业现场的要求。对应用于存在易燃、易爆与有毒等气体的工业现场的智能装备以及通信设备，都必须采取一定的防爆措施来保证工业现场的安全生产。在目前技术条件下，对以太网系统采用隔爆、防爆的措施比较可行，即通过对以太网现场设备采取增安、气密、浇封等隔爆措施，使现场设备本身的故障产生的点火能量不外泄，以保证系统运行的安全性。对于没有严格的本安要求的非危险场合，则可以不考虑复杂的防爆措施。为了解决在不间断的工业应用领域，在极端条件下网络也能稳定工作的问题，美国 Synergetic 微系统公司和德国 Hirschmann、Jetter AG 等公司专门开发和生产了导轨式集线器、交换机产品，安装在标准 DIN 导轨上，并有冗余电源供电，接插件采用牢固的 DB-9 结构。此外，在实际应用中，主干网可采用光纤传输，现场设备的连接则可采用屏蔽双绞线，对于重要的网段还可采用冗余网络技术，以此提高网络的抗干扰能力和可靠性。

2. 基于工业以太网的污水处理控制系统设计实例

某污水处理厂污水处理控制系统采用工业以太网，系统整体设计方案如图 8-9 所示。

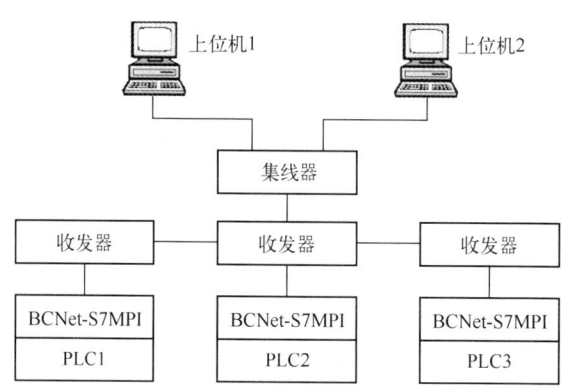

图 8-9 污水处理控制系统方案图

上位机采用两台研华 IPC-610 工控机，以双机热备份方式实现监控。内装西门子 WinCC 组态软件，向用户提供如工艺流程图显示、动态数据画面显示、报表编制、趋势图生成、窗口技术及生产管理等多种功能，提供良好的人机界面。上位机2内装 Step 7，编好程序后，通过以太网下载到 PLC 上，实现对现场设备的控制和调试。上位机通过收发器与工业以太网相连。中间为 10BASE-5 总线型工业以太网。PLC 通过 BCNet-S7PMI 通信模块与以太网相连。PLC 选用西门子公司的 S7-300 系列，共 3 台，实现污水处理中各分区工段的分布式控制。

从图 8-9 可以看出，整个系统分两层。第 1 层为现场设备层，主要由现场 PLC 与远程 I/O 链、在线检测及分析仪表、电控设备、调节设备等组成。其直接面向生产过程，是自动化控制系统的基础。现场控制层分为 3 个下位 PLC 控制区，对现场参数进行实时采集和处理，执行控制算法，向执行机构等发出控制指令，完成工艺任务。第2层为过程监控层，主要有工业控制计算机（上位机）、网络服务器、无线电台、输入/输出设备等。它是整个自动化控制系统中人机信息交换的中心，工业控制计算机等设备长期在线运行，定时检测各现场 PLC 控制站采集的数据，对各工艺参数、动力及变、配电设备的工作状态实时显示、记录、存储、打印、事故报警等。系统操作人员通过输入设备可开/关或调整生产设备的工作状态，系统工程师可通过输入设备方便地进行系统组态选择控制方式、绘制显示图表、建立有关数据库，自动生成生产所需的应用软件及帮助软件。经过系统组态后，只要把生成的应用软件向下传递到各相关现场 PLC 控制站，就可以具体实施。系统组态应可对下列项目进行在线组态，如系统结构、测量数据、历史数据、控制功能、图形文件、趋势文件、显示方式等。

以太网在工业控制领域得到了越来越广泛的应用。许多自动化产品都增添了与以太网连接的功能，出现了带以太网接口的现场 I/O 卡、带有 Modbus/TCP/IP 模块和 Web 服务器的 PLC、变频器等，工业以太网已经成为控制网络中的重要成员。

思考题与习题

8-1 简述集散控制系统的特点。
8-2 试述 DCS 的组成及各部分的作用。
8-3 现场控制站的功能和作用是什么？由哪些部分组成？
8-4 简述操作站的组成和功能。
8-5 DCS 的通信网络与一般计算机系统通信网络有何异同？
8-6 什么是组态？简述 DCS 中组态软件的使用。
8-7 什么是现场总线和现场总线系统？FCS 能取代 DCS 吗？
8-8 现场总线系统（FCS）与集散控制系统（DCS）相比有什么优点？
8-9 列举几种常用的现场总线，简述其特点。
8-10 工业以太网技术在工业环境下作为控制网络需要解决哪些问题？

参 考 文 献

[1] 施保华. 计算机控制技术 [M]. 武汉：华中科技大学出版社，2007.
[2] 范立南. 计算机控制技术 [M]. 北京：机械工业出版社，2013.
[3] 肖诗松. 计算机控制—基于 MATLAB 实现 [M]. 北京：清华大学出版社，2006.
[4] 李华. 计算机控制系统 [M]. 北京：机械工业出版社，2007.
[5] 高金源. 计算机控制系统 [M]. 北京：高等教育出版社，2004.
[6] 黄勤. 微型计算机控制技术 [M]. 北京：机械工业出版社，2010.
[7] 魏东. 计算机控制系统 [M]. 北京：机械工业出版社，2007.
[8] 王锦标. 计算机控制系统 [M]. 2 版. 北京：清华大学出版社，2008.
[9] 翟天嵩. 计算机控制技术与系统仿真 [M]. 北京：清华大学出版社，2012.
[10] 凌志浩. DCS 与现场总线控制技术 [M]. 上海：华东理工大学出版社，2008.
[11] 刘翠玲. 集散控制系统 [M]. 北京：北京大学出版社，2013.
[12] 陈炳和. 计算机控制原理与应用 [M]. 北京：北京航空航天大学出版社，2008.
[13] SIEMENS. S7-200 可编程控制器手册. SIEMENS 公司
[14] 李正军. 现声总线与工业以太网及其应用系统设计 [M]. 北京：人民邮电出版社，2006.
[15] 冯东芹. 实时工业以太网技术 [M]. 北京：科学出版社，2013.